Carl Ludwig Willdenow

Grundriss der Kräuterkunde (1792)

GRUNDRISS

der

KRÄUTERKUNDE

(1792)

Mit acht Kupfertafeln und einer Farbentabelle

VON

CARL LUDWIG WILLDENOW

NACHDRUCK DER ORIGINALAUSGABE VON 1792
(HAUDE & SPENER, BERLIN)

ISBN: 978-3-86741-170-7
©EUROPÄISCHER HOCHSCHULVERLAG GMBH & CO
KG (WWW.EH-VERLAG.DE)

REIHE: HISTORICAL SCIENCE, BAND 9

GRUNDRISS

DER

KRÄUTERKUNDE

ZU VORLESUNGEN

ENTWORFEN

VON

CARL LUDWIG WILLDENOW,

der Arzneygelahrtheit Doctor,
der Gesellschaft naturforschenden Freunde zu Berlin,
der naturforschenden Gesellschaft in Zürch und
Halle Mitglied.

Mit acht Kupfertafeln und einer Farbentabelle.

BERLIN, 1792.
BEI HAUDE UND SPENER.

Wenn irgend eine Wissenschaft, die ihren Verehrer auszeichnen soll, den Muth des Enthusiasmus und das Ertragen von Mühe und Beschwerlichkeiten erfordert, so ist es die Botanik. Der Theolog, der Jurist, der Philosoph, der schöne Geist kann ein grosser Mann auf seinem Studierzimmer werden, der Astronom vom Observatorium die Kreise der Welten beobachten, und sich einen unsterblichen Namen erwerben. Nicht so der Botaniker und Naturforscher. Die Natur mit ihren vielen Merkwürdigkeiten und Geheimnissen will selbst betrachtet seyn. Ihr Dienst ist der mühsamste, so wie ihre Kenntniss die reizendste und angenehmste. Auch hat die Göttin keiner Wissenschaft eifrigere Liebhaber gehabt, keine so viele, die die Märtyrer ihrer Ergebenheit und ihres Studiums geworden sind.

Stöver Leben des Ritter Carl von Linné erster Theil p. 50.

Seiner Excellenz

dem

würklichen Geheimen Etats-Minister

HERRN VON WÖLLNER

widmet

in tiefster Ehrfurcht

dieses Werkchen

der Verfasser.

Vorrede.

Wenn gleich die Menge der Lehrbücher über die Botanik ziemlich beträchtlich ist, so glaube ich doch, dafs dieses Feld noch am meisten der Bearbeitung und ferneren Beherzigung werth ist. Viele unserer Compendien, die eines *Jacquin*, *Scopoli*, *Batsch* und einiger *Anderer* ausgenommen, enthalten nichts als trockene, bisweilen wohl gar übelverstandene Terminologie, oder sind wörtliche Ueberfetzungen von Linné's Philofophia botanica, die vor zwanzig Jahren fehr vollftändig war, jetzt aber, nach fo vielen merkwürdigen Entdeckungen, ziemlich mangelhaft ift.

Diefem Vorwurf auszuweichen, habe ich in gegenwärtigem Werke alle bis jetzt gemachte wahre Verbefferungen und neuere Entdeckungen mit demjenigen, was ich felbft der Veränderung werth achtete, zufammengefafst, um den Anfängern in der Kräuterkunde die fonft fo unangenehmen Anfangsgründe zu erleichtern. In wie fern ich meinen Zweck erreicht habe oder nicht, mögen billige Kunftrichter entfcheiden.

Die gröfste Kürze und Deutlichkeit, fo wie eine gewiffe natürliche Folge von bekannten Dingen zu unbekannten, waren das Richtschnur, wornach ich gegenwärtigen Grundriſs bearbeitete. Im Ganzen bin ich dem unnachahmlichen Linné gefolgt.

Die Terminologie, beynahe das einzige Mittel, Fortschritte in der Kräuterkunde zu machen, scheint zwar, so wie sie Linné festsetzte, sehr bestimmt und weniger Verbesserungen fähig zu seyn. Bey genauerer Untersuchung einzelner Gewächse aber, zeigen sich noch viele Lücken. Diese auszufüllen war meine Absicht: daher werden sich einige ganz neue Ausdrücke finden, die noch in keinem botanischen Werke angeführt sind. So habe ich Ascidium, Ampulla und Indusium hinzugefügt. Des Herrn Ehrharts Anthodium, was er zwar nicht so versteht, wie ichs bestimme, habe ich für den schwankenden Begriff von Calyx communis genommen. Linné's ausgedehnten Begriff von Nectarium habe ich in Abtheilungen gebracht, und eine Menge neuer Ausdrücke angeführt, die schon in der schönen Ausgabe der Generum Plantarum vom Hofrath Schreber angeführt sind. Zu feine Unterschiede in der Terminologie habe ich mit Fleiſs vermieden, um das Studium nicht noch schwieriger zu machen. Bey Bestimmung der Cryptogamisten bin ich in der Terminologie gröſstentheils dem Entdecker ihrer Geschlechtstheile, dem Profeſſor Hedwig gefolgt, und habe die Ausdrücke da eingeschaltet, wo sie hingehören. Manchen Ausdruck habe ich geändert; so nenne ich z. B. Annulus, Fimbria, weil schon dies Wort bey den Pilzen etwas ganz Verschiedenes bezeichnet. Erschöpft ist aber dieser Theil der Botanik noch beyweitem nicht. Neuere Entdeckungen, werden noch in der Folge, besondere Ausdrücke und die Verbesserung alter angenommener, erfordern. Zu wünschen wäre es, dass die Terminologie mehr bearbeitet würde, und dass Männer, deren Namen ich nicht anführen mag, die einmal angenommenen Ausdrücke gehörig anwendeten. So haben grosse Botanisten ein Folium venosum, nervosum, integrum, integerrimum, acuminatum, cuspidatum, mucronatum u. a. m., ferner den Begriff von pericarpium, drupa u. a. m. verwechselt. Was läfst sich von solchen Beschreibungen erwarten, und wer ist im Stande, die beschriebenen Gewächse zu finden?

Vorrede.

Die Terminologie der ältern Schriftsteller ist von der gegenwärtigen sehr verschieden, und damit man auch diese Werke verstehe, habe ich den ältern Ausdruck immer hinter dem neuern angezeigt, z. B. Grasährchen (spicula, locusta,) Kätzchen (amentum, julus). Die ich aber nicht angeführt habe, will ich kürzlich hier anzeigen. Unter Folium lyratum verstehn die alten Botaniker ein Folium nervosum, und unter conus das, was wir strobilus nennen. Diejenigen Ausdrücke, welche hier nicht angezeigt sind, werden keine Schwierigkeit zu erklären haben.

Ich habe, weil dies Compendium ganz deutsch ist, auch deutsche Ausdrücke wählen müssen. Diese sind nach den neuesten und besten Schriftstellern gemacht, sie werden aber wenig gebraucht, weil die Kunstsprache doch immer, um sich gegen Fremde, die der deutschen Sprache nicht mächtig sind, richtig auszudrücken, die lateinische bleiben muss.

In der Physiologie, die am wenigsten noch bearbeitet ist, bin ich ganz den neuesten Entdeckungen gefolgt. Ich habe sie aber wegen Enge des Raums nur ganz kurz abhandeln können; und um nicht unnöthig die Zahl der Bogen zu vermehren, habe ich die Werke und die Seitenzahl derselben, woraus ich meine Nachrichten schöpfte, nicht anführen können. Einige sehr artige Erfahrungen über das Aufgehn der Saamen in verschiedenen Stoffen, und den Wachsthum der Pflanzen in unterirdischen Gruben verdanke ich der Güte meines sehr schätzbaten Freundes des Herrn Assessor von Humboldt. Dieser geschickte Botaniker wird uns in seinem vortrefflichen Werke, was er über die unterirdischen Gewächse von Freyberg schreibt, noch näher damit bekannt machen.

Die Geschichte der Pflanzen habe ich nur sehr kurz abhandeln können. Der Stoff ist noch so reichhaltig, daß sich ein vollständiges Werk von mehreren Bänden darüber schreiben ließ. Meine Absicht war nur, zu zeigen, wie ungefähr die Natur die Gewächse über den Erdball vertheilt hat.

Eben so konnte ich in der Geschichte der Wissenschaft nur die wichtigsten Schriftsteller mit ihren Werken anführen. Sehr viele verdienstvolle Männer neuerer Zeit habe ich, um alle Weitläuftigkeit zu vermeiden, mit Stillschweigen übergehn müssen. Von einem Lehrbuche erwartet man auch nur die Anzeige des Nothwendigsten; versteht man erst dies, so wird es keine Schwierigkeit haben, sich weiter fortzuhelfen.

Die Kupfer habe ich größtentheils nach der Natur, oder nach treuen Zeichnungen verfertigen lassen. Sie enthalten nur solche Gegenstände, die durch Beschreibung nicht so leicht deutlich werden. Auf der letzten Platte ist eine Farbentabelle entworfen, worauf die vorzüglichsten Mischungen, die am häufigsten vorkommen, befindlich sind. Da die Farbe im Gewächsreiche nicht beständig ist, so hat es seine grossen Schwierigkeiten, sie richtig zu unterscheiden. Alle diese Schwierigkeiten zu überwinden, war ich nicht im Stande.

Das beygefügte Register ist für diejenigen, denen in botanischen Beschreibungen unbekannte Ausdrücke auffstossen. Ein deutsches Register halte ich für überflüssig.

Was jetzt noch unvollkommen ist, hoffe ich durch eine neuere Auflage in der Folge verbessern zu können. und wo ich geirrt haben sollte, wird mir eine bescheidene Zurechtweisung lieb seyn.

Einleitung.

1.

Ein flüchtiger Blick, den wir auf diese Welt werfen, zeigt uns, dafs alles aus Körpern besteht. Einige sind durch alle menschliche Kunst, weder mechanisch, noch chemisch zu zerlegen, und diese nennen wir *Urstoffe*, *Uranfänge* oder *Elemente* (Elementa). Andere zeigen sich als Körper, die zusammengesezt sind, und aus Elementen bestehn, diese heifsen *Naturalien* (Naturalia).

Die Wissenschaft, welche die Eigenschaften der Urstoffe auszuspähen sucht, heifst die *Naturlehre* oder *Physik* (Physica). Diejenige Wissenschaft aber, durch die wir mit der äufsern Gestalt der Naturalien bekannt werden, ist die *Naturgeschichte* (Historia naturalis. Scientia naturalis.)

2.

Die unzählige Menge von Körpern, womit sich die Naturgeschichte beschäftigt, veranlaßte die Naturforscher schon in den frühesten Zeiten, verschiedene Hauptabtheilungen zu machen, die man mit dem Namen der Reiche belegte. *Aristoteles* war der erste, der die bekannten drey Reiche der Natur festsezte, nemlich: das **Thierreich** (Regnum animale) das *Gewächsreich* oder *Pflanzenreich* (Regnum vegetabile) und endlich das *Stein-* oder *Mineralreich* (Regnum lapideum vel minerale.

<small>Verschiedene haben noch ein Wasserreich oder Feuerreich dazu zählen wollen. Herr von *Münchhausen* hat ein Mittelreich eingeführt, wohin er die Pilze, Corallen, und Polypen bringt. Einige Naturforscher haben nur zwey Reiche angenommen, als das Reich der lebenden, und leblosen Geschöpfe; allein diese lezte Eintheilung hat nichts zum voraus, weil man die lebenden Geschöpfe wieder in Thiere und Pflanzen abtheilen muss; so wie auch die neuen Naturreiche, welche man noch hinzu gethan hat, überflüssig sind.</small>

3.

Das Fortpflanzungsvermögen unterscheidet die drey Reiche der Natur. *Mineralien* haben keine Zeugungstheile, sie bleiben also beständig, oder können nur mancherley Mischungen machen, aber nie ihres Gleichen hervorbringen. *Gewächse* sind mit einer grofsen Menge Zeugungstheile versehn, verlieren sie aber noch vor ihrem Tode, und bekommen oft wieder von neuem welche. *Thiere* hingegen behalten ihre Zeugungstheile bis zum Tode.

Man hat die Thiere und Gewächse auf verschiedene Art unterscheiden wollen, aber ganz bestimmt sie zu unterscheiden, ist unmöglich, weil die Gränze zwischen beyden sehr genau zusammenhängt. Z. B. sind die Insekten sehr mit den Gewächsen verwandt, denn bey den Insekten kommen erst in der lezten Verwandlung die Zeugungstheile zum Vorschein. Polypen sind auch mit dem Gewächsreiche nahe verwandt; aber sie begatten sich würklich wie andere Thiere. Mehreres siehe *Smellie's Philosophie der Naturgeschichte* I. p. 3 — 5t.

4.

Diejenige Wissenschaft, welche uns jedes einzelne Gewächs von allen bekannten des Erdballs unterscheiden lehrt, heifst die *Kräuterkunde, Gewächskunde, Botanik.* (Botanice, Botanica, Scientia botanica, Phytologia.

Um diese Wissenschaft gehörig zu erlernen, ist es nöthig, sich alle einzelne Theile eines Gewächses bekannt zu machen, und deren Zwecke nachzuforschen. Dies hier vorzutragen ist unse-

Einleitung.

te Absicht; ehe wir aber dazu schreiten, müssen wir folgende allgemeine Bestimmungen voranschicken.

5.

Die Aussenseite an verschiedenen Theilen der Gewächse ist sehr mannigfaltig gebildet. Man hat folgende Bestimmungen festgesezt, die auf alle Theile des Gewächses bey Beschreibungen angewendet werden.

1) *glänzend* (nitidus), wo die Oberfläche so glatt ist, dass sie leuchtet oder glänzt. Ilex Aquifolium.

2) *glatt* (laevis) ohne Glanz, aber sehr glatt.

3) *unbehaart* (glaber), wo kein Haar zu sehen ist.

4) *punctirt* (punctatus), wo kleine feine Puncte nur durchs Gesicht, nicht aber durchs Gefühl zu bemerken sind.

5) *scharf* (scaber), wo sich kleine durchs Gefühl merkbar hervorragende Puncte zeigen, die aber nicht sichtbar sind.

6) *rauh* (asper), wenn diese Puncte ohne Vergröserung leicht sichtbar und scharf sind.

7) *hakrig* (hispidus), wo sehr kurze steife Haare sich zeigen.

8) *borstig* (hirtus) wenn die Haare mittelmässig lang, aber sehr steif sind.

Einleitung.

9) *haarig* (pilosus), wenn lange einzelne Haare, die etwas krumm gebogen sind, sich zeigen.

10) *zottig* (villosus), wo die Haare sehr lang, weich und weiss sind.

11) *weichhaarig* (pubescens), wo sehr kleine feine weisse Haare sind.

12) *seidenartig* (sericeus), wenn durch kaum sichtbare, dicht anliegende Haare, die Fläche glänzend weiss ist.

13) *wollig* (lanatus), wo die Fläche mit dichten weissen, deutlich zu unterscheidenden langen Haaren besezt ist.

14) *filzig* (tomentosus), wenn feine Haare so dicht in einander verwebt sind, dass man die einzelnen Haare nicht unterscheiden kann. Gewöhnlich sieht alsdann die Fläche weiss aus, z. B. Wollkraut, Verbascum, oder sie ist rostfarben, Porst, Ledum.

15) *baartig* (barbatus), wenn die Haare büschelweise beysammen stehn.

16) *strieglicht* (strigosus), wenn die Fläche mit liegenden, dicht angepressten kleinen Borsten besezt ist, die nach unten zu dicker sind.

17) *brennend* (urens), wo kleine hohle Haare einen brennenden Saft beym Berühren von sich lassen, der nachher eine schmerzhafte Empfindung verursacht.

18) *wimperartig* (ciliatus), wo am Rande der Fläche eine Reihe gleich langer Haare stehn.

19) *warzig* (papillosus), wenn kleine fleischige Warzen sich zeigen.

20) *blattrig* (papulosus), wo kleine hohle Bläschen sich finden.

21) *weichstachlich* (muricatus), wo kleine kurze krautartige Stacheln sind.

22) *klebrig* (glutinosus), wo die Fläche mit einer klebrigen Materie bedeckt ist, die sich in Wasser auflösen läfst.

23) *schmierig* (viscidus), wo die Fläche mit einem klebrigen Safte bedeckt wird, der harzig oder fettig ist.

24) *gestreift* (striatus), wenn die Fläche feine Striche hat.

25) *gefurcht* (sulcatus), wo diese Striche kleine Rinnen bilden.

6.

Die ungleiche Länge der Gewächse und ihrer verschiedenen Theile, hat folgende Bestimmungen veranlafst.

1) *Ein Haarbreit* (Capillus), der Durchmesser eines Haars oder der zweyte Theil einer Linie.

2) *Eine Linie* (Linea), die Länge des Weissen an der Wurzel des Nagels am Mittelfinger, oder der zwölfte Theil des Zolls.

3) *Ein Nagel lang* (Unguis), die Länge des Nagels am Mittelfinger oder einen halben Zoll.

4) *Ein Zoll* (Pollex, Uncia), die Länge des ersten Gliedes am Daum, oder ein gewöhnlicher Zoll, der zwölfte Theil eines Fusses.

5) *Eine Handbreit* (Palmus.) Der Durchmesser der vier Finger an der Hand oder drey Zoll.

6) *Eine Spanne* (Dodrans), so weit als man mit dem Daum und kleinen Finger spannen kann, oder neun Zoll.

7) *Eine kleine Spanne* (Spithama), so viel als man mit dem Daum und Zeigefinger spannen kann, oder sieben Zoll.

8) *Ein Fuss* (Pes), die Länge vom Ellenbogen bis an die Handwurzel, oder zwölf Zoll, eine halbe Elle.

9) *Ein Vorderarm* (Cubitus), vom Ellenbogen bis an die Spitze des Mittelfingers, oder siebzehn Zoll.

10) *Eine Elle* (Ulna, Brachium), die Länge des ganzen Arms, oder vier und zwanzig Zoll.

11) *Eine Klafter* (Orgya), die Länge der beyden ausgestreckten Aerme von einem Mittelfinger zum andern, oder sechs Fuſs.

Diese vorangeschickte Bestimmungen werden wir in der Folge nicht wiederholen, sondern bey jeder Gelegenheit, uns auf diese Paragraphen beziehen.

I. Terminologie.

7.

Bey Beschreibungen der Gewächse ist es nöthig, jedem Theil derselben eine verschiedene Benennung zu geben, und alle auffallende Verschiedenheiten mit sichern Ausdrücken zu belegen, damit man sich unter einander verstehen kann. Der Anfänger muſs also an einem Gewächse folgendes unterscheiden: *Wurzel*, (Radix) *Stengel*, (Caulis) *Blätter*, (Folia) *Stützen*, (Fulcra) *Blume*, (Flos) und *Frucht*, (Fructus.)

8.

Die WURZEL (Radix) führt dem Gewächse die meiste Nahrung zu, ist gewöhnlich in der Erde verborgen, und trägt nicht wenig zur Befestigung desselben bey. Die meisten Gewächse haben Wurzeln, und da wo sie zu fehlen scheinen, z. B. bey einigen Flechten (Lichen) sind doch kleine Wärzchen vorhanden, die ihre

Stelle vertreten. Den Moosen und Pilzen hat man sie ehemals absprechen wollen, allein sie sind fast alle damit versehn. Die ganz feinen Fasern der Wurzeln werden *Würzelchen* (Radiculae) genannt. Die Fortsezungen, welche die Wurzel bisweilen an der Seite macht, heissen *Spröfslinge* (Stolones.)

9.

Die verschiedenen Arten der Wurzel sind folgende:

1) *spindelförmig* (fusiformis), sie ist senkrecht oben dick und geht nach unten spizig zu. Z. B. Mohrrüben, Daucus Carota, Pastinak, Pastinaca sativa.

2) *senkrecht* (perpendicularis). Die gleich stark ist, und senkrecht in die Erde geht, z. B. Täschelkraut, Thlaspi bursa pastoris.

3) *wagerecht* (horizontalis). Die wagerecht in der Erde liegt, z. B. Engelsüfs, Polypodium vulgare. *Fig.* 15.

4) *schief* (obliqua), wenn die Wurzel schief zwischen der wagerechten und senkrechten Linie in die Erde geht, z. B. Wiesengras, Statice Armeria.

5) *kriechend* (repens), wenn die Wurzel wagerecht unter der Erde weggeht und überall austreibt, z. B. Queken, Triticum repens.

I. Terminologie.

6) *abgebissen* (praemorsa), wo die Hauptwurzel wie geschnitten aussieht, z. B. Teufelsabbiss, Scabiosa succisa. Wegebreit, Plantago major.

7) *ästig* (ramosa), die in viele Nebenzweige vertheilt ist, z. B. alle Bäume und die meisten Pflanzen.

8) *faserig* (fibrosa), wenn die Wurzel aus einer Menge Fäden besteht, z. B. die meisten Gräser.

9) *knollig* (tuberosa), wo runde Knollen an der Wurzel festsitzen, z. B. Kartoffeln, Solanum tuberosum, Pfeilkraut, Sagittaria sagittifolia.

10) *hängend* (pendula), ist eine knollige Wurzel, die an dünnen Wurzelfasern hängt, z. B. rother Steinbrech, Spiraea Filipendula. *Fig.* 12.

11) *körnerig* (granulata), wo kleine fleischige Körner sind, z. B. gewöhnlicher Steinbrech, Saxifraga granulata. *Fig.* 5.

12) *hodenförmig* (testiculata), wenn zwey länglicht runde fleischige Knollen zusammengewachsen sind, z. B. Knabenkraut, Orchis Morio. *Fig.* 18.

13) *handförmig* (palmata), wenn zwey längliche fleischige, an der Spitze zertheilte Knollen

zusammengewachsen sind, z. B. breitblättrig Knabenkraut, Orchis latifolia. *Fig.* 16.

14) *büschelartig* (fasciculata), wo ein Bündel fleischiger, gleich dicker Wurzeln am Ursprunge verbunden sind, z. B. Vogelnest, Ophrys nidus avis. *Fig.* 21.

15) *gezähnt* (dentata), eine fleischige ästige Wurzel, die zahnförmige Fortsezungen hat, z. B. die Corallenwurz, Ophrys corallorhiza. *Fig.* 13.

16) *schuppig* (squamosa), eine fleischige mit vielen Schuppen bedeckte Wurzel, z. B. Anblat, Lathraea Squamaria.

17) *gegliedert* (articulata), die fleischig fadenförmig und gegliedert ist, z. B. Sauerklee, Oxalis Acetosella.

Die knolligen Wurzeln sind bisweilen sehr verschieden, bey einigen Gewächsen rund, bey andern länglicht, darnach werden sie alsdann besonders genannt. Einige knollige Wurzeln, z. B. n. 15, 16, und die Knollen von Ranunculus bulbosus, Phleum bulbosum u. s. w. sind eigentlich Arten des Stengels.

10.

Der Stengel dient hauptsächlich zur Aufrechthaltung der Blätter, Blumen und Früchte, und ist dem ganzen Gewächse eine Stütze. Es sind fol-

I. Terminologie. 13

gende Arten desselben bekannt: Der *Stengel*
(Caulis), der *Stamm* (Truncus), der *Halm*
(Culmus), der *Schaft* (Scapus), der *Blumenstiel* (Pedunculus), der *Blattstiel* (Petiolus),
der *Strunk* (Stipes), der *Moosstengel* (Surculus), die *Borste* (Seta).

11.

Der Stengel (Caulis) ist den Kräutern
eigen, und trägt Blätter, Blumen und Früchte.
Die getheilten Fortsezungen desselben heissen
Zweige (Rami). Es sind folgende Arten des
Stengels bekannt:

a. *Einfache Stengel-Arten.*

1) *sehr einfach* (simplicissimus), bey dem
gar kein Ast sich zeigt.

2) *einfach* (simplex), mit sehr wenigen Aesten.

3) *ganz* (integer), mit sehr wenigen dicht beysammen stehenden Aesten.

4) *etwas ästig* (subramosus), mit etwas mehr
zertheilten Aesten.

b. *Aestige Stengel-Arten.*

5) *ästig* (ramosus), in mehrere Aeste überall
zertheilt.

6) *sehr ästig* (ramosissimus), wo alle Aeste
wieder in eine sehr grosse Menge Nebenäste getheilt sind.

7) *sproſſend* oder *quirlförmig* (prolifer, f. verticillatus), wenn an der Spitze eine Menge Aeſte treiben, aus deren Mitte der Hauptſtamm fortwächſt; ſo daſs die Aeſte den Stengel in einer gewiſſen Entfernung kreisförmig umgeben, z. B. Fichte, Pinus ſylveſtris.

8) *gabelförmig* (dichotomus), wenn der Stengel bis auf die kleinſten Aeſte zweymal getheilt iſt, z. B. Miſtel, Viſcum album, Rapunzeln, Valeriana Locuſta.

c. *Arten des Stengels in Rückſicht der Aeſte.*

9) *abwechſelnde Aeſte* (ramis alternis). Die Aeſte haben ſolche Stellung, daſs zwiſchen zwey Aeſten auf der entgegengeſtellten Seite nur einer ſteht.

10) *gegenüberſtehende Aeſte* (ramis oppoſitis) wenn die Aeſte auf der entgegengeſezten Seite gerade über ſtehn.

11) *zweireihig* (diſtichus), wenn die Aeſte gegeneinander über, in einer Fläche ſtehn.

12) *zerſtreut* (ſparſus), wo die Aeſte ohne Ordnung zerſtreut ſtehn.

13) *dicht* (confertus), wenn die Aeſte ohne Ordnung den Stamm dicht beſetzen, daſs kein leerer Fleck bleibt.

14) *armförmig* (brachiatus), wenn gegen-

I. Terminologie.

überstehende Aeste sich rechtwinklicht durchkreuzen.

15) *ruthenförmig* (virgatus), wenn die Aeste sehr lang, schwach und dünn sind.

16) *gleichhoch* (fastigiatus), wo alle Aeste von unten auf mehr oder weniger verlängert sind, dafs sie gleiche Höhe haben.

17) *gedrängt* (coarctatus). Die Spitzen der Aeste sind nach dem Stamme zu einwärts gebogen, z. B. italienische Pappel, Populus italica.

18) *abstehend* (patens), wo die Aeste einen spitzen, beynah rechten Winkel bilden.

19) *ausgebreitet* (divergens), wo die Aeste einen rechten Winkel bilden.

20) *ausgesperrt* (divaricatus), wo die Aeste solche Lage haben, dafs sie oben einen stumpfen, unten aber einen spitzen Winkel bilden, z. B. Tanne, Pinus Abies.

21) *herabgebogen* (deflexus), die Aeste hängen in einen Bogen herab.

22) *herabhängend* (reflexus), wo die Aeste so herunterhängen, dafs sie fast mit dem Stamm gleich laufen.

23) *hin und hergebogen* (retroflexus), wo die Aeste nach allen Seiten hingebogen sind.

d. *Arten des Stengels in Rücksicht der Lage.*

24) *aufrechtstehend* (erectus), wenn der Stengel ziemlich senkrecht steht.

25) *gerade und aufrecht* (strictus), wenn der Stengel vollkommen und sehr gerade senkrecht steht.

26) *spröde* (rigidus), der so steif ist, dass er bricht.

27) *schlaff* (laxus), der bey der geringsten Bewegung des Windes schwankt.

28) *aufwärts gebogen* (ascendens), wenn der Stengel an der Erde liegt, mit dem obern Theile aber senkrecht in die Höhe steigt.

29) *niedergebogen* (declinatus), wenn der Stengel sich so zur Erde beugt, dass der Bogen nach oben steht.

30) *gestrützt* (fulcratus), der von oben Wurzeln bis in die Erde schlägt, die sich nachher in wirkliche Stämme verwandeln, z. B. Ficus.

31) *einwärts gebogen* (incurvus), dessen Spitze nach innen gebogen ist.

32) *überhängend* (nutans), wo die Spitzen nach dem Horizont gekrümmt sind.

33) *gestreckt* (procumbens, prostratus, humifusus), wenn der Stengel ganz flach an der Erde liegt.

34) *niederliegend* (decumbens), wenn der Sten-

I. Terminologie. 17

Stengel unten aufrecht steht und oben bis an die Erde niedergebogen ist, dass der grösste Theil des Stengels liegt.

35) *kriechend* (repens), wenn der Stengel niederliegt, und unten mit Wurzeln besezt ist.

36) *rankig* (farmentofus), wenn der Stengel niederliegt, aber nur in gewissen Zwischenräumen Wurzeln hat. *Fig.* 26.

37) *wurzelnd* (radicans), wenn der Stamm aufrecht steht, klimmend ist, und überall kleine Wurzeln treibt, womit er sich fest hält, z. B. Epheu, Hedera Helix.

38) *gekniet* (flexuofus), wo der aufrechte Stengel sich immer nach entgegengesetzten Richtungen beugt, dass er eine Menge stumpfer Winkel bildet. *Fig.* 14.

39) *klimmend* (fcandens), ein schwacher Stengel, der sich an andern festhält, und in die Höhe steigt, z. B. Passionsblume, Passiflora caerulea.

40) *windend* (volubilis), ein schwacher Stengel, der sich schneckenförmig um andre Pflanzen dreht und zwar in zweyerley Richtung.

α. *rechts* (dextrorfum), wenn der Stengel von der Rechten zur Linken sich abwerts um einen Gegenstand dreht, z. B. Wegewinde, Convovulus. *Fig.* 25.

β. *links* (finiftrorfum), wenn der Stengel von der Linken zur Rechten abwerts um einen

Gegenstand sich windet, z.B. Hopfen, Humulus
Lupulus. *Fig.* 32.

e. *Arten in Rücksicht der Bekleidung.*

41) *nackt* (nudus), der gar keine Blätter, Schuppen oder dergleichen hat.

42) *blattlos* (aphyllus), dem bloss die Blätter fehlen.

43) *schuppig* (squamosus), mit Schuppen bedeckt.

44) *blättrig* (foliosus), der Blätter hat.

45) *Zwiebeln oder knollentragend* (bulbifer), der Knollen oder Zwiebeln in den Winkeln der Zweige trägt, Feuerlilie, Lilium bulbiferum.

46) *durchwachsen* (perfoliatus), wo der Stengel mitten durch ein Blatt geht, z. B. Durchwuchs, Bupleurum. *Fig.* 38.

f. *Arten des Stengels in Rücksicht der Figur.*

47) *rund* (teres), der ganz cylindrisch ist. *Fig.* 25. 27. 32.

48) *halbrund* (semiteres), der auf der einen Seite rund, auf der andern platt ist. *Fig.* 235.

49) *zusammengedrückt* (compressus), wenn der Stengel auf beyden Seiten flach ist.

50) *zweyschneidig* (anceps), der zusammengedrückte Stengel ist an beyden Ecken scharf.

51) *eckig* (angulatus), wenn ein Stengel meh-

rere Ecken hat, die Flächen aber vertieft sind. Es giebt mehrere Arten, als:

α. *stumpfeckig* (obtuse angulatus).
β. *scharfeckig* (acute angulatus).
γ. *dreyeckig* (triangularis).
δ. *viereckig* (quadrangularis), u. s. w. *F.* 237.
ε. *vieleckig* (multangularis).

52) *dreykantig* (triquetrus), wo drey scharfe Ecken sind und die Flächen ganz eben sich zeigen. *Fig.* 236.

53) *dreyseitig* (trigonus), wo drey runde oder stumpfe Ecken sind, die Flächen aber eben erscheinen. Es giebt noch folgende Arten davon:

α. *vierseitig* (tetragonus). *Fig.* 29.
β. *fünfseitig* (pentagonus).
γ. *sechsseitig* (hexagonus) u. s. w.
δ. *vielseitig* (polygonus).

54) *blättrig* (membranaceus), wenn der Stengel zusammengedrückt, und dünn wie ein Blatt ist.

55) *geflügelt* (alatus), wenn an den beyden Seiten des Stengels eine häutige Einfassung ist. *F.* 265.

56) *knotig* (nodosus), wenn der Stengel durch hervorstehende Glieder eingetheilt ist.

57) *gleich* (enodis), der weder Knoten noch Glieder hat.

58) *gegliedert* (articulatus), wenn der Stengel regelmäsige Glieder hat, die an den Gelenken eingezogen sind.

59) *gelenkig* (geniculatus), wenn der Stengel regelmäſsige Glieder hat, woran weder die Gelenke hervorragend noch eingezogen ſind.

g. *Arten des Stengels in Rückſicht der Subſtanz.*

60) *holzig* (lignoſus), der aus feſtem Holze beſteht.

61) *faſerig* (fibroſus), der aus holzigen Faſern, die ſich ohne Mühe trennen laſſen, beſteht.

62) *krautartig* (herbaceus), der weich iſt und ſich leicht ſchneiden läſst.

63) *fleiſchigt* (carnoſus), der fleiſchig und ungefehr ſo ſaftig und weich, wie das Fleiſch eines Apfels iſt.

64) *feſt* (ſolidus), der innerhalb ganz feſte iſt.

65) *locker oder markig* (inanis), der innerhalb mit einem lockern Marke angefüllt iſt.

66) *hohl* (fiſtuloſus), der innerhalb ohne Mark und ganz hohl iſt.

67) *mit Abtheilungen* (ſeptis transverſis interſtinctus), wo entweder das Mark oder der hohle Raum durch dünne Häute in der Quere abgetheilt iſt.

68) *korkartig* (ſuberoſus), wenn die äuſsere Rinde weich und ſchwammig iſt, z. B. Rüſtern, Ulmus.

69) *riſsig* (rimoſus), wenn in der Rinde dünne Riſſe oder Spalten ſind.

I. Terminologie.

Die Oberfläche des Stengels hat auch sehr viele Verschiedenheiten, siehe §. 5.

12.

Der STAMM (Truncus) ist den Bäumen und Sträuchern eigen. Er ist zweyerley: 1) *baumartiger Stamm* (truncus arboreus), der oben eine Krone von Aesten bildet; 2) *strauchartiger Stamm* (truncus fruticosus), der von unten auf Aeste hat. (§. 116.)

13.

Der HALM (Culmus) ist bloss den Gräsern eigen; die Arten davon sind ziemlich mit denen des Stengels einerley. Gewöhnlich aber ist er knotig, selten ohne dieselben, und fast immer einfach, selten ästig, die Oberfläche siehe §. 5.

14.

Der SCHAFT (Scapus) unterscheidet sich vom Stengel dadurch, dass er gerade aus der Wurzel kommt und nur Blumen bringt, z. B. Mayblümchen, Convallaria majalis, Pfeilkraut, Sagittaria sagittifolia u. a. m. *Fig.* 44. Die Arten werden wie die des Stengels unterschieden.

15.

Der BLUMENSTIEL (Pedunculus). Diese Art von Stengel trägt bloss Blumen am Hauptstamm oder am Schaft, wie z. B. *Fig.* 23. 27. 30. 44. Die Arten sind:

1) *einblumig* (uniflorus). Der eine Blume trägt. *Fig.* 23. 27.

2) *zwey- dreyblumig u. s. w.* (bi- triflorus etc.)

3) *allgemeine* (communis), wenn mehrere Blumenstiele sich in einen allgemeinen vereinigen; sind alsdann die Blumenstiele sehr ästig, so nennt man die kleinen Stiele, *Blumenstielchen* (Pedicelli, Pediculi).

4) *schaftartig* (radicalis), wenn ein einzelner Blumenstiel aus der Wurzel kommt, z. B. das Veilchen, Viola odorata. *Fig.* 20.

5) *auf dem Blattstiel sitzend* (petiolaris), wenn er auf dem Blattstiel befestigt ist.

6) *im Winkel stehend* (axillaris), wenn er zwischen den Blättern und dem Stamm befestigt ist.

7) *dem Blatte gegenüber* (oppositifolius), wenn er auf der andern Seite gerade dem Blatte über steht. *Fig.* 27.

8) *seitwerts sitzend* (laterifolius), wenn er am Stengel zur Seite des Blatts sitzt.

9) *unter dem Blatte sitzend* (extrafoliaceus) wenn er unter dem Blatte festsitzt.

10) *zwischen den Blättern sitzend* (interfoliaceus), wenn er in der Mitte zwischen den Blättern am Stengel sitzt.

Nach der Figur und Oberfläche wird er wie der Stengel beschrieben. Mehrere Arten des

I. Terminologie.

Blumenstiels werden wir bey der Art zu blühen erwähnen. (§. 46.)

16.

Der BLATTSTIEL (Petiolus) trägt bloss Blätter. Arten davon sind:

1) *rund* (teres) bey den meisten Pflanzen.
2) *zusammengedrückt* (compressus), z. B. Zitterpappel, Populus tremula.
3) *rinnenförmig* (canaliculatus), wenn auf der Oberfläche eine tiefe Furche herunterläuft; z. B. Pestilenzwurz, Tussilago Petasites, Angelik, Angelica Archangelica.

Nach der Figur und Oberfläche wird er, wie der Stengel, unterschieden.

17.

Der STRUNK (Stipes). Dieser ist nur den Farrenkräutern, Pilzen, und Palmen eigen. Die Arten desselben werden, wie die des Stengels unterschieden.

Bey den Pilzen unterscheidet man den Strunk in:

1) *geringelt* (annulatus) §. 33. *Fig.* 4.
2) *nackt* (nudus) der keinen Ring hat. *F.* 223. 224.
3) *schuppig* (squamosus), der mit abstehenden kleinen Schuppen bedeckt ist.

18.

Der MOOSSTENGEL (Surculus) nennt man den Stengel, der die Blätter der Moose trägt. Es giebt folgende Arten:

1) *einfach* (simplex), der ohne Aeste ist, z. B.
Wiederton, Polytrichum commune, *F.* 139. 142.

2) *ästig* (ramosus), der in Zweige zertheilt ist,
z. B. Mnium androgynum. *Fig.* 138.

3) *mit niederhängenden Aesten* (ramis deflexis),
wenn der Stengel ästig ist, aber alle Aeste niederhängen, z. B. Torfmoos, Sphagnum palustre.

4) *niederliegend* (decumbens), der ganz niederliegt.

5) *kriechend* (repens),

6) *aufrecht* (erectus).

19.

Die BORSTE (Seta) ist die Art des Stengels,
welche bloss die Früchte der Moose trägt. *Fig.* 140.
Sie ist immer einfach, und es werden nie besondere Arten bemerkt, ausser in Rücksicht des
Standorts, indem die Borste bald *einzeln* (solita-
ria), bald *haufenweise* beysammen (aggregata),
bald an *der Spitze* (terminalis) oder *an der Seite*
(axillaris s. lateralis) steht.

Gewächse, denen der Stengel fehlt, werden *sten-
gellose Pflanzen* (Plantae acaules) genannt.

20.

Die BLÄTTER (Folia) werden auf folgende
Art bestimmt und unterschieden: ob sie einfach,
ob sie zusammengesezt sind, ferner was für
ein Ort sie einnehmen, wie die Substanz, wie die

I. Terminologie.

Stellung ist, wie sie angeheftet sind, und welche Richtung sie haben. Jedes einfache Blatt muss nach der Spitze, der Basis, dem Umfange, dem Rande, und den beyden Flächen betrachtet werden.

A. *Einfach*,

a. *in Rücksicht der Spitze.*

1) *spitzig* (acutum), wenn das Aeufserste eines Blatts sich in eine Ecke endigt. *Fig.* 38.

2) *lang zugespitzt* (acuminatum), wenn die Ecke lang vorgezogen ist. *Fig.* 200.

3) *feingespitzt* (cuspidatum), wenn eine vorgezogene Spitze sich in eine kleine Borste endigt. *Fig.* 198.

4) *stumpf* (obtusum), wenn die Spitze des Blatts sich rund endigt. *Fig.* 25.

5) *stechend* (mucronatum), wenn an einer runden Spitze, ein borstförmiger krautartiger Stachel ist, z. B. Amaranthen, Amaranthus Blitum.

6) *abgebissen* (praemorsum), wenn das Blatt oben gerade abgestumpft ist, doch so, dass es abgebissen zu seyn scheint, z. B. Tulpenbaum, Liriodendron Tulipifera.

7) *abgestutzt* (truncatum), wenn die Spitze in einer vollkommen geraden Linie abgeschnitten ist.

8) *keilförmig* (cuneiforme), wenn ein abgestutztes Blatt nach der Basis auf beyden Seiten

spitzig zuläuft. Man nennt dergleichen Blatt auch *fächerförmig* (flabelliforme).

9) *verworren* (daedaleum), wenn die Spitze einen gröfsern Umfang hat, dabey aber eingeschnitten und kraus ist. *Fig.* 39.

10) *ausgerandet* (emarginatum), wenn ein stumpfes Blatt an der Spitze eingekerbt ist. *Fig.* 31.

11) *eingedrückt* (retusum), wenn ein stumpfes Blatt an der Spitze etwas eingedrückt ist. Dies Blatt unterscheidet sich vom vorhergehenden durch den geringern Grad des Ausschnitts an der Spitze.

12) *gespalten* (fissum), wenn von der Spitze bis über die Hälfte des Blattes ein Einschnitt hineingeht. Man nennt dergleichen Blätter auch folia bifida.

13) *dreyzahnig* (tridentatum), wenn die Spitze abgestutzt ist, und drey Zähne hat.

b. *in Rücksicht der Basis.*

14) *herzförmig* (cordatum), wenn die Basis in zwey runde Lappen getheilt, der übrige Theil des Blatts aber eyförmig ist. *Fig.* 20. 27. 203.

15) *nierenförmig* (reniforme), wenn die Basis in zwey runde weit abstehende Lappen getheilt und das Blatt oben rund ist.

16) *mondförmig* (lunatum), wenn die beyden Lappen an der Basis in einer graden, etwas ausgebogenen Linie stehen und das Blatt oben rund ist.

17) *ungleich* (inaequale), wenn die eine Seite des Blatts an der Basis mehr verlängert ist. *Fig.* 248.

18) *pfeilförmig* (sagittatum), wenn die Basis in zwey gerade ausstehende spitzige Lappen getheilt ist, und das Blatt nach oben zu spitzig wird. *Fig.* 44.

19) *spiessförmig* (hastatum), wenn die beyden spitzigen Lappen der Basis nach aussen gebogen sind.

20) *ohrförmig* (auriculatum), wenn an der Basis unter dem Blatte sich eine kleine runde Fortsezung befindet, z. B. Pommeranzen, Citrus Aurantium. *Fig.* 2.

c. *in Rücksicht des Umfanges.*

21) *zirkelrund* (orbiculatum), wenn der Durchmesser des Blatts auf allen Seiten gleich lang ist.

22) *rundlicht* (subrotundum), weicht von dem vorhergehenden bloss darin ab, dass entweder der Durchmesser von der Basis bis zur Spitze oder in der Quere länger ist.

23) *eyförmig* (ovatum), ein Blatt, das länger als breit ist; die Basis aber rund und am breitsten, die Spitze am schmählsten ist.

24) *oval oder elliptisch* (ovale s. ellipticum), ein Blatt, dessen Länge grösser als die Breite ist, Basis und Spitze aber rund zulaufen.

I. Terminologie.

25) *länglich* (oblongum), wenn die Breite zur Länge des Blatts, wie 1 zu 3 sich verhält, oder die Breite noch geringer ist, die Spitze und Basis aber verschiedentlich zulaufen, nemlich bald stumpf bald spitzig sind.

26) *parabolisch* (parabolicum), so nennt man das Blatt, was an seiner Basis rund ist, alsdann mit einmal durch einen kleinen Bogen abnimmt und nach der Spitze zu immer schmäler wird. *Fig.* 245.

27) *spatelförmig* (spathulatum), wenn ein Blatt oben cirkelförmig ist, und mit einemmale ganz schmal wird, z. B. Cucubalus Otites. *F.* 238.

28) *rauthenförmig* (rhombeum), wenn die Seiten des Blatts in einen Winkel zulaufen, so dass das Blatt ein verschobenes Viereck vorstellt. *Fig.* 22.

29) *schief* (subdimidiatum) heisst dasjenige Blatt, dessen eine Seite breiter als die andere ist. Von diesen Blättern giebt es verschiedene Arten, als:

a) *herzförmig schief* (subdimidiato - cordatum). Ein herzförmig Blatt, das zugleich schief ist, z. B. Begonia obliqua. *Fig.* 197.

b) *trapezenförmig* (trapeziforme), ein rauthenförmiges Blatt, dessen eine Seite schmaler als die andere ist, u. s. w.

30) *geigenförmig* (panduraeforme), wenn

I. Terminologie. 29

ein längliches Blatt auf beyden Seiten bogenförmig tief ausgeschnitten ist. *Fig.* 24.

31) *lanzettenförmig* (lanceolatum), ein länglichtes Blatt, das von unten an bis oben allmählig spitz zuläuft.

32) *linienförmig* (lineare), wenn beyde Seiten eines Blatts parallel laufen, so, dass es sowohl an der Spitze als an der Basis überall gleich breit ist. *F.* 29.

33) *haarförmig* (capillare), wenn ein Blatt beynahe gar keine Breite hat, und so dünn, wie ein Faden oder Haar ist.

34) *pfriemförmig* (subulatum), ein linienförmiges Blatt, das stark zugespitzt ist.

35) *Nadelblatt* (acerosum), ein linienförmiges Blatt, was sehr steif ist und über Winter gewöhnlich ausdauert, z. B. Fichte, Pinus sylvestris.

36) *dreyeckig* (triangulare), wenn der Umfang ein Dreyeck beschreibt, dessen Spitze die Spitze des Blatts ausmacht, z. B. Birken, Betula alba.

37) *vier oder fünfeckig* (quadrangulare s. quinquengulare), wenn der Umfang des Blatts vier oder fünf Ecken beschreibt, z. B. Menispermum canadense.

38) *unausgeschnitten* (integrum s. indivisum) was keine Einschnitte hat. *Fig.* 203.

39) *läppig* (lobatum), wenn ein Blatt in tiefe Lappen zerschnitten ist. Nach der Zahl der Lap-

pen theilt man sie in *zweylappige* (bilobum), z.
B. Bauhinia, *dreylappig* (trilobum), *fünflappig*
(quinquelobum), z. B. Hopfen, Humulus
Lupulus. *Fig.* 32.

40) *handförmig* (palmatum), wenn fünf Lappen sehr lang sind, das heifst, wenn die Einschnitte über die Hälfte gehn.

41) *getheilt* (partitum), wenn die Einschnitte bis auf die Basis gehn.

42) *dreytheilig* (trifidum), wenn ein Blatt drey Einschnitte hat, die von einander abstehn, *fig.* 23. Sind mehrere Einschnitte, so heifst es quadrifidum, quinquefidum u. f. w.

43) *gerissen* (laciniatum), wenn das Blatt viele tiefe Einschnitte ohne Ordnung hat. *Fig.* 35.

44) *buchtich* (sinuatum), wenn an den Seiten des Blatts runde flache Einschnitte sind, z. B. Eiche, Quercus Robur.

45) *halbgefiedert* (pinnatifidum), wenn regelmäfsige Einschnitte sind, die fast bis auf die Mittelrippe gehn. *Fig.* 15.

46) *leyerförmig* (lyratum), fast das vorhergehende Blatt, dessen äufserster Einschnitt sehr grofs und rund ist. *Fig.* 243.

47) *schrotsägenförmig* (runcinatum), wenn die Einschnitte eines halbgefiederten Blatts spitzig sind, und sich bogenförmig abwärts beugen, z. B. Löwenzahn, Leontodon Taraxacum. *Fig.* 242.

I. Terminologie. 31

48) *fpatrich geriſſen* (squamoso-laciniatum) wenn das Blatt faſt bis auf die Mittelrippe eingeſchnitten iſt, und die Einſchnitte nach allen Richtungen hinſtehn, z. B. Diſtel, Carduus lanceolatus. *Fig.* 265.

> Der äuſsere Umriſs der Blatter n. 39. bis 42. iſt rund. Von n. 43 bis 48. iſt der äuſsere Umriſs länglicht.

d. *in Rückſicht des Randes.*

49) *ganz* (integerrimum), deſſen Rand ohne alle Kerbe oder Zähne iſt. *Fig.* 1. 2.

> Sehr oft werden n. 49 und n. 38 verwechſelt. Ein unangeſchnittenes Blatt (folium integrum) iſt bloſs der Gegenſatz zwiſchen n. 38 und n. 39 — 46. Es kann ſehr oft gezähnt oder geſäget ſeyn. Ein ganzes Blatt (folium integerrimum) kann wohl wie n. 38 — 46 geſtaltet ſeyn, aber es darf keine Zähne oder Sägeneinſchnitte, wie in folgenden Blättern, haben.

50) *knorplich* (cartilagineum), wenn der Rand mit einem Knorpel eingefaſst iſt.

51) *wellenförmig* (undulatum), wenn der Rand auf und abgebogen iſt. *Fig.* 39. 197.

52) *gekerbt* (crenatum), wenn der Rand mit Zähnen beſezt iſt, die ſehr klein und rund ſind, auch zugleich eine ſenkrechte Stellung haben. *Fig.* 203.

53) *ausgeſchweift* (repandum), wenn am Ran-

de sehr flache Ausschnitte sind, die bogenförmige Hervorragungen bilden. *Fig.* 20.

54) *gezähnt* (dentatum), wenn der Rand mit kleinen spitzigen, merklich von einander abstehenden Zähnen besezt ist. *Fig.* 32.

55) *doppelt gezähnt* (duplicato-dentatum), wenn jeder kleine Zahn des Randes wieder gezähnt ist, z. B. Rüster, Ulmus campestris. *F.* 248.

56) *kerbzähnig* (dentato-crenatum), wenn jeder Zahn klein und rund gezähnt ist.

57) *sägeförmig* (serratum), wenn die Zähne am Rande sehr spitzig sind und dicht beysammen stehn, dass einer den andern zu decken scheint.

58) *ausgebissen* (erosum), wenn der Rand ungleich eingeschnitten ist, als wenn er ausgenagt wäre, z. B. einige Salbeyarten, Salvia.

59) *am Rande dornigt* (spinosum), wenn der Rand mit Stacheln besezt ist, z. B. Disteln, Carduus.

60) *wimpericht* (ciliatum), wenn der Rand mit steifen, gleich langen, weit von einander abstehenden Haaren besezt ist.

e. *In Rücksicht der Flächen.*

61) *stachlicht* (aculeatum), wenn die Oberfläche mit Stacheln besezt ist.

62) *hohl* (concavum), wenn die Mitte des Blatts vertieft ist.

63) *rinnenförmig* (canaliculatum), wenn die Mittelrippe eines schmalen langen Blatts vertieft ist.

64) *runz-*

I. Terminologie.

64) *runzlicht* (rugosum), wenn es zwischen den Adern des Blatts auf der Oberfläche erhaben ist, und dadurch Runzeln bildet, z. B. Salbey, Salvia.

65) *blasigt* (bullatum), wenn die Erhabenheiten zwischen den Adern auf der Oberfläche Blasen bilden.

66) *vertieft* (lacunosum), wenn die Erhabenheiten zwischen den Adern auf der Unterfläche sind, so dafs die Oberfläche Vertiefungen hat.

67) *kraus* (crispum), wenn das Blatt am Rande weiter ist, als in der Mitte, so dafs es sich in unregelmäfsige Falten legen mufs. *Fig.* 35.

68) *gefalten* (plicatum), wenn das Blatt von der Basis an in regelmäfsige gerade Falten gelegt ist.

69) *geadert* (venosum), wenn die Gefäfse auf dem Blatte ihren Ursprung aus der Mittelrippe nehmen, und sich nezförmig zertheilen. Dieses findet man bey den meisten Gewächsen.

70) *gerippet* (nervosum), wenn die Gefäfse aus dem Blattstiel gleich an der Basis ihren Ursprung haben und nach der Spitze zu fortlaufen. *Fig.* 200. 203.

71) *dreyrippig* (trinervium), wenn drey Gefäfse aus der Basis entstehen, *Fig.* 200; so zählt man weiter, als : quinquenervium, septemnervium, *Fig.* 203. u. s. w.

72) *dreyfach gerippt* (triplinervium), wenn aus der Mittelrippe zwey Gefäfse entstehn, und

zwey aus der Basis, die alle gerade bis zur Spitze fortlaufen. *Fig.* 201.

73) *fünffach gerippt* (quinduplinervium), wenn zwey Gefäſse aus der Basis und viere aus der Mittelrippe entstehn, die in gerader Linie nach der Spitze zu laufen. *Fig.* 202.

74) *stielrippig* (nervatum), wenn dicht über der Basis zwey Gefäſse entstehn, die bis an die Spitze fortgehn, aber wieder Nebenäste haben, und wo die Mittelrippe oben wie bey einem geaderten Blatte zertheilt ist. *Fig.* 198.

75) *aderrippig* (venoso-nervosum), wenn mehrere Gefäſse aus der Basis entspringen, die dann in viele unregelmäſsige Aeste sich zertheilen, z. B. spanische Kreſſe, Tropaeolum majus und Begonia obliqua. *Fig.* 197.

76) *gestrichelt* (lineatum), wenn das ganze Blatt mit platten, parallel-laufenden Gefäſsen, die von der Basis nach der Spitze gehn, dicht durchzogen ist.

77) *rippenlos* (enervium), wenn keine aus der Basis entspringende Gefäſse sind.

78) *aderlos* (avenium), wo gar keine Ader ist.

79) *punctirt* (punctatum), wenn statt der Ribben oder Adern, Puncte sind, z. B. Preiſselbeere, Vaccinium Vitis Idaea.

80) *gefärbt* (coloratum), was eine andere, als die grüne Farbe hat.

I. Terminologie.

81) *kappenförmig* (cucullatum), wenn, bey einem herzförmigen Blatte, die beyden Lappen krumm gegen einander gebogen sind, dafs sie eine Röhre zu bilden scheinen.

82) *gewölbt* (convexum), wenn die Mitte des Blatts gröfser als der Rand ist, und sich auf der Oberfläche rund, auf der untern hohl beugt.

> Uebrigens gilt bey den Blättern in Rückficht der Fläche, was §. 5. gesagt ist.

B. *Zusammengesezte Blätter.*

83) *zusammengesezt* (compositum), wenn mehrere Blätter an einem Blattstiel befestigt sind. Dahin gehören No. 84. 85. 86. 89. 94. Wenn aber das Blatt zwar nach dieser Bestimmung zutrift, sich aber nicht zu folgenden Arten bringen läfst; so wird es schlechtweg zusammengesezt (compositum) genannt.

84) *gegliedert* (articulatum), wenn ein Blatt aus dem andern entsteht, so dafs die ganze Pflanze ein einziges gegliedertes Blatt zu seyn scheint, z. B. Indianische Feige, Cactus Ficus indica. *Fig.* 233.

85) *gefingert* (digitatum), wenn mehrere Blätter mit ihrer Basis zusammen auf der Spitze eines Blattstiels stehn, z. B. Rofskastanie, Aesculus Hippocastanum.

86) *gezweyt* (binatum), wenn zwey Blätter mit

ihrer Basis zusammen auf der Spitze eines Blattstiels stehn. Sind die beyden Blättchen eines gezweyten Blatts abwerts in horizontaler Richtung gebogen, so nennt man dies ein verbundenes Blatt (folium conjugatum).

87) *doppelt gezweyt* (bigeminatum s. bigeminum), wenn ein getheilter Blattstiel an jeder Spitze zwey Blätter hat, z. B. bey einigen Sinnpflanzen, Mimosa. *Fig.* 217.

88) *dreymal gezweyt* (trigeminatum s. tergeminum), wenn ein getheilter Blattstiel in jeder Spitze zwey Blätter hat, und am Hauptstiel, wo derselbe getheilt ist, auf jeder Seite sich ein Blatt befindet, z. B. Mimosa tergemina. *Fig.* 234.

89) *dreyzählig* (ternatum), wenn drey Blätter an einem Blattstiel befestigt sind, z. B. Klee, Trifolium pratense, Erdbeere, Fragaria vesca.

90) *doppelt dreyzählig* (biternatum s. duplicato-ternatum), wenn ein dreymal zertheilter Blattstiel an jeder Spitze drey Blätter hat.

91) *dreyfach dreyzählig* (triternatum s. triplicato-ternatum), wenn ein dreymal zertheilter Blattstiel, wieder an jeder Spitze dreymal getheilt ist, und an allen neun Spitzen drey Blätter hat. *Fig.* 207.

92) *fünfzählig* (quinatum), wenn fünf Blätter an der Spitze eines Blattstiels befestigt sind. Dieses hat zwar mit No. 85. Aehnlichkeit, aber weicht

I. Terminologie. 37

durch die Zahl fünf ab, da bey jenem gewöhnlich mehrere Blätter sind.

93) *gefusst* (pedatum s. ramosum), wenn ein Blattstiel getheilt ist und an der innern Seite nur Blätter auf folgende Art hat. In der Mitte des getheilten Blattstiels steht ein Blatt, an jeder Spitze eins und zwischen diesen auf jeder Seite zwey, z. B. Christblume, Helleborus niger. *F.* 246.

94) *gefiedert* (pinnatum), wenn an einem ungetheilten Blattstiel auf jeder Seite Blätter in einer Fläche stehn. Davon sind folgende Arten:

α. *abgebrochen gefiedert* (paripinnatum s. abrupte pinnatum), wenn an der Spitze des gefiederten Blatts kein einzelnes steht. *Fig.* 30.

β. *ungepaart gefiedert* (imparipinnatum s. pinnatum cum impari), wenn an der Spitze des gefiederten Blatts sich ein einzelnes befindet.

γ. *gegenüberstehend gefiedert* (opposite pinnatum), wenn bey einem gefiederten Blatte die Blättchen gegenüberstehn.

δ. *abwechselnd gefiedert* (alternatim pinnatum), wenn bey einem gefiederten Blatte die Blättchen abwechselnd stehn. *Fig.* 30.

ε. *ungleich gefiedert* (interrupte pinnatum), wenn bey einem gefiederten Blatte, zwischen den Blättchen abwechselnd kleinere sind. *Fig.* 8.

ζ. *gelenkweise gefiedert* (articulate pinnatum), wenn zwischen jedem Paare gegenüberstehender Blättchen der Stengel mit einem blättrigen hervorstehenden Rand versehen ist. *Fig.* 239.

ν. *herablaufend gefiedert* (decussive pinnatum) wenn von jedem einzelnen Blättchen ein blättriger Fortsatz bis zu dem folgenden geht. *Fig.* 240.

ε. *abnehmend gefiedert* (pinnatum foliolis decrescentibus), wenn die folgenden Blättchen an einem gefiederten Blatte allmählig bis zur Spitze kleiner sind, z. B. Vicia sepium.

95) *verbunden gefiedert* (conjugato-pinnatum), wenn ein Blattstiel sich theilt und jeder Theil ein gefiedertes Blatt ausmacht. *Fig.* 222.

96) *doppelt gefiedert* (bipinnatum, duplicato-pinnatum), wenn ein Blattstiel in einer Fläche auf beyden Seiten eine Menge Blattstiele hervorbringt, wovon jeder ein gefiedertes Blatt ausmacht. *Fig.* 249.

97) *dreyfach gefiedert* (tripinnatum s. triplicato-pinnatum), wenn mehrere doppelt gefiederte Blätter auf den Seiten eines Stiels in einer Fläche angeheftet sind. *Fig.* 247.

98) *doppelt zusammengesetzt* (decompositum), wenn ein getheilter Blattstiel mehrere Blätter verbindet; von der Art sind No. 87. 88. 90. 93. 95. 96. Man braucht aber den Ausdruck decomposi-

I. Terminologie. 39

tum nur da, wenn die Zertheilung des Blattstiels und der Blättchen unregelmäfsig sind. *Fig.* 241.

99) *vielfach zusammengesetzt* (supradecompositum), wenn ein vielfach zertheilter Blattstiel mehrere Blätter enthält; dahin gehören No. 91. 97. Dann aber nur, wenn die Vertheilung der Blättchen entweder noch häufiger, oder nicht so regelmäfsig ist, wird der Ausdruck supradecompositum gebraucht.

C. *In Rücksicht des Orts.*

100) *Wurzelblatt* (radicale), wenn ein Blatt aus der Wurzel entspringt, z. B. Veilchen, Viola odorata, Sagittaria sagittifolia. *Fig.* 44.

101) *Saamenblatt* (seminale) wenn ein Blatt aus den Theilen des Saamens entstanden ist, z. B. beym Hanf kommen zwey weifse Körper, sobald er aufgeht, zum Vorschein, dies sind die beyden Hälften des Saamens, die sich in Blätter verwandeln.

102) *Stengelblatt* (caulinum), was am Hauptstengel befestigt ist. Oefters sind die Wurzelblätter und Stengelblätter an einer Pflanze sehr verschieden.

103) *Astblatt* (rameum), was an den Aesten sitzt.

104) *Winkelblatt* (axillare s. subalare), was am Ursprunge des Astes steht.

105) *Blüthenblatt* (florale), was bey der Blume steht. Fig. 33.

D. In Rückficht der Subftanz.

106) *häutig* (membranaceum), wenn die beyden Häute des Blatts ohne merkliches Mark dicht auf einander liegen, z. B. faft die meiften Blätter der Bäume und Pflanzen.

107) *fleifchig* (carnofum), wenn zwifchen beyden Häuten viel markigte und faftige Subftanz ift, z. B. Hauslaub, Sempervivum tectorum.

108) *hohl* (tubulofum), wenn ein etwas fleifchiges langes Blatt innerhalb hohl ift, z. B. Zwiebeln, Allium Cepa.

109) *lang und rund* (teres), wenn ein Blatt cylinderförmig geftaltet ift.

110) *zufammengedrückt* (compreffum), wenn ein dickes Blatt auf beyden Seiten zufammengedrückt ift.

111) *zweyfchneidig* (anceps), wenn eines zufammengedrückten Blatts entgegengefetzte Seiten fchneidend find.

112) *niedergedrückt* (depreffum), wenn die Oberfläche eines fleifchigen Blatts eingedrückt oder ausgehohlt ift.

113) *flach* (planum), wenn die Oberfläche eines dicken Blatts eine ebene Fläche befchreibt.

114) *hökrig* (gibbofum f. gibbum), wenn beyde Flächen convex find.

115) *fchwerdförmig* (enfiforme), ift ein zwey-

I. Terminologie. 41

schneidiges Blatt, das in seiner Breite allmählig abnimmt, und sich sehr spitz endigt, z. B. blauer Schwertel, *Iris germanica*.

116) *säbel*förmig (acinaciforme), ein zweyschneidiges Blatt, das dick, und an der einen Seite scharf und bogenförmig, an der andern gerade und breit ist. *Fig*. 232.

117) *hobel*förmig (dolabriforme), wenn ein fleischiges Blatt zusammengedrückt oben cirkelrund, an der einen Seite convex, an der andern schneidig, und an der Basis cylindrisch ist. *F*. 244.

118) *zungen*förmig (linguiforme), wenn ein langes zusammengedrücktes Blatt an der Spitze sich rund endigt.

119) *kiel*förmig (carinatum), wenn bey einem langen Blatte unterhalb eine hervorstehende Scheide ist, die der Länge nach mitten durch das Blatt läuft.

120) *dreyseitig* (triquetrum), wenn das Blatt in drey sehr schmale Flächen eingeschlossen und dabey lang ist.

121) *delta*förmig (deltoides), wenn ein dickes Blatt in drey breite Flächen eingeschlossen und dabey kurz ist. *Fig*. 231.

122) *vierkantig* (tetragonum), wenn nach Verhältniss ein langes Blatt in vier schmale Flächen eingeschlossen ist, z. B. Pinus mariana.

123) *warzen*förmig (verrucosum), wenn kur-

ze fleischige Blätter abgestutzt sind, und in dichten Haufen stehen, z. B. einige afrikanische Euphorbien, Stapalien. *Fig.* 228.

124) *hakenförmig* (uncinatum), wenn ein fleischiges Blatt oben platt, an den Seiten zusammengedrückt, und mit der Spitze abwerts gebogen ist. *Fig.* 230.

<small>Die Blätter No. 107. 109. 110. 111. 112. 113. 114. 116. 117. 118. 121. 122. sind beständig dick und fleischig. Die No. 108. 115. 119. 120. sind öfters fleischig, bisweilen aber auch häutig.</small>

E. *In Rücksicht der Stellung.*

125) *gegenüberstehende Blätter* (folia opposita. §. 11. No. 10. *Fig.* 32.

126) *wechselweise stehende* (alterna). §. 12. No. 9. *Fig.* 23.

127) *zerstreuete* (sparsa), wenn die Blätter dicht ohne Ordnung am Stengel sitzen.

128) *gehäuft* (conferta s. approximata), wenn die Blätter dicht zusammen stehn, dass man den Stengel nicht sehn kann.

129) *entfernte* (remota), wenn die Blätter am Stengel in weiten Zwischenräumen entfernt sind.

130) *dreyfache* (terna), wenn drey Blätter um einen Stengel stehn. Man zählt gewöhnlich weiter quaterna, quina, sena, septena, octona u. s. w.

131) *sternförmige* (stellata), wenn mehrere Blätter rund um den Stengel in gewissen Zwischenräumen stehn, z. B. Frauenbettstroh, Galium. *Fig.* 29.

I. Terminologie. 43

132) *büschelweise stehende* (fasciculata), wenn auf einem Punkt eine Menge Blätter stehn, z. B. Lerchenbaum, Pinus Larix, Celastrus buxifolius. *Fig.* 14.

133) *zweyzeitige* (disticha), wenn Blätter so am Stengel befestigt sind, dass sie in einer Fläche liegen, z. B. Weisstanne, Pinus picea, Lonicera Symphoricarpos.

134) *kreuzweise stehende* (decussata) wenn der Stengel der Länge nach rund um mit vier Reihen Blätter besetzt ist, dass an jedem Aste, wenn er in einer senkrechten Stellung von oben betrachtet wird, die Blätter ein Kreuz zu bilden scheinen, z. B. Veronica decussata.

135) *dachziegelförmige* (imbricata), wenn ein Blatt auf dem andern liegt, wie die Ziegel auf einem Dache. *Fig.* 229. Es giebt folgende Arten:

α. *zweyreihig dachziegelförmige* (bifariam imbricata), wenn die Blätter so über einander liegen, dass sie nur zwey gerade Reihen längs dem Stengel ausmachen. So zählt man nun weiter

β. trifariam imbricata.

γ. quadrifariam imbricata u. s. w.

F. *In Rücksicht der Anheftung.*

136) *gestielt* (petiolatum), wenn ein Blatt mit einem Stiel versehen ist.

137) *randstielig* (palaceum), wenn am Rande der Stiel befestigt ist. *Fig.* 22.

138) *schildförmig* (peltatum), wenn der Stengel in der Mitte des Blatts festsitzt. *Fig.* 1.

139) *sitzend* (sessile), wenn das Blatt ohne Stiel am Stengel befestigt ist. *Fig.* 29.

140) *herablaufend* (decurrens), wenn ein sitzendes Blatt mit seiner blättrigen Substanz noch am Stengel fortgeht. *Fig.* 265.

141) *umfassend* (amplexicaule), wenn ein sitzendes Blatt an der Basis herzförmig ist, und mit beyden Lappen den Stengel umfasst.

142) *verbunden* (connatum), wenn gegeneinander übersitzende Blätter mit ihrer Basis verbunden sind.

Ein durchwachsenes Blatt, folium perfoliatum, ist schon §. 11. No. 46. beschrieben.

G. *In Rücksicht der Lage.*

143) *angedrückt* (adpressum), wenn das Blatt in die Höhe steht, und mit seiner Oberfläche am Stengel anliegt.

144) *aufrecht* (erectum s. semiverticalia), wenn das Blatt in die Höhe gerichtet ist, und mit dem Stengel einen sehr spitzen Winkel bildet.

145) *scheitelrecht* (verticale), was ganz aufrecht steht, daß es mit der Horizontallinie einen rechten Winkel macht.

I. Terminologie. 45

146) *feitwerts gebogen* (adverfum), wenn der Rand eines fcheitelrechten Blatts dem Stengel zugekehrt ift.

147) *abftehend* (patens), was in einem fpitzigen Winkel abfteht.

148) *einwerts gebogen* (inflexum f. incurvum), wenn ein in die Höhe ftehendes Blatt mit feiner Spitze krumm dem Stengel zugebogen ift.

149) *gedreht* (obliquum), wenn die Bafis des Blatts flach nach oben fteht, und die Spitze dem Horizont, der Rand der Spitze aber der Erde zugekehrt ift.

150) *wagerecht* (horizontale), wenn die Oberfläche des Blatts mit dem Stengel einen rechten Winkel bildet.

151) *niedergebogen* (reclinatum f. reflexum), wenn das Blatt mit der Spitze nach der Erde zugekrümmt fteht.

152) *zurückgebogen* (revolutum), wenn das Blatt nach aufsen, dem Stengel abwerts, mit der Spitze gerollt ift.

153) *herabhängend* (dependens), wenn die Bafis dem Zenit und die Spitze der Erde zugekehrt ift.

154) *wurzelnd* (radicans), wenn das Blatt Wurzeln treibt.

155) *fchwimmend* (natans), wenn das Blatt

auf der Oberfläche des Waſſers ſchwimmt, z. B.
Seeplumpen, Nymphaea alba.

156) *untergetaucht* (demerſum), wenn die
Blätter ſich unter dem Waſſer befinden.

§. 21.

Noch iſt Folgendes bey Beſtimmung der Blätter zu bemerken. Wenn ein Blatt nicht vollkommen der Figur entſpricht, der es am nächſten kommt, ſo bedient man ſich des Wörtchens ſub z. B. ſubcordatum, ſubovatum, ſubſerratum etc., ein faſt herzförmiges, faſt eyförmiges, faſt geſägtes Blatt. Wenn das Blatt zwar auf die gegebene Beſtimmung zutrift, aber das umgekehrte Verhältniſs ſtatt findet, daſs es nemlich an der Spitze ſo iſt, wie es an der Baſis, und an der Baſis ſo bemerkt wird, wie es an der Spitze ſeyn ſollte, ſo braucht man das Wörtchen ob, z. B. obovatum, *Fig.* 14. obcordatum etc.

Von den einzelnen Theilen der Blätter muſs man noch merken:

1) *die Lappe* (Lobus), der Einſchnitt eines Blatts, der an der Spitze rund iſt, z. B. Ahorn, Acer.

2) *der Einſchnitt*, (lacinia), der Einſchnitt eines Blatts, der an der Spitze in eine Ecke zuläuft und ungleich iſt.

3) *das Blättchen* (foliolum), heiſst bey den foliis

quinatis digitatis u. f. w. jedes einzelne kleine Blatt.

4) *das Blatt eines doppelt gefiederten Blatts* (pinna), heifst jedes einfach gefiederte Blatt eines doppelt gefiederten.

5) *das Blättchen eines gefiederten Blatts*, (pinnula), heifst jedes Blättchen eines gefiederten Blatts.

6) *doppelt gepaart gefiedert* (pinnatum bijugum), wenn das gefiederte Blatt nur zwey Paar gegeneinander überstehende Blätter hat. Man zählt gewöhnlich noch: trijugum, quadrijugum, quinquejugum, u. f. w.

7) *Ecke* (angulus), bedeutet die Spitze eines Einfchnitts.

8) *Bucht* (finus), bedeutet der hohle Zwifchenraum bey Einfchnitten der Blätter, wenn er rund zuläuft.

Jeder diefer Theile wird bey genauern Befchreibungen wie ein einzelnes Blatt nach den Flächen, Rand, Spitze, Bafis u. f. w. befonders noch betrachtet.

22.

Zu den Blättern gehört noch das *Laub* (Frons), was allein den Palmen, Farrenkräutern und Flechten eigen ift. Diefes wird eben wie die Blätter beftimmt. *Fig. 3. 15.* Bey den

Flechten hat man noch folgende Bestimmungen festgesetzt, die bey den Blättern nicht vorkommen.

1) *pulvericht* (pulverulenta), was aus einer Menge feinen Staubes besteht.

2) *rindenartig* (crustacea), was blättricht aussieht, aber aus aneinander geklebten kleinen Körnern besteht.

3) *sternartig* (stellata), was aus dem Mittelpunkt nach allen Seiten gleichförmig ausgedehnt ist. *Fig. 3.*

4) *lederartig* (coriacea), was von ganz fester zäher Substanz ist. *Fig. 226.*

5) *fadenförmig* (filamentosa), was aus feinen Fäden zusammengesetzt ist.

23.

Die Blätter der Moose sind in ihrer Bildung von denen der Pflanzen nicht verschieden. Niemals hat man bey ihnen zusammengesetzte Blätter, auch nur an wenigen tiefe Einschnitte bemerkt. Die Bekleidung der Blätter ist entweder *glatt* (glabrum), oder *haarig* (pilosum), und dann ist gewöhnlich nur an der Spitze eines jeden Blatts ein Haar; filzige oder saftige Blätter hat man bis dahin noch nicht gefunden. Gewöhnlich sind die Blätter sitzend; gestielte sind noch nicht, eine Art ausgenommen, bemerkt worden.

Die

I. Terminologie.

Die Blätter der Lebermoose haben außer den zusammengesetzten Blättern, die ihnen fehlen, alle andere Arten mit den übrigen Pflanzen gemein. Wenn die Blätter der Leber- oder Laubmoose sehr tiefe Einschnitte haben, werden sie nicht folia, sondern frondes genannt.

24.

STÜTZEN (Fulcra), unter diesem Namen versteht man die Theile, welche von dem Stengel, den Blättern, der Wurzel und der Blume sich unterscheiden, aber zur Aufrechthaltung, Bedeckung, Vertheidigung oder zu andern Zwecken dienen. Es giebt folgende Arten: *Afterblatt* Stipula), *Nebenblatt* (Bractea), *Blattscheide* (Vagina), *Blumenscheide* (Spatha), *Schlauch* (Ascidium), *Blase* (Ampulla), *Blatthäutchen* (Ligula), *Hülle* (Involucrum), *Wulst* (Volva), *Ring* (annulus), *Hut* (Pileus), *Decke* (Indusium), *Ranke* (Cirrhus), *Knospe* (Gemma), *Zwiebel* (Bulbus), *Fortsatz* (Propago), *Knoten* (Gongylus), *Drüse* (Glandula), *Dorn* (Spina), *Stachel* (Aculeus), *Granne* (Arista), *Haar* (Pilus).

25.

AFTERBLÄTTER (Stipulae), sind kleine Blätter, die sich am Stengel in der Gegend des

Blattſtiels zeigen. Sie ſind bisweilen von ganz anderer Geſtalt, als die übrigen Blätter, bisweilen aber auch in nichts, als dem Standort und der Gröſse, von ihnen verſchieden. Man kann ſie füglich ſo unterſcheiden:

1) *gepaarte* (geminae), wenn zwey gegenwärtig ſind, die aber allezeit gegenüber ſtehn. *Fig.* 27. 30. 32.

2) *einzelne* (ſolitariae), wenn nur auf der einen Seite des Blattſtiels ein Afterblatt ſteht.

3) *an den Seiten* (laterales), wenn ſie am Urſprung des Blattſtiels ſtehn. *Fig.* 27. 30. 32.

4) *unter dem Blattſtiel* (extrafoliaceae), wenn ſie etwas unterhalb des Urſprungs des Blattſtiels ſtehn.

5) *über dem Blattſtiel* (intrafoliaceae), wenn ſie etwas über dem Urſprunge des Blattſtiels ſtehn.

6) *dem Blattſtiel gegenüber* (oppoſifoliae), wenn bey wechſelſeitigen Blättern dieſe Afterblätter zwar in der Gegend des Urſprungs des Blattſtiels, aber auf der andern Seite des Stengels ſtehn.

7) *hinfällig* (caducae), wenn ſie gleich nach ihrer Entwickelung abfallen.

8) *abfallend* (deciduae), wenn ſie kurz vor den Blättern oder eine ganze Zeit nach ihrer Entſtehung abfallen.

9) *bleibend* (perſiſtentes), wenn ſie mit den

I. Terminologie. 51

Blättern zugleich oder nach ihnen abfallen oder welken.

In ihrer Gestalt sind die Afterblätter sehr verschieden, und es gilt beynahe alles bey ihnen, was wir von den einzelnen Blumen in Rücksicht des Umfangs, der Spitze, der Basis, des Randes und der Flächen gesagt haben. Gewöhnlich sind sie *sitzend* (sessiles), seltener *zusammengewachsen* (connatae), und noch seltener *gestielt* (petiolatae l. pedicellatae). Oefters haben sie einen dunkelbraunen Fleck, z. B. Wicken, Vicia sativa, und dann heissen sie *brandige* (sphacilatae).

26.

NEBENBLÄTTER (Bracteae), sind Blätter, die bey oder zwischen den Blumen stehn, und sehr oft eine von den andern Blättern verschiedene Gestalt und Farbe haben. *Fig.* 33. 44. Sie unterscheiden sich in ihrer Dauer wie die Afterblätter, und zeigen sich hinfällig, abfallend, oder bleibend. Ein schönes Beyspiel vom Nebenblatte giebt die Linde, Tilia europaea. Wenn die Nebenblätter eine andere als die grüne Farbe haben, heissen sie *gefärbt* (coloratae). Zeigen sich aber bey einer Menge von Blumen über denselben mehrere Blätter: so nennt man dies einen *Schopf* (Coma). Beyspiele davon sind die Kaiserkrone, Fritillaria imperialis, die Ananas, Bromelia Ananas u. m. a.

27.

Die BLATTSCHEIDE (Vagina), ist die
Fortsetzung eines Blatts, die sich rund um den
Stengel beugt, und dadurch eine Röhre bildet,
an deren Oefnung das Blatt befestigt ist, z. B.
Polygonum und alle Gräser. Wenn diese Scheide sehr kurz ist und oben nichts Merkwürdiges
zeigt, so nennt man sie ein scheidenartig Blatt (folium vaginatum). Die Blattscheide wird noch
besonders nach ihrer Fläche (§. 5.) beschrieben.

28.

Die BLUMENSCHEIDE (Spatha), ist ein
längliches Blatt, was mit seiner Basis den Stengel
umfasst, und den Blumen, ehe sie sich entwickeln,
zur Bedeckung dient, nach der Entwickelung
aber bald mehr, bald weniger von ihnen entfernt
ist. Sie ist allen Palmen, den meisten Lilien und
Arumarten gemein. Es giebt folgende Arten:

1) *einklappig* (univalvis), die nur aus einem
Blatte besteht, z. B. Arum, Arum maculatum.
Fig. 41.

2) *zweyklappig* (bivalvis), wenn zwey Blätter
gegeneinander überstehn, z. B. Saudiestel, Stratiotes aloides.

3) *zerstreut* (vaga), wenn sowohl eine grosse
allgemeine Scheide, als noch für einzelne Zertheilungen der Blumenstengel und für einzelne
Blumen besondere Scheiden sind.

4) *halbbedeckt* (dimidiata), eben das, was einklappig ist, wenn nur auf einer Seite die Blumen
bedeckt werden.

5) *einblümig, zweyblümig* u. s. w. *vielblümig* (uni-,
bi- multiflora), wenn sie nemlich eine oder
mehrere Blumen einschliesst.

6) *verwelkend* (marcescens), wenn sie beym
Aufblühen oder kurz vor demselben verwelkt.

7) *bleibend* (persistens), wenn sie bis zur Reife
der Frucht unverändert bleibt.

29.

Der Schlauch (Ascidium), ist ein besonderer blattartiger Körper, der cylinderartig und
hohl ist, und öfters an seiner Oefnung mit einem
vollständigen Deckel versehn ist, der sich von
Zeit zu Zeit öfnet. Dergleichen Schlauch enthält gewöhnlich reines Wasser. Entweder ist
nun ein solcher Schlauch *sitzend* (sessile), oder er
ist *gestielt* (petiolatum), und befindet sich an
der Spitze eines Blatts. Das letztere zeigt sich
bey Nepenthes distillatoria, *Fig.* 28. das erstere
bey Serracenia.

Bey zwey Pflanzengattungen, nemlich Ascium
und Ruyschia, hat man einen Schlauch ohne
Deckel (nudum) *Fig.* 117. 121. bemerkt. Diese
Arten des Schlauchs stehn wie Nebenblätter
dicht hinter der Blume.

30.

Die Blase (Ampulla) ist ein runder hohler geschlossener Körper, der sich an der Wurzel einiger Wasserpflanzen, z. B. Utricularia, Aldrovanda, findet.

Das Blatthäutchen (Ligula), ist ein häutiges kleines durchsichtiges Blättchen, was am Rande der Scheide und an der Basis des Blatts sitzt. Sie ist allein den Gräsern eigen. *Fig.* 26. Es giebt folgende Arten:

1) *ganz* (integra) das keine Einschnitte hat.

2) *gespalten* (bifida), das an der Spitze getheilt ist.

3) *zerschlitzt* (lacera), das irregulär am Rande zerrissen ist.

4) *wimprig* (ciliata), das am Rande mit weit auseinanderstehenden kurzen Haaren besetzt ist.

5) *abgestutzt* (truncata), das oben abgestutzt ist.

6) *spitzig* (acuta), das eine kurze Spitze hat.

7) *langgespitzt* (acuminata), das eine lange vorstehende Spitze hat.

8) *sehr kurz* (decurrens), das kaum zu sehen ist, und innerhalb der Scheide herunterläuft.

31.

Die Hülle (Involucrum), wenn mehrere Blätter die von den eigentlichen Blättern sich

I. Terminologie. 55

durch ihre Gestalt unterscheiden, eine Menge Blumen umgeben. Vorzüglich ist die Hülle den Doldengewächsen eigen. Man hat verschiedene Arten festgesetzt, als:

1) *allgemein* (universale), die alle Blumenstiele einschliefst. *Fig.* 36.

2) *besondere* (partiale), die kleine Blumenbüschel enthält. *Fig.* 36.

3) *halb* (dimidiatum), die nur den Stengel zur Hälfte umgiebt.

4) *abhängend* (dependens), wenn alle Blättchen niederhängen, z. B. Aethusa Cynapium.

5) *zwey- drey- vier-* oder *vielblättrig* (di- tri- tetra-polyphyllum), die aus einzelnen oder mehreren Blättern besteht.

32.

Die Pilze (Fungi) weichen in ihrer äufsern Gestalt so sehr von den übrigen Gewächsen ab, dafs man ihre Theile mit nichts vergleichen kann, daher wir sie hier unter den Stützen anführen müssen. Die zuerst auffallenden Theile derselben sind: die *Wulst*, der *Ring* und der *Hut*.

Die WULST (Volva), ist eine dicke meistens fleischartige Haut, die den Pilz bey seiner Entstehung einwickelt, und wenn er ausgewachsen ist, dicht über der Erde bleibt. Man hielt sie sonst für einen Theil der Blume, allein dahin ist sie gar nicht zu zählen Bey einigen Pilzen, z. B. Bovisten, Lycoperdon stellatum *Fig.* 7. ist sie stark eingeschnitten, und heisst dann *sternförmig* (stellata), bey andern ist sie *doppelt* (duplex).

33.

Der Ring (Annulus) ist eine dünne Haut, die am Strunke festhängt und ihn ringförmig umgiebt. Bey dem Entstehn der Pilze hängt diese Haut mit dem Hute zusammen, nachher aber trennt sie sich. Es giebt folgende Arten:

1) *aufrecht* (erectus), wenn der Ring unten festgewachsen, oben aber frey ist. *Fig.* 4.

2) *umgekehrt* (inversus), wenn der Ring oben festgewachsen, unten aber frey ist, so dafs er glockenförmig herunterhängt, z. B. Agaricus mappa.

3) *sitzend* (sessilis), wenn er, wie bey den angezeigten Arten, auf irgend einer Seite festsitzt.

4) *beweglich* (mobilis), wenn sich der Ring auf und nieder schieben läfst, z. B. Agericus antiquatus.

5) *bleibend* (persistens), wenn er, so lange die Dauer des Pilzes ist, auch immer bemerkt wird.

6) *verschwindend* (fugax), wenn bey der völligen Entwickelung des Pilzes der Ring gänzlich verschwindet.

I. Terminologie.

7) *fpinnewebenartig* (arachnoideus), wenn der Ring ganz aus dem feinften weifsen Gewebe zufammengefetzt ift. Dergleichen Ringe verfchwinden fehr oft.

34.

Der Hut (Pileus) heifst der oberfte meiftentheils tellerförmige Körper, den der Strunk des Pilzes trägt. In diefem find die Werkzeuge der Begattung enthalten. Es giebt folgende Arten:

1) *flach* (planus), der ganz flach und gleichförmig ausgebreitet ift. *Fig.* 223. 224. 225.
2) *rund* (convexus), der oben gewölbt ift.
3) *hohl* (concavus), der oben vertieft ift. *F.* 6.
4) *nablicht* (umbonatus), der in der Mitte einen Nabel hat. *Fig.* 4.
5) *glockenförmig* (campanulatus), der oben fehr gewölbt ift, und auf beyden Seiten weit, glockenartig heruntergeht, z. B. Agaricus fimetarius.
6) *klebrig* (vifcidus), deffen Oberfläche mit einer klebrigen Feuchtigkeit bedeckt ift.
7) *fchuppig* (fquamofus), der oben mit vielen anliegenden Schuppen von anderer Farbe befetzt ift, z. B. Fliegenpilzt, Agaricus mufcarius.
8) *fparrig* (fparrofus), deffen Schuppen auf der Oberfläche abftehn. *Fig.* 4.

Der Hut der Pilze hat noch verfchiedene

Theile, die man deutlich unterscheiden muss, und diese sind: der Nabel, das Blättchen, das Loch, der Stachel, die Warze.

α. Der *Nabel* (Umbo), ist der Mittelpunkt des Huts, welcher etwas länglicht hervorgezogen ist. Oefters ist dieser Nabel auch in einem etwas vertieften Hute gegenwärtig.

β. Das *Blättchen* (Lamella), so nennt man die dünnen blätterartigen Hervorragungen auf der Unterseite des Pilzes. Sie enthalten die Saamenkapseln, und sind den Blätterschwämmen (Agaricis) eigen. *Fig.* 225. Davon giebt es folgende Arten:

a) *gleichlange* (aequales), wenn alle Blättchen vom Strunke bis an den Rand fortgehn.

b) *ungleiche* (inaequales s. interruptae), wenn einige nur vom Strunke bis zum Rande, andre entweder vom Rande oder vom Strunke nur halb so weit gehn.

c) *ästige* (ramosae), wenn sich mehrere Blättchen in eins vereinigen.

d) *herablaufende* (decurrentes), wenn die Blättchen am Strunke heruntergehn.

e) *adrig* (venosae), wenn die Blättchen so klein sind, dass sie nur erhabene Adern zu seyn scheinen, z. B. der Pfefferling, Agaricus chantarellus.

γ. Die *Löcher*, (Pori), wenn auf der Unterfläche des Huts ganz kleine Vertiefungen, wie mit einer Nadel eingestochen, sich finden. *F.* 223. Diese haben allein die Steinpilze (Boleti).

b. Die *Stacheln* (Aculei s. Echini), heifsen erhabene hervorragende Spitzen; in diesen sind, wie in den Löchern, die Befruchtungstheile enthalten. Sie sind allein den Stachelpilzen (Hydnis) eigen. *Fig.* 224.

c. Die *Warzen* (Papillae), heifsen kleine runde Erhabenheiten, die sich auf der Unterfläche zeigen, und auch Befruchtungstheile enthalten.

> Bey den Pilzen, wo kein Strunk ist, fehlt auch bisweilen der Hut, und dann hat der ganze Pilz eine runde oder abgestutzte Gestalt, dergleichen Gestalten nennt man schlechtweg *Körper* (Corpora), *Fig.* 7. Auch bey den Keulenschwämmen nennt man den oberen vom Strunke getragenen Theil den *Körper* (Corpus).

35.

Die DECKE (Indusium), heifst bey den Farrenkräutern die dünne Haut, welche den Saamen oder die Blumen bedeckt. Es giebt folgende Arten:

1) *flach* (planum), wenn die dünne Haut ganz flach die Saamen bedeckt, z. B. Polypodium.

2) *schildförmig* (peltatum) wenn diese dünne Haut cirkelförmig ist, und unten in der Mitte

durch einen kleinen Faden an den Saamen befestigt ist, z. B. Polypodium Filix mas.

3) *sackförmig* (corniculatum), wenn diese dünne Haut ganz cylinderförmig und hohl ist, dass sie innerhalb Blumen und Saamen einschliesst, z. B. Schachtelhalm, Equisetum; *Fig.* 11. sind vier dergleichen hornartige oder sackformige Decken zu sehn.

36.

Die RANKE (Cirrhus) ist ein fadenförmiger Körper, der zur Befestigung der Pflanze dient. Rankende Gewächse (Vegetabilia scandentia) haben dergleichen. Die Ranken pflegen öfters spiralförmig gedreht zu seyn, z. B. Wein, Vitis vinifera *Fig.* 27. Die Arten derselben sind:

1) *Achselranken* (axillares), die aus den Winkeln der Blätter entspringen. *Fig.* 27.

2) *Blattranken* (foliares), die an der Spitze der Blätter entspringen.

3) *Blattstielranken* (petiolares), wenn die Ranke an der Spitze eines gemeinschaftlichen Blattstiels bey einem zusammengesetzten Blatte entsteht.

4) *Blumenstielranken* (peduncular es), wenn aus dem Blumenstiel eine Ranke entsteht.

5) *einfache* (simplex), die nicht zertheilt ist.

6) *zwey-drey-mehrästig* (bi- tri- multifidus)

wenn die Ranke in zwey oder mehrere Theile
getheilt ist.

7) *umgedreht* (convolutus), wenn die Ranke
regelmäfsig gewunden ist.

8) *zurückgedreht* (revolutus), wenn die Ranke bald auf diese, bald auf jene Seite, also unregelmäfsig gewunden ist.

> Wenn ein einfaches Blatt eine Ranke an der Spi-
> tze hat, so heifst es ein *rankiges Blatt* (folium
> cirrhosum), z. B. Gloriosa superba, Flagellaria
> indica u. s. w. Hat ein gefiedertes Blatt an der
> Spitze eine Ranke, wie die meisten Wicken, so
> heifst es ein *gefiedert rankiges Blatt* (folium
> pinnatum cirrhosum). No. 3.

37.

Die Knospe (Gemma) ist derjenige Theil
eines Gewächses, welcher den Entwurf zum
weitern Wachsthum desselben enthält. Nicht alle
Gewächse sind damit versehn, nur diejenigen,
welche in kalten Himmelsstrichen wachsen, haben dergleichen. Sie sind 1. *blofs blätterbringend*
(foliiferae), 2. *blätter- und blumenbringend in
verschiedenen Knospen* (foliiferae et floriferae
distinctae), 3. *Blätter und weibliche Blumen tra-
gend* (foliiferae et floriferae femineae),
4. *Blätter und männliche Blumen bringend* (foliiferae et floriferae masculae), 5. *Blätter
und Zwitterblumen bringend* (foliiferae et flo-

riferae hermaphroditae), 6. *blätter- und blumenbringend zugleich* (foliifero - floriferae). Wenn die Knospen austreiben und Blätter bringen, dies nennt man das *Ausschlagen* (Foliatio). Es geschieht bey den Knospen durch das Abfallen der äusseren Hüllen, die aus kleinen übereinanderliegenden Schuppen bestehn. Bey den Gewächsen, die keine Knospen haben, geschieht das Ausschlagen gerade aus der Rinde. An jeder Pflanze sind die kleinen Blättchen beym Ausschlagen verschieden in einander gelegt. Wenn man dergleichen austreibende Knospen horizontal durchschneidet, zeigen sich folgende Verschiedenheiten:

1) *eingerollt* (involuta), wenn die Seiten der Blätter nach innen gewickelt sind, z. B. Hopfen, Humulus Lupulus. *Fig.* 251. 259. 260.

2) *zurückgerollt* (revoluta), wenn die Seiten der Blätter nach aufsen gerollt sind, z. B. Weiden, Salices. *Fig.* 252. 262.

3) *zwischengerollt* (obvoluta), wenn zwey hohlliegende Blätter, ohne aufgerollt zu seyn, in einander greifen, z. B. Salbey, Salvia officinalis. *Fig.* 256.

4) *tutenförmig* (convoluta), wenn die Blätter ganz schneckenförmig gedreht sind, z. B. Pflaumen, Prunus domestica, Aprikosen, Prunus armeniaca. *Fig.* 250. 258.

I. Terminologie. 63

5) *reitend* (equitans), wenn viele parallel liegende Blätter etwas hohl zufammenliegen, z. B. fpanifcher Flieder, Syringa vulgaris. *Fig.* 254. 255. 263. 264.

6) *doppeltliegend* (conduplicata), wenn die Blätter einmal zufammenliegen, z. B. Buche, Fagus fylvatica. *Fig.* 253.

7) *gefaltet* (plicata), wenn die Blätter regelmäfsig gefaltet find, z. B. Birke, Betula alba. *Fig.* 257.

8) *niedergebogen* (reclinata), wenn die Spitzen der jungen Blätter herunterhängen, z. B. Arum, Aconitum.

9) *fchneckenförmig* (circinata), wenn das ganze Blatt von der Spitze nach der Bafis zu aufgerollt ift, fo dafs die äufsere Seite innerhalb, und die innere aufserhalb kommt, z. B. alle Farrenkräuter. *Fig.* 15.

Wenn die Blätter gegenüberftehn, fo ift öfter die Figur doppelt, z. B. *Fig.* 258. 259. 260. 262.

38.

Die ZWIEBEL (Bulbus) ift im eigentlichen Verftande eine Knofpe unter der Erde. Es find davon diefe Arten bekannt:

1) *fchuppig* (fquamofus), die aus blofsen Schuppen zufammengefetzt ift, z. B. Feuerlilie, Lilium bulbiferum, *Fig.* 19.

2) *häutig* (tunicatus), die aus concentrisch zusammenliegenden Häuten besteht, z. B. die Zwiebel, Allium Cepa. *Fig.* 17.

3) *feste* (solidus), die aus ganz festem Fleische besteht, z. B. Zeitlose, Colichum autumnale.

39.

Der FORTSATZ (Propago), ist ein runder oder länglichter Körper, der von der Mutterpflanze abfällt und zu einer neuen Pflanze wird. Dergleichen haben die Moose. *Linné* hielt dies für Saamen. Bey den Lebermoosen ist dieser Fortsatz kugelförmig. Marchantia trägt einen kleinen Becher (scyphus), worin der Fortsatz enthalten ist.

40.

Der KNOTEN (Gongylus) ist ein runder harter Körper, der nach dem Tode der Mutterpflanze abfällt, und eine neue Pflanze wird. Dergleichen sieht man an den Seemoosen.

41.

Die DRÜSE (Glandula), ist ein runder Körper, der zur Ausdünstung und Absonderung dient. Die Drüsen sind gewöhnlich auf den Blättern oder Stengeln. Sie sind

1) *sitzend* (sessilis), wenn sie flach auf dem Blatte ansitzt, z. B. Cassia marylandica.

2) *gestielt* (petiolata), wenn die Drüse durch einen

I. Terminologie.

einen kleinen Stiel unterstützt wird, z. B. Sonnentau, Drosera.

42.

Der DORN (Spina) ist eine stehende Hervorragung, die aus dem Innern der Pflanze entspringt, und sich also nicht mit der Rinde abziehen läfst, z. B. Schlehdorn, Prunus spinosa. Die Arten sind:

1) *am Ende* (terminalis), wenn er an der Spitze des Zweiges ist.

2) *an der Seite* (axillaris), wenn er an der Seite des Zweiges ist.

3) *einfach* (simplex), der in eine Spitze ausläuft.

4) *getheilt* (divisa), dessen Spitze getheilt ist.

5) *ästig* (ramosa), der in viele Aeste zertheilt ist.

43.

Der STACHEL (Aculeus), ist eine stehende Hervorragung, die aus der Rinde entspringt, und sich mit derselben abziehen läfst, z. B. Rosen, Rosa centifolia. Arten davon sind:

1) *gerade* (recti), wenn die Stacheln geradeaus stehn.

2) *aufwertsgebogen* (incurvi), wenn die Stacheln nach oben gekrümmt sind.

3) *abwertsgebogen* (recurvi), wenn die Stacheln nach der Erde zu gekrümmt sind.

E

4) *einzeln* (solitarii), wenn die Stacheln einzeln stehn.

5) *doppelt* (geminati), wenn zwey beysammen stehn.

6) *handförmig* (palmati), wenn mehrere Stacheln unten zusammenhängen, z. B. Berberitze, Berberis vulgaris.

44.

Die GRANNE (Arista), ist eine fadenförmige Spitze, die an der Blume der Gräser sitzt. Die Arten sind:

1) *nakt* (nuda), die ohne Haare ist. *F.* 101. 103.

2) *fedrig* (plumosa), die mit feinen weissen Härchen besetzt ist, z. B. Federgras, Stipa pennata.

3) *gerade* (recta), die ganz gerade ist. *F.* 101. 103.

4) *gegliedert* (geniculata), die in der Mitte ein Gelenke hat, wodurch sie gebogen ist, z. B. Hafer, Avena sativa.

5) *gekrümmt* (recurvata), die in einem Bogen nach oben gekrümmt ist.

6) *gedreht* (tortilis), die spiral- oder schneckenförmig gedreht ist.

7) *Endgranne* (terminalis), die an der Spitze des Balges (§. 65.) befestigt ist.

8) *Rückengranne* (dorsalis), die unterhalb der Spitze oder in der Mitte des Balges befestigt ist.

45.

Das HAAR (Pilus) ist ein feiner fadenförmiger bald kurzer bald langer Körper, der zur Ausdünstung und Bedeckung der Gewächse dienet. Die verschiedenen Vertheilungen der Haare haben wir §. 5. schon bestimmt. Arten sind:

1) *einfache* (simplices), die gar nicht zertheilt sind.

2) *gabelförmige* (furcati), die wie eine Gabel an der Spitze gespalten sind.

Das Haar wird nach seiner Stärke und der Spitze nach noch getheilt in:

a) *Haar* (Pilus), was einige Steifigkeit hat, und geradeaus steht.

b) *Wolle* (Lana), was krumm und weich ist.

c) *feines Haar* (Villus), was sehr fein und weich ist.

d) *Borste* (Striga), das sehr steif ist.

e) *Haken* (Hamus), was steif ist und eine krumme Spitze hat.

f) *Widerhaken* (Glochis), was steif ist und eine gespaltene auf beyden Seiten zurückgebogene Spitze hat.

46.

Ehe wir uns auf die genauere Beschreibung einzelner Theile der Blumen einlassen, ist es nöthig, von der Zertheilung des Blumenstengels, oder mit andern Worten, von der Art zu blühen, oder dem BLÜTHENSTANDE (Inflorescentia), zu handeln. Man hat folgende Arten zu blühen bey den Gewächsen bemerkt: den *Quirl* (Verticillus), den *Kopf* (Capitulum), das *Grasährchen* (Spicula), die *Aehre* (Spica), die *Traube* (Racemus), die *Doldentraube* (Corymbus), den *Büschel* (Fasciculus), die *Dolde* (Umbella), die *Afterdolde* (Cyma), die *Rispe* (Panicula), den *Strauss* (Thyrsus), den *Kolben* (Spadix), das *Kätzchen* (Amentum), den *Zapfen* (Strobilus).

47.

Ein QUIRL (Verticillus), besteht aus mehreren Blumen, die rund um den Stengel stehn, und in Absätzen den Stengel unbedeckt lassen. Es giebt folgende Arten:

1) *sitzend* (sessilis), wenn alle Blumen ohne Blumenstiele am Stengel festsitzen, z. B. Mentha arvensis.

2) *gestielt* (pedunculatus), wenn die Blumen mit kurzen Stielen versehen sind.

3) *halb* (dimidiatus), wenn die Blumen nur zur Hälfte den Stengel umgeben, z. B. Melissa officinalis.

4) *gedrängt* (confertus), wenn ein Quirl dicht über dem andern steht.

I. Terminologie.

5) *abstehend* (distans), wenn die Quirle weit von einander entfernt sind.

6) *nakt* (nudus), wenn keine Blätter oder Nebenblätter um den Quirl stehn.

7) *mit Nebenblättern versehn* (bracteatus), wenn Nebenblatter um den Quirl stehn.

8) *sechs- acht- zehn- oder mehrblumig* (sex- octo- decem- s. multiflorus), wenn der Quirl aus so viel Blumen besteht.

48.

Der KOPF (Capitulum), wenn eine Menge Blumen dicht zusammen auf einen Fleck gedrengt sind, so dafs sie einen runden Kopf bilden. Die Blumen sind entweder gestielt, oder sitzen feste auf. Es giebt folgende Arten:

1) *kugelrund* (globosum s. sphaericum), wenn die Blumen eine vollkommene kugelrunde Gestalt bilden, z. B. Kugelamaranth, Gomphrena globosa, *Fig.* 199.

2) *rundlicht* (subrotundum), wenn sich der Blumenkopf der kugelrunden Gestalt nähert, aber doch mehr ins Lange gezogen ist, z. B. Gemeiner Klee, Trifolium pratense.

3) *kegelförmig* (conicum), wenn der Kopf etwas ins Lange gezogen ist, z. B. Bergklee, Trifolium montanum.

4) *halbrund* (dimidiatum s. hemisphaeri-

cum), wenn der Kopf an der einen Seite rund, an der andern flach ist.

5) *blättrig* (foliosum), wenn der Kopf mit Blättern umgeben ist.

6) *nakt* (nudum), wenn er von Blättern entblöfst ist.

7) *an der Spitze stehend* (terminalis), der an der Spitze des Stengels steht.

8) *in dem Winkel stehend* (axillare), der in den Winkeln des Blatts steht.

Der *Knaul* (Glomerulus), ist eigentlich ein kleiner Kopf von sehr kleinen Blumen, der sich gewöhnlich in den Winkeln der Blätter zeigt, z. B. Amaranthen, Amaranthus.

49.

Das Grasährchen (Spicula s. Locusta), nennt man bey den Gräsern eine Menge Blumen, die auf einem Stengel sitzen, und nur mit einem Kelche versehn sind Man pflegt sie nach der Zahl zu bestimmen, als:

1) *einblumig* (uniflora), das eine Blume enthält, z. B. Agrostis.

2) *zweyblumig* (biflora), das zwey Blumen hat, z. B. Aira.

3) *dreyblumig* (triflora), u. s. w.

4) *vielblumig* (multiflora), das viele Blumen enthält. *Fig.* 93. 101.

I. Terminologie.

50.

Die Ähre (Spica), nennt man eine Menge Blumen, die einen einfachen geraden Hauptstengel ohne kleine Stiele zu haben dicht besetzen, z. B. der Lavendel, Lavendula Spica, u. m. a. Arten der Aehre sind:

1) *geknault* (glomerata), wenn die Aehre aus kugelförmig angehäuften Blumen besteht.

2) *unterbrochen* (interrupta), wenn die Blumen an der Aehre zuweilen nakte Zwischenstellen zeigen.

3) *wirbel- oder quirlförmig* (verticillata), wenn die Blumen an der Aehre nakte Zwischenstellen zeigen, und dabey wie ein Quirl geordnet sind.

4) *dachziegelförmig* (imbricata), wenn die Blumen so dicht beysammenstehn, dass eine die andere bedeckt.

5) *zweyzeilig* (disticha), wenn die Blumen an der Aehre in zwey entgegengesetzten geraden Reihen geordnet sind.

6) *einseitig* (secunda), wenn die Blumen der Aehre alle nach einer Seite hinstehn, so dass die andere Seite des Hauptstiels nakt ist.

7) *gleichdick* (cylindrica), wenn die Aehre oben und unten gleich dick mit Blumen besetzt ist.

8) *linienförmig* (linearis), die sehr dünne und gleich dick ist.

9) *eyrund* (ovata), die oben dicke nach unten aber allmählig dünner wird, und eine eyförmige Gestalt bildet.

10) *bauchig* (ventricosa), die in der Mitte dicke und an beyden Enden dünner ist.

11) *blättrig* (foliosa), die zwischen den Blumen Blätter hat.

12) *schopfig* (comosa), die an der Spitze Blätter hat.

13) *haarig* (ciliata), die zwischen den Blumen Haare hat.

14) *einfach* (simplex), die ohne alle Aeste ist. Fig. 277.

15) *ästig oder zusammengesetzt* (ramosa vel composita) wenn mehrere Aehren auf einem ästig getheilten Hauptstiel beysammen stehn.

16) *gepaart* (conjugata), wenn zwey Aehren an der Basis auf einem Hauptstengel verbunden sind.

17) *büschelförmig* (fasciculata), wenn mehrere Aehren an der Basis auf einem Hauptstiel vereinigt sind.

18) *an der Spitze stehend* (terminalis), die an der Spitze des Stengels oder der Aeste stehn.

19) *an der Seite stehend* (axillaris s. lateralis), die an den Winkeln der Blätter stehn.

§. 51.

Die Traube (Racemus) nennt man die Arten von Blütenstand, wo auf einem Stengel mehrere gestielte Blumen befestigt sind, die ziemlich gleiche Länge haben, oder wo wenigstens nur die untern Blumenstiele ein geringes länger, als die obern sind. Arten der Traube sind:

1) *einseitig* (unilateralis), wenn die eine Seite des Hauptstengels nur mit Blumen besetzt ist.

2) *einreihig* (secundus), wenn die Blumenstengel rund um den Hauptstengel befestigt sind, die Blumen selbst aber nach einer Seite alle hingerichtet sind,

3) *schlaff* (laxus), wenn die Traube sehr biegsam ist,

4) *steif* (strictus), wenn die Traube nicht leicht zu beugen ist,

5) *einfach* (simplex), wenn die Traube ohne Aeste ist, *Fig.* 278.

6) *zusammengesetzt* (compositus), wenn mehrere einfache Trauben an einem Hauptstengel verbunden sind.

7) *gepaart* (conjugatus), wenn zwey Trauben an der Basis auf einem Stengel vereinigt sind.

8) *nakt* (nudus), ohne Blätter oder Nebenblätter,

9) *blättrig* (foliatus), die mit Blättern oder Nebenblättern besetzt ist.

10) *aufrecht* (erectus), die in der Höhe steht.

11) *geradeaus* (rectus), die geradeaus steht.

12) *übergebogen* (cernuus), wenn die Spitze der Traube etwas niedergekrümmt ist.

13) *überhängend* (nutans), wenn die Hälfte der Traube niederwerts gebogen ist.

14) *hängend* (pendulus), wenn die Traube senkrecht der Erde zuhängt.

52.

Die DOLDENTRAUBE (Corymbus), ist eigentlich eine aufrecht stehende Traube, deren untere Blumenstiele, entweder ästig oder einfach, aber allezeit so stark verlängert sind, dafs sie mit der äufsersten Spitze fast gleiche Länge haben. *Fig.* 25. 266.

53.

Der BÜSCHEL (Fasciculus), nennt man eine Menge einfacher Blumenstiele, die von gleicher Höhe sind, aber nicht aus einem Punct, sondern aus verschiedenen entspringen. Der Büschel unterscheidet sich von der Doldentraube durch die kurzen Blumenstiele, und dafs sie nicht auf einen langen Stengel vertheilt sind. Von der Dolde ist er dadurch verschieden, dafs die Blumenstiele nicht aus einem Punkt entspringen. Von der Afterdolde unterscheidet sich der Büschel

I. Terminologie.

dadurch, daſs die Blumenſtiele nicht äſtig ſind. Als Beyſpiel eines Büſchels können wir die Karthäuſernelke, Dianthus carthuſianum, anführen.

54.

Die DOLDE (Umbella) beſteht aus einer Menge gleichlanger Blumenſtiele, die aus einem Punct entſpringen. Man nennt bey einer Dolde die Blumenſtiele *Strahlen* (Radii). Es giebt folgende Arten:

1) *einfach* (ſimplex), wo die Strahlen nur eine Blume tragen.

2) *zuſammengeſetzt* (compoſita), wenn jeder Strahl der Dolde wieder eine einfache Dolde trägt. *Fig.* 36. Die Strahlen, welche die einfachen Dolden tragen, heiſsen *die allgemeine Dolde* (Umbella univerſalis). Die einfache Dolde nennt man die *beſondere Dolde*, oder das *Döldchen* (Umbella partialis ſ. Umbellula).

3) *ſitzend* (ſeſſilis), wenn die Dolde keinen Stengel hat.

4) *geſtielt* (pedunculata), wenn ſie mit einem Stengel verſehn iſt.

5) *dicht* (conferta), wenn die Strahlen der Dolde ſo nahe beyſammen ſtehn, daſs die ganze Dolde ſehr dick wird.

6) *abſtehend* (rara), wenn die Strahlen ſehr abſtehn.

76   I. Terminologie.

7) *arm* (depauperata), wenn die Dolde nur wenig Blumen hat.

8) *erhaben* (convexa), wenn die mittlern Strahlen höher sind, aber dicht beysammen stehn, dafs das Ganze der Blumen einen gewölbten Körper vorstellet.

9) *flach* (plana), wenn die Strahlen gleich lang sind, dafs die Blumen oben eine gerade Fläche bilden.

55.

Die AFTERDOLDE (Cyma), besteht aus einer Menge ästiger Blumenstiele, deren Aeste aber nicht regelmäfsig sind, und die nicht aus einem Punct entspringen. Flüchtig betrachtet hat aber die Afterdolde viele Aehnlichkeit mit der wahren Dolde. Z. B. Flieder, Sambucus nigra. Schneeball, Viburnum Opulus. *Fig.* 43.

56.

Die RISPE (Panicula), besteht aus einer Menge Blumen, die auf ungleich zertheilte Aeste, an einem langen Hauptstiel stehn. *Fig.* 34. Arten sind:

1) *einfach* (simplex), die nur einfache Seitenäste hat.

2) *ästig* (ramosa), wenn die Aeste wieder Nebenzweige haben.

I. Terminologie. 77

3) *sehr ästig* (ramosissima), wenn die Seitenäste sehr zertheilt sind.

4) *abstehend* (patentissima), wenn die Aeste sehr weit von einander abstehen, und nach allen Seiten ausgedehnt sind.

5) *gedrängt* (coarctata), wenn die Aeste dicht zusammen stehn.

6) *einseitig* (secunda), wenn die Aeste alle nach einer Seite hinstehn.

57.

Der STRAUS (Thyrsus), ist eine gedrängte Rispe, die so dicht zusammenstehende Aeste hat, dass das Ganze eine eyförmige Gestalt bildet, z. B. Liguster, Ligustrum vulgare.

58.

Der KOLBEN (Spadix) ist den Palmen und einigen andern Gewächsen eigen. Alle Blumenstiele, die in einer Scheide enthalten sind, werden eine Kolbe genannt. Der Kolben ist bisweilen wie eine Aehre, Traube, oder Rispe gestaltet, und dann bekommt er auch den Beynamen davon. *Fig.* 41. 42.

59.

Das KÄTZCHEN (Amentum s. Julus) ist ein langer allezeit einfacher Stengel, der dicht mit Schuppen bedeckt ist, unter welchen die Blu-

men oder Blumentheile selbst stehn. *Fig. 37.*;
z. B. Weiden, Salices, Haselnuss, Corylus Avellana u. s. w. Arten sind:

1) *gleichdick* (cylindricum), was oben so dicht als unten ist.

2) *verdünnt* (attenuatum), was nach der Spitze zu immer dünner wird.

3) *dünne* (gracile), was lang ist, aber sparsame Schuppen hat, und also nach Verhältniss der Länge ungleich dünner ist.

4) *eyförmig* (ovatum), was nach unten dick und rund, nach oben zu allmählig dünner ist.

60.

Der ZAPFEN (Strobilus) ist ein Kätzchen, dessen Schuppen holzartig sind. Er enthält unter seinen Schuppen keine Blumen, sondern Saamen. Fig. 159. 193. Arten davon sind:

1) *gleichdick* (cylindricus).
2) *kegelförmig* (conicus).
3) *eyförmig* (ovatus).
4) *kugelförmig* (globosus), u. s. w.

61.

Bey den Moosen sind die Blumen auch besonders gestaltet, daher hat man folgende Arten des Blüthenstandes: *knospenförmige Blume* (Flos gemmiformis), *kopfförmige Blume* (Flos capituliformis, *sternförmige Blume* (Flos disciformis).

1) Die *knospenförmige Blume* (Flos gemmiformis) ist gewöhnlich zwischen den Blättern der Moose; sie hat bey einer mäsigen Vergrösserung oder auch bisweilen schon mit blosen Augen, das Ansehn einer geschwollenen Knospe.

2) Die *kopfförmige Blume* (Flos capituliformis) ist eine kugelförmige blättrige Masse, die gestielt auf den Moosen zum Vorschein kommt, und sich leicht von den Früchten derselben unterscheiden lafst. *Fig.* 138.

3) Die *sternförmige Blume* (Flos disciformis) nennt man an der Spitze des Moosstengels einen flachen mit breitern Blättern versehenen Körper, der vorzüglich beym goldnen Wiederton, Polytrichum commune, deutlich zu sehn ist. *F.* 142.

62.

Der farbige Theil, der sich durch seine äufsere Gestalt unterscheidet, und der Frucht voran geht, heifst gewöhnlich die BLUME (Flos). Sie ist aus verschiedenen Theilen zusammengesetzt, nemlich: den *Kelch* (Calyx), die *Blumenkrone* (Corolla), die *Honiggefässe* (Nectaria), die *Staubgefäfse* (Stamina), den *Stempel* (Pistillum).

Die drey ersten Theile sind aufserwesentliche,

die beyden andern wesentliche Theile der Blume. Daher nennt der Botaniker nur die zur Begattung nothwendigen Theile, nemlich die Staubgefäſse und den Stempel, Blume.

Die Zeit, wenn die Blume ſich öfnet, heiſst das *Blühen* (Anthefis). Man ſagt daher bey Beſchreibungen von Pflanzen *vor dem Blühen* (ante antheſin), *nach dem Blühen* (poſt antheſin).

63.

Der KELCH (Calyx) iſt der allgemeine Name aller derer Blätterchen oder Hüllen, welche gewöhnlich grün gefärbt oder lederartig ſind, und auſserhalb die Blume umgeben. Die Arten deſſelben ſind: die *Blüthendecke* (Perianthium), der *Balg* (Gluma), die *allgemeine Blumendecke* (Anthodium), die *Schuppe* (Squama), das *Federchen* (Pappus).

64.

Die BLÜTHENDECKE (Perianthium) heiſst die Art des Kelchs, welche unmittelbar eine Blume in ſich ſchlieſst. Es ſind folgende Arten davon:

1) *bleibend* (perſiſtens), die auch nach dem Blühen noch bleibt, z. B. Bilſen, Hyoſcyamus niger.

2) *abfallend* (deciduum), die gleich nach dem Blühen abfällt, z. B. Linde, Tilia europaea.

3) *wel-*

I. Terminologie

3) *welkend* (marcescens), die nach dem Blühen verwelkt, noch eine Zeitlang bleibt, endlich aber abfällt, z. B. Aprikosen, Prunus armeniaca.

4) *hinfällig* (caducum), die noch vor dem Blühen abfallt, z. B. Mohn, Papaver somniferum.

5) *einfach* (simplex).

6) *doppelt* (duplex), wenn zwey Blüthendecken die Blume einschliefsen, z. B. Erdbeern, Fragaria vesca, Käsepappeln, Malva rotundifolia. *Fig.* 23. und 57.

7) *einblättrig* (monophyllum), wenn die Blüthendecke aus Einem Blatte besteht; das heifst, die Blüthendecke kann in verschiedene gleiche oder ungleiche Theile zertheilt seyn, aber an der Basis hängt sie zusammen. *Fig.* 49. 50. 53. 72. 73. 110.

8) *zwey-, drey-, vier-, fünf-* u. s. w. *vielblättrig* (di-, tri-, tetra-, penta- &c. polyphyllum), wenn die Blüthendecke aus zwey oder mehreren Blättern besteht. *Fig.* 148.

9. *gezähnt* (dentatum), wenn der Rand kurze Zähne oder Einschnitte hat, die aber nie tiefer gehn dürfen als höchstens bis auf den vierten Theil der ganzen Blüthendecke. Nach der Zahl dieser Zähne sind sie *zwey-, drey-, vier-, fünf-* u. s. w. *mehrzähnig* (bi-, tri-, quadri-, quinque- &c. multidentatum).

10) *gespalten* (fissum), wenn die Blüthendecke

F

in Einschnitte getheilt ist, die aber höchstens nur bis auf die Mitte reichen dürfen. Man zählt gewöhnlich *zwey-*, *drey-*, *vier-* u. s. w. *vielspaltig* (bi-, tri-, quadri- &c. multifidum).

11) *getheilt* (partitum), wenn die Blüthendecke bis auf die Basis getheilt ist. Diese Einschnitte werden auch nach der Zahl bestimmt, als *zwey-*, *drey-*, *vier-* u. s. w. *vieltheilig* (bi-, tri-, quadri- &c. multipartitum).

12) *lippig* (labiatum s. bilabiatum), wenn die Blüthendecke tief zweyspaltig ist, und jeder dieser Abtheilungen Zähne hat, z. B. Garten-Salbey, Salvia officinalis. *Fig.* 73. 74.

13) *ungetheilt* (integrum), wenn eine einblättrige Blüthendecke keine Zähne, Einschnitte oder dergleichen hat. *Fig.* 118.

14) *becherförmig* (urceolatum), wenn eine einblättrige Blüthendecke kurz, nach der Basis zu rund, und am Rande ohne alle Zähne und Einschnitte ist.

15) *geschlossen* (clausum), wenn sich eine mehrblättrige oder getheilte Blüthendecke rund und dicht an die Blumenkrone anschliesst.

16) *röhrig* (tubulosum), wenn eine getheilte gespaltene oder gezähnte Blüthendecke, wo sie zusammenhängt, cylindrisch ist, und also eine Röhre bildet.

17) *ausgebreitet* (patens), wenn bey einer ein-

I. Terminologie.

oder vielblättrigen Blüthendecke die Blätter oder Einschnitte ganz flach stehn.

18) *zurückgebogen* (reflexum), wenn entweder die Zähne oder Einschnitte bey einblättrigen Blüthendecken, oder die Blättchen bey vielblättrigen zurückgeschlagen sind.

19) *aufgeblasen* (inflatum), wenn die Blüthendecke weit und hohl ist.

20) *abgekürzt* (abbreviatum), wenn der Kelch um vieles kürzer als die Krone ist.

21) *gefärbt* (coloratum), wenn die Blüthendecke eine andere als die grüne Farbe hat.

Bey der einblättrigen Blüthendecke werden die Eintheilungen entweder *Einschnitte* (laciniae) oder *Zähne* (dentes) genannt, und dann werden diese bestimmt, ob sie *stumpf* (obtusus), *spitzig* (acutus), *langzugespitzt* (acuminatus), *stachlicht* (spinosus) u. s. w. sind. Bey den mehrblättrigen Bluthendecken werden die einzelnen Blätter, *Blättchen* (foliola) genannt, und ihrer Gestalt nach beschrieben.

65.

Der BALG (Gluma) ist der den Gräsern allein eigene Kelch. Er enthält gewöhnlich mehrere Blumen. Die Blätter, woraus er besteht, heissen *Spelze* (Valvulae). Arten davon sind:

1) *einspelzig* (univalvis), der aus einer Spelze besteht, z. B. Lolch, Lolium perenne.

2) *zweyspelzig* (bivalvis), der zwey Spelzen hat, wie die meisten Gräser. *Fig.* 96. 97. 102. 104.

3) *dreyspelzig* (trivalvis), wenn drey Spelzen sind, z. B. Hirsen, Panicum miliaceum.

4) *vielspelzig* (multivalvis), der aus mehreren zusammengesetzt ist.

5) *gefärbt* (colorata), der eine andere, als die grüne Farbe hat.

> Die Blumenkrone der Gräser, welche von dem Balge eingeschlossen wird, nennt man auch *Balg* (Gluma), weil sie in ihrer Gestalt fast gar nicht vom Kelche verschieden ist, und eigentlich nur einen innern Kelch vorstellt. Bey genauen Beschreibungen wird allemal bey Gluma das Wort Calyx oder Corolla vorangesetzt. Der Balg der Blumenkrone ist etwas feiner und die innere *Spelze* (Valvula) ist *häutig* (membranacea), die äufsere aber grün. Diese grüne Spelze ist entweder *grannenlos* (mutica), oder *gegrannt* (aristata). Die Granne (§. 44.) sitzt nur auf der Blumenkrone der Gräser. *Fig.* 103.

66.

Die ALLGEMEINE BLUMENDECKE (Anthodium), nennt man den Kelch, der eine grofse Menge Blumen dicht einschliefst, so dafs alle diese Blumen nur eine einige zu seyn scheinen, z. B. Löwenzahn, Leontodon Taraxacum, Kornblume, Centauria Cyanus, Sonnenblume,

Helianthus annuus u. m. a. Die Arten dieses Kelchs sind:

1) *einblättrig* (monophyllum), die aus einem Blatte besteht, an der Basis zusammenhängt, oben aber eingeschnitten ist.

2) *vielblättrig* (polyphyllum), die aus vielen Blättern zusammengesetzt ist.

3) *einfach* (simplex), wenn eine einfache Reihe Blätter die Blumen umgeben. *Fig.* 221.

4) *gleich* (aequale), wenn bey einer einfachen Blumendecke die Blätter gleich lang sind.

5) *schuppig* oder *dachziegelförmig* (squamosum s. imbricatum), wenn die allgemeine Blumendecke aus dicht übereinanderliegenden kleinen Blättern besteht. *Fig.* 59, 76,

6) *spurrig* (squarrosum), wenn die kleinen Blättchen mit ihren Spitzen abwerts gebogen sind.

7) *trocken* (scariosum), wenn die Blätter dürre und trocken sind. Dies zeigt sich z. B. bey Centaurea glastifolia,

8) *wimperig* (ciliatum), wenn die Ränder der kleinen Blätter mit kurzen gleichlangen Borsten besetzt sind.

9) *stachlicht* (muricatum), wenn die Ränder der kleinen Blätter mit kurzen steifen Stacheln besetzt sind.

10) *dornig* (spinosum), wenn jedes kleine Blättchen mit einem Dorn versehn ist. Sie sind

entweder *einfache* Dornen (Spinae simplices), oder *ästige* (ramosae). *Fig.* 152.

11) *kreiselförmig* (turbinatum), wenn die Blüthendecke ganz die Figur eines Kreisels hat. *F.* 59.

12) *kugelrund* (globosum), die vollkommen eine kugelrunde Gestalt hat. *Fig.* 152.

13) *halbkugelrund* (hemisphaericum), wenn die Blumendecke unten rund, oben aber flach ist. *Fig.* 76.

14) *walzenförmig* (cylindricum), wenn die Blumendecke lang und rund, dabey aber oben so dick als unten ist.

15) *flach* (planum), wenn die Blätter der Blumendecke ganz flach ausgebreitet sind.

16) *gekelcht* oder *vermehrt* (calyculatum f. auctum), wenn an der Basis der allgemeinen Blumendecke noch eine besondere Reihe Blätter sind, die wieder einen kleinen Kelch zu bilden scheinen, z. B. Löwenzahn, Leontodon Taraxacum. *Fig.* 143, 270.

> Die Blätter der allgemeinen Blumendecke heissen *Blättchen* (foliola f. Squamae), und werden, bey genauerer Beschreibung, nach ihrem ganzen Umfange betrachtet.
>
> Die allgemeine Blumendecke (Anthodium) nennt Linnäus gewöhnlich den allgemeinen Kelch (Calyx communis).

67.

Die kleinen Blättchen, welche das Kätzchen (§. 59.) bedecken, dienen statt des Kelchs, und hinter jedem stehn die wesentlichen Theile der Blume. Diese Blättchen werden SCHUPPEN (Squamae) genannt. *Fig.* 37.

> Man belegt zwar die Blättchen der allgemeinen Blumendecke, des Kätzchens, des Zapfens und anderer Theile mehr mit dem Namen der Schuppe, aber der Zusammenhang zeigt allezeit deutlich, von welchem Theile die Rede ist.

68.

Das FEDERCHEN (Pappus) ist ein aus Haaren oder einer dünnen durchsichtigen Haut bestehender Kelch, den man nur an den einzelnen Blumen, die in einer allgemeinen Blumendecke (Anthodium) eingeschlossen sind, bemerkt. Es bleibt dies Federchen beständig bis zur Reife des Saamens sitzen, und wir werden beym Saamen (§. 111.) weitläuftiger davon handeln. *Fig.* 84. 86. 87.

69.

Die Moose haben noch einen besondern von allen andern Gewächsen verschieden gebildeten Kelch, den man den MOOSKELCH (Perichaetium) nennt. Die Blüthen dieser Gewächse sind so klein, dass man sie nur durch eine sehr starke Vergrösserung bemerken kann. Gewöhnlich sind die Blumen von getrenntem Geschlechte, das heisst: einige sind bloss männliche, andere hingegen weibliche. Der Kelch der weiblichen Blume bleibt bis zur Reife der Frucht sitzen, und zeigt sich an der Basis der Borste. Die männliche Blume ist nur durch starke Vergrößerungen sichtbar, und verschwindet nach der Befruchtung.

Bey den männlichen Blumen besteht der Kelch aus einer Menge von Blättern, die sich von den andern durch eine feinere Struktur und abweichende Gestalt unterscheiden. Der Kelch der weiblichen Blume läßt sich am besten bey der reifen Frucht betrachten, er sitzt alsdann an der Basis der Borste (§. 19). *Fig.* 140., und besteht aus einer Menge dachziegelförmig übereinanderliegender Blätter, die von den Blättern des Mooses sich durch ihre Länge oder Breite auszeichnen. Diese Blätter liegen dicht übereinander, und das Ganze hat eine kegelförmige Gestalt.

70.

Die BLUMENKRONE (Corolla) nennt man die Hüllen oder Blättchen, welche auf den Kelch folgen, die innern Theile der Blume umgeben, und eine andere als die grüne Farbe haben. Sie besteht entweder aus einem Blatte, oder aus mehreren; die erstere nennt man *einblättrige Blumenkrone* (Corolla monopetala), die letztere *vielblättrige* (polypetala). Das

Blatt einer Blumenkrone nennt man ein *Kronen-* oder *Blumenblatt* (Petalum).

71.

Die EINBLÄTTRIGE BLUMENKRONE (Corolla monopetala) heifst diejenige, welche nur aus einem Blatte besteht, das zwar Einschnitte haben kann, aber doch an der Basis noch einigen Zusammenhang zeigen mufs. Die Arten derselben sind:

1.) *röhrig* (tubulosa), die aus einem gleich dicken hohlen Kronenblatte besteht. Man nennt die kleinen Kronen, welche sich in einer allgemeinen Blumendecke finden, auch röhrig, ob sie gleich bisweilen etwas von dieser Gestalt abweichen. *Fig.* 60. 86. 275.

2) *keulenförmig* (clavata), welche eine nach oben zu allmählig weiter werdende Röhre bilden, die sich an der Oeffnung verengt. *Fig.* 276.

3) *kugelrund* (globosa), welche nach oben und unten sich zusammenzieht, in der Mitte aber weit ist. *Fig.* 268.

4) *glockenförmig* (campanulata), die sich von unten an gleich bauchig erweitert, so dafs sie ungefähr die Gestalt einer Glocke hat. *Fig.* 62.

5) *becherförmig* (cyathiformis), wenn unten eine walzenförmige Röhre sich allmählig nach oben erweitert, der Rand aber gerade aufrecht

nicht zurückgebogen oder zusammengezogen ist.
Fig. 273. 82.

6) *tellerförmig* (urceolata), wenn eine kurze walzenförmige Röhre sich mit einemmal in eine weite Fläche ausdehnt, deren Rand in die Höhe steht. *Fig.* 274.

7) *trichterförmig* (infundibuliformis), wenn die Röhre der Krone nach oben zu allmählig weiter wird, das heifst umgekehrt kegelförmig ist, der Rand aber ziemlich flach sich ausbreitet. *Fig.* 269.

8) *präsentirtellerförmig* (hypocrateriformis), wenn die Röhre der Krone vollkommen walzenförmig aber sehr lang ist, und der Rand sich ganz flach ausbreitet. *Fig.* 267., z. B. Phlox.

9) *radförmig* (rotata), wenn eine walzenförmige Röhre sehr kurz, beynahe kürzer als der Kelch, bisweilen kaum merkbar ist, und der Rand ganz flach liegt. Es ist fast die vorige Art, nur dafs die Röhre sehr kurz seyn muls, z. B. Wollkraut, Verbascum.

10) *zungenförmig* (ligulata), wenn die Röhre nicht lang ist, mit einemmal aufhört, und sich in ein längliches Blatt endigt, z. B. Osterluzey, Aristolchia Clematitis. *Fig.* 271., und bey einigen Blumen, die sich in einer allgemeinen Blumendecke zeigen. *Fig.* 84.

11) *ungestaltet* (difformis), wenn die Röhre oben sich allmählig erweitert, und in ungleiche

I. Terminologie.

Lappen zertheilt ift, wie bey einigen Blumenkronen, die in einer allgemeinen Blumendecke eingeschloffen find, z. B. Kornblumen, Centaurea Cyanus. *F.* 61.

12) *rachenförmig* (ringens), wenn der Rand einer unten röhrförmigen Krone in zwey Theile getheilt ift, woran der obere Einschnitt gewölbt, der untere länglicht ift, und ungefähr mit dem aufgesperrten Rachen eines Thiers Aehnlichkeit hat. *Fig.* 72.

13) *maskirt* (personata), wenn die beyden Einschnitte der vorhergehenden Blume dicht zusammenschliefsen, z. B. Löwenmaul, Antirrhinum majus. *Fig.* 49.

14) *zweylippig* (bilabiata), wenn die Blumenkrone zwey Einschnitte hat, die gegeneinander überftehn, und die öfters wieder Zähne oder Einschnitte haben. *Fig.* 272.

15) *einlippig* (unilabiata), wenn bey der rachenförmigen oder der vorhergehenden Blumenkrone der obere oder untere Einschnitt fehlt, z. B. Teucrium. *Fig.* 50. 51.

72.

Die Arten der VIELBLÄTTRIGEN BLUMENKRONE (Corolla polypetala) find:

1) *rosenartig* (rosacea), wenn fünf Blumenblätter, die ziemlich rund find, und an ihrer Ba-

fis keine Verlängerung haben, eine Blumenkrone bilden. *Fig.* 150. 195.

2) *malvenartig* (malvacea), wenn fünf Blätter, die an der Basis ziemlich verlängert sind, ganz unten etwas zusammenhängen, dass sie einblättrig zu seyn scheinen. *Fig.* 56.

3) *kreuzförmig* (cruciata), wenn vier Blumenblätter an ihrer Basis sehr stark verlängert sind, und gegeneinander über stehn, z. B. Senf, Sinapis alba, grünen Kohl, Brassica oleracea viridis, u. s. w. *Fig.* 145.

4) *nelkenartig* (caryophyllacea), wenn fünf Blumenblätter an ihrer Basis sehr stark verlängert sind, und in einem einblättrigen Kelche stehn, z. B. Nelken, Dianthus Caryophyllus, u. a. m. *Fig.* 110.

5) *lilienförmig* (liliacea), wenn mehrere Blumenblätter ohne Kelch sind. Bey einigen sind es nur drey, bey noch andern bilden sie unten eine Röhre. Dieses macht den Begriff etwas schwankend; man darf sich nur merken, dass diese Kronenart niemals einen Kelch hat, und dass sie nur den Lilien (§. 116.) zukommt. *Fig.* 66. 71. 146.

6) *zwey-, drey-, vier-, fünf- u. s. w. vielblättrig* (di-, tri-, tetra-, penta- etc. polypetala), man bestimmt auch die Blumenblätter nach der Zahl.

7) *schmetterlingsartig* (papilionacea), wenn

I. Terminologie. 93

vier Blumenblätter von verschiedener Gestalt zusammenstehn, denen man folgende Namen gegeben hat. Fig. 105. 30.

a) *die Fahne* (Vexillum), heifst das oberste Blumenblatt, welches gewöhnlich das gröfste und etwas hohl gebogen ist. *Fig.* 106.

b) *die beyden Flügel* (Alae) nennt man die beyden Blättchen, welche unter der Fahne, und zwar an jeder Seite gegeneinander über liegen. *Fig.* 107.

c) *der Schnabel* oder *das Schiffchen* (Carina), so heifst das ganz untere der Fahne gegenüberstehende hohle Blatt, was die Zeugungstheile in sich fafst. *Fig.* 108.

8) *orchisähnlich* (orchidea), ist aus fünf Blumenblättern zusammengesetzt, wovon das untere lang und bisweilen eingeschnitten ist, die vier oberen aber gewölbt und gegeneinander gebogen sind. *Fig.* 33.

9) *unregelmäſsig* (irregularis), die aus vier oder mehreren Blumenblättern besteht, welche von verschiedener Länge und Beugung sind, dafs sie sich nicht unter die andern Arten bringen läfst. *Fig.* 134.

73.

Die einzelnen Theile der Blumenkrone haben noch besondere Benennungen. Bey der einblättrigen Krone sind folgende Theile:

I. Terminologie.

1) *die Röhre* (Tubus) heifst bey den einblättrigen Kronen der untere Theil, welcher hohl und meistens gleich dick ist. Alle einblättrige haben eine Röhre, nur die glockenförmige und zuweilen die radförmige Krone nicht.

2) *der Rand* (Limbus) ist die Oefnung der Krone, besonders wenn sie zurückgebogen ist. (§. 71. No. 1-11.). Der Rand ist nun öfters gezähnt, oder tiefer eingeschnitten, und diese werden

3) *Einschnitte* (Laciniae s. Lobi) genannt. Man bestimmt sie alsdann nach ihrer Gestalt, Zahl und Lage.

4) *der Helm* (Galea) ist der obere gewölbte Einschnitt einer rachenförmigen oder maskirten Krone, der nach seiner Lage, Figur und Einschnitten oder Zähnen weiter bestimmt wird.

5) *der Rachen* (Rictus) ist bey rachenförmigen Kronen der Raum zwischen den beyden äufsersten Enden des Helms und des untern Einschnitts.

6) *der Schlund* (Faux) heifst bey einblättrigen und auch rachenförmigen Kronen die Oefnung der Röhre.

7) *der Gaum* (Palatum) heifst bey maskirten Kronen die dicht am Schlund hervorstehende Wölbung des untern Einschnitts.

8) *der Bart* (Barba s. Labellum) ist der un-

I. Terminologie.

tere Einschnitt bey rachenförmigen und maskirten Kronen. Er steht dem Helm geradeüber.

9) *die Lippen* (Labia), heifsen bey den zweylippigen oder einlippigen, die beyden Einschnitte. Man unterscheidet die *obere Lippe* (Labium superius), und die *untere* (Labium inferius). Auch werden von einigen Botanisten der Helm und der Bart zuweilen Lippen genannt.

74.

Dafs die einzelnen Blätter der Blumenkrone *Blumen* oder *Kronenblätter* (Petala) genannt werden, haben wir schon oben (§. 70.) gesagt. An jedem Blumenblatte sind nun folgende Theile zu merken:

1) *der Nagel* (Unguis) heifst die Verlängerung an der Basis eines Blumenblatts.

2) *die Platte* (Lamina) nennt man den obern Theil des Blatts, der bis an den Nagel reicht.

75.

Die Krone der Moose weicht in der äufsern Gestalt von allen andern ab. Sie hat das Sonderbare, dafs sie nach dem Verblühen bis zur Reife der Frucht noch bleibt, aber alsdann in einer ganz andern Gestalt erscheint. Die weibliche Blume nur allein ist mit einer Krone versehn. Sie besteht aus einer sehr zarten Haut, die den Stempel dicht einschliefst. Unten und an der Spitze ist sie festgewachsen; daher nach dem Verblühen die Krone platzen muß, und alsdann mit verschiedenen Namen von den Kräuterkennern belegt wird. Der untere Theil sieht vollkommen wie eine Scheide an den Halmen der Gräser aus, und wird vom *Mooskelche* (Perichaetium) eingeschlossen, man nennt ihn *Scheidchen* (Vaginula). Der obere Theil bleibt an der Spitze der Frucht sitzen, und heist die *Mütze* (Calyptra). Die Mützen werden wir noch weitläuftiger bey der Frucht erwähnen (§. 107).

76.

Mit Unrecht nennen die Botaniker die kleinen Blumen, welche in einer allgemeinen Blumendecke enthalten sind, *eine zusammengesetzte Blume*, oder *eine allgemeine Krone* (Flos compositus s. Corolla communis). Man rechnet von diesen zusammengesetzten Blumen folgende Arten:

1) *eine geschweifte Blume* (Flos semiflosculosus), wenn die sogenannte allgemeine Blume aus blossen zungenförmigen Kronen (Corollis ligulatis) besteht. *Fig.* 85. 270.

2) *eine scheibenartige Blume* (Flos discoideus s. flosculosus), die aus blossen *röhrigen Kronen* (Corollis tubulosis) zusammengesetzt ist, z. B. Disteln.

3) *eine*

I. Terminologie

3) *eine Strahlenblume* (Flos radiatus), wenn in der Mitte röhrenförmige, am Rande aber zungenförmige Blumenkronen ſtehn. *Fig.* 75. Der Mittelpunkt, der aus röhrigen Blumenkronen beſteht, heiſst die *Scheibe* (Diſcus), die am Rande ſtehenden zungenförmigen Blumenkronen heiſſen der *Strahl* (Radius).

4) *eine halbe Strahlenblume* (Flos semiradiatus), wenn auf der einen Seite nur zungenförmige Blumenkronen ſind.

77.

Ein anderer wichtiger Theil der Blume iſt das Honiggefäss (Nectarium). Linnäus verſteht darunter alle die Körper, welche mit den übrigen Theilen der Blume keine Aehnlichkeit haben, ſie mögen auch unter noch ſo verſchiedenen Geſtalten zum Vorſchein kommen. Dieſe Körper aber ſondern nicht alle Honig ab, und verdienen daher nicht den ihnen gegebenen Namen. Wir wollen indeſſen den alten Namen *Honiggefäſs* (Nectarium) beybehalten, die verſchiedenen Arten aber und ihren Zweck mehr auseinanderſetzen. Die *Honiggefäſse* ſind entweder ſolche, die würklich Honig abſondern, oder zur Aufbewahrung deſſelben dienen, oder endlich, welche die wahren Honiggefäſe oder Staubgefäſe beſchützen, auch wohl zur Beförderung der Begattung dienen.

78.

Honiggefäſse, die wirklich Honig abſondern und ausſchwitzen, ſind DRÜSEN (Glandulae), oder HONIGSCHUPPEN (Squamae nectariferae), HONIGLÖCHER (Pori nectariferi). Von den *Drüſen* giebt es folgende Arten:

1) *ſitzend* (ſeſſilis), die keinen Stiel hat, z. B. Senf, Kohl u. ſ. w. *Fig.* 148.

2) *geſtielt* (petiolata), die mit Stielen verſehen ſind.

3) *kugelrund* (globoſa).

4) *zuſammengedrückt* (compreſſa), die auf beyden Seiten flach iſt.

5) *flach* (plana), die kaum merklich erhaben iſt, z. B. Kaiſerkrone, Fritillaria imperialis.

6) *länglich* (oblonga), die mehr eine lange Form hat.

7) *becherförmig* (cyathiformis), die in Geſtalt eines Bechers den Fruchtknoten des Stempels umfaſst. Beym reifgewordenen Saamen hat ſie ſich in einen grünen harten Körper verwandelt, z. B. Didynamia Gymnoſpermia, Aſperifoliae u. a. *Fig.* 74.

> Die Drüſe ſitzt an allen Theilen der Blume feſt im Kelche, in der Krone, an den Staubgefäſsen und dem Stempel. Nur allein Drüſen ſchwitzen Honig aus.

I. Terminologie.

Die *Honigschuppen* (Squamae nectariferae) sind kleine schuppenförmige Körper, die Honig ausschwitzen, der aus kleinen Löchern zum Vorschein kommt, z. B. Ranunculus. Oefters schwitzen diese Körper keinen Honig aus, und dann werden sie schlechtweg *Schuppen* (Squamae) genannt.

Die *Honiglöcher* (Pori nectariferi) sind kleine Löcher oder Gruben, aus denen Honig schwitzt, und die sich an verschiedenen Theilen der Blume zeigen, z. B. Hyacinthus orientalis u. m. a.

79.

Von den so genannten Honiggefäſsen, welche zur Aufnahme des Honigs bestimmt sind, giebt es nachstehende Arten, nemlich: die KAPPE (Cucullus), die WALZE (Cylindrus), die GRUBE (Fovea), die FALTE (Plica), den SPORN (Calcar).

Die *Kappe* (Cucullus) ist ein hohler sackförmiger Körper, der ganz frey von allen übrigen Theilen der Blume abgesondert ist, und gewohnlich einen kurzen Stiel hat, z. B. Mönchskappe, Aconitum. *Fig.* 135. 196. Bey einigen Blumen sind dergleichen Kappen, worin kein Honig enthalten ist, als bey der Schwalbenwurz, Asclepias Vincetoxicum. *Fig.* 89.

Die *Walze* (Cylindrus) ist ein Theil der Blume, der vollkommen die Gestalt einer Röhre hat, und auch bey den meisten Botanisten den Namen führt. Er hängt beständig mit der Blume zusammen, z. B. afrikanischer Storchschnabel, Pelargonium u. m. a.

Die *Grube* (Fovea), wenn im Kelche, in der Blumenkrone, oder in sonst einem Theile der Blume sich eine Vertiefung zur Aufbewahrung des Honigs zeigt, z. B. Hyptis u. s. w.

Die *Falte* (Plica); zuweilen ist die Blumenkrone einwerts gebogen, und bildet dadurch eine längliche Grube.

Der *Sporn* (Calcar) ist eine sackförmige Verlängerung der Blumenkrone, in der sich Honig findet. Bisweilen ist in dem spitzen Theil des Sporns eine Drüse, die Honig absondert, bisweilen aber wird er an einem andern Orte abgesondert, und fliesst nachher in den Sporn, z. B. Veilchen, Viola odorata, indianische Kresse, Tropaeolum majus u. d. m. *Fig.* 49. 112. 113.

80.

Alle vorhergehende Theile der Blumen können mit Recht Honiggefasse heissen; allein die wir jetzt im Allgemeinen mit eben dem Namen belegen, sind sehr davon verschieden. Gewiss verdienen die Theile, welche zur Beschützung des Honigsafts oder des Blumenstaubs, oder zur Beförderung der Begattung gebildet sind, am wenigsten den Namen Honigbehältniss. Hieher gehören: die KLAPPE (Fornix), der BART (Barba), der FADEN (Filum), der KRANZ (Corona).

Die *Klappen* (Fornices) sind kleine Verlängerungen der Blumenkrone, die durch einen Eindruck von aufsen nach innen entstehn. Sie bedecken gewöhnlich die Staubgefäfse, oder sitzen an der Oefnung der Krone. Ihre Gestalt ist sehr verschieden, z. B. Schwarzwurz, Symphitum officinale, Vergifsmeinnicht, Myosotis scorpioides u. m. a. *Fig.* 81.

Der *Bart* (Barba) besteht aus einer Menge kurzer Haare oder weicher krautartiger Borsten, die an der Oefnung des Kelchs, der Krone, auf den Blumenblättern, oder im Grunde der Blume sind, z. B. Thymus, Iris, Periploca u. s. w. *Fig.* 71, 90, 92, 114.

Der *Faden* (Filum) ist ein langer dicker Körper, der ganz krautartig ist, und den Grund der Blume in grofser Menge verschliefst. Die Arten sind:

1) *gerade* (rectum), der eine gerade Richtung hat, z. B. Passionsblume, Passiflora. *Fig.* 27.

2) *hornförmig* (corniculatum), der kurz und zugleich nach Art eines Horns gebogen ist, z. B. Periploca. *Fig.* 83. 91.

Der *Kranz* (Corona), ist ein sehr veränderlicher Körper, der unter mancherley Gestalten zum Vorschein kommt, und in seiner Gestalt ziemlich der Blumenkrone (Corolla) ähnlich ist. Es giebt verschiedene Arten:

1) *einblättrig* (monophylla), z. B. Narcissen. *Fig.* 146.

2) *zwey-, drey-, vier- u. s. w. vielblättrig* (di-, tri-, tetra- etc. polyphylla), der aus mehreren Blättern besteht, die nach der Zahl verschieden sind, z. B. Silene, Stapelia u. a. m. *Fig.* 66. 98. 100. 110. 111. 153. 154.

3) *kappenförmig* (cucullata); diese Art zeigt sich bey Asclepias, sie bedeckt den ganzen Stempel von oben her wie eine Kappe. *Fig.* 88.

4) *staubfadenförmig* (staminiformis), welche die Gestalt eines Staubgefäfses hat, z. B. Stratiotes,

Unter diese Abtheilungen lassen sich alle Honiggefäfse des Linné füglich einschalten, und sehr genau bestimmen. Bey einigen Blumen, besonders bey Asclepias, zeigen sich kleine knorpelartige Körper, die man Tubercula zu nennen pflegt, und eigentlich unvollkommne oder vertrocknete Drüsen zu seyn scheinen.

Die Honiggefäfse der Gräser sehn den Balgen sehr ähnlich, unterscheiden sich aber durch ihre aufserordentliche Feinheit. Sie sind ganz durchsichtig und sehr zart.

Die Gewächse, welche Kätzchen (Amenta) tragen, haben bisweilen auch Honiggefäſse, die man gewöhnlich Schuppen (Squamae) nennt. Sie dienen bisweilen zur Aufbewahrung des Honigs, bisweilen zu andern Zwecken.

81.

Bey den Blumen der Moose hat man noch keine deutliche Spur von Honiggefässen entdeckt; indeſſen finden ſich doch in ihren Blumen durchſichtige gegliederte Körper, die man SAFTFADEN (Fila ſucculenta) nennt, und die vielleicht zu eben der Abſicht in der Blume ſich befinden. *Fig.* 127. 130. 131. 133.

82.

Die STAUBGEFÄSSE (Stamina) gehören zu den weſentlichen Theilen der Blume, und ſind länglichte Körper, die eine Menge Staub enthalten, der zur Befruchtung weſentlich iſt. Die Theile des Staubgefäſses ſind: der *Staubfaden* (Filamentum), der *Staubbeutel* (Anthera), und der *Blumenſtaub* (Pollen).

83.

Der STAUBFADEN (Filamentum) iſt ein länglichter Körper, der zur Aufrechthaltung des Staubbeutels beſtimmt iſt. In ſeiner Geſtalt iſt er ſehr verſchieden:

1) *haarförmig* (capillare), der gleichdick und ſo fein als ein Haar iſt.

2) *fadenförmig* (filiforme), der vorhergehende, nur dicker. *Fig.* 68.

3) *pfriemförmig* (subulatum), der unten dicker als oben ist. *Fig.* 67.

4) *ausgebreitet* (dilatatum), der aus beyden Seiten zusammengedrückt ist, dafs er ganz breit und blattförmig ausfieht. *Fig.* 69. 47.

5) *herzformig* (cordatum), die vorhergehende Art, nur oben ausgerandet und nach unten spitz zulaufend, z. B. Mahernia. *Fig.* 48.

6) *keilförmig* (cuneiforme), ein ausgebreiteter Staubfaden, der nach unten spitz zuläuft, oben aber in einer geraden Linie abgeschnitten ist, z. B. Spargelerbse, Lotus tetragonolobus.

7) *frey* (liberum), der nicht mit andern zusammenhängt.

8) *zusammengewachsene* (connata), wenn mehrere in einen Cylinder zusammengewachsen sind, z. B. Malven. *Fig.* 23. 27. 56.

9) *zweyspaltig* (bifidum), wenn ein Staubfaden in zwey Theile gespalten ist.

10) *vielspaltig* oder *ästig* (multifidum s. ramosum), wenn er in viele Aeste zertheilt ist, z. B. Carolinea princeps. *Fig.* 58.

11) *gegliedert* (articulatum), wenn der Staubfaden ein bewegliches Glied hat, z. B. Salbey, Salvia officinalis. *Fig.* 80.

12) *gegeneinandergebogen* (conniventia) wenn

mehrere mit ihren Spitzen einander zugebogen sind.

13) *gekrümmt* (incurvum), der eine gebogene Gestalt hat. *Fig.* 45.

14) *abwertsgebogen* (declinata), wenn mehrere nicht aufrecht stehn, sondern allmählig, ohne einen starken Bogen zu beschreiben, sich nach dem obern oder untern Theil der Blume beugen, z. B. Pyrola.

15) *haarig* (pilosum), der mit Haaren besetzt ist.

16) *gleichlange* (aequalia), die von gleicher Länge sind.

17) *ungleiche* (inaequalia), wenn einige länger, andere kürzer sind. *Fig.* 50. 51.

<small>Die Staubfäden sitzen auf verschiedenen Theilen der Blumen feste, die man bey genauerer Beschreibung bestimmen muss.</small>

84.

Der STAUBBEUTEL (Anthera) ist ein hohler Körper, der eine Menge Pulver enthält. Die Arten desselben sind:

1) *länglich* (oblonga), der lang und an beyden Enden spitz zulaufend ist.

2) *linienförmig* (linearis), der lang und flach aber überall gleichbreit ist.

3) *kugelrund* (globosa).

4) *nierenförmig* (reniformis), der kugelrund

auf der einen Seite, aber tief eingebogen ist, z. B. Gundermann, Gelchoma hederacea, Digitalis purpurea, u. a. m. *Fig.* 68.

5) *gedoppelt* (didyma), wenn zwey zusammen verbunden zu seyn scheinen. *Fig* 45.

6) *pfeilförmig* (sagittata), der lang zugespitzt und an der Basis in zwey Theile gespalten ist. *Fig.* 67.

7) *zweyspaltig* (bifida), der linienförmig aber oben und unten getheilt ist, z. B. bey den Gräsern. *Fig.* 94.

8) *schildförmig* (peltata), der zirkelförmig auf beyden Seiten flach und in der Mitte am Staubfaden befestigt ist, z. B. Taxbaum, Taxus baccata. *Fig.* 64.

9) *gezähnt* (dentata), der am Rande mit Zähnen versehn ist, z. B. Taxbaum, Taxus baccata. *Fig.* 64.

10) *haarig* (pilosa), der mit Haaren besetzt ist, z. B. taube Nessel, Lamium album. *Fig.* 65.

11) *geährt* (aristata), der an der Spitze in zwey dünne Verlängerungen ausläuft, z. B. Bärentraube, Arbutus uva ursi. *Fig.* 63.

12) *gefranzt* (cristata), wenn mehrere knorpelartige Spitzen an der Seite oder auch an der Basis sitzen, z. B. einige Heidekrautarten, Ericae.

13) *eckig* (angulata), der mehrere sehr tiefe

I. Terminologie. 107

Furchen hat, daſs dadurch vier oder mehrere Ecken entſtehen.

14) *zweyfächrig* (bilocularis), wenn der Staubbeutel innerhalb durch eine Scheidewand in zwey Theile oder Fächer getheilt iſt.

15) *einfächrig* (unilocularis), wenn nur eine Höhlung im Staubbeutel iſt.

16) *an der Seite auffspringend* (latere dehiſcens).

17) *an der Spitze auffspringend* (apice dehiſcens).

18) *frey* (libera), der nicht mit andern verwachſen iſt.

19) *verwachſene* (connatae), wenn mehrere in einer Röhre zuſammengewachſen ſind. *F.* 84. 86. 87.

20) *aufrecht* (erecta), der mit ſeiner Baſis gerade auf die Spitze des Staubfadens ſteht. *F.* 67.

21) *aufliegend* (incumbens), der wagerecht oder auch ſchief auf dem Staubfaden befeſtigt iſt. *Fig.* 55. 126.

22) *ſeitwerts befeſtigt* (lateralis), der mit der einen Seite auf der Spitze des Staubfadens feſtſitzt. *Fig.* 68.

23) *beweglich* (verſatilis), wenn die beyden vorhergehenden Arten ganz leicht mit dem Staubfaden zuſammenhängen, daſs die mindeſte Bewegung den Staubbeutel hin und her bewegt.

24) *angewachſen* (adnata), wenn der Staubbeutel an beyden Seiten der Spitze des Staubfadens dicht angewachſen iſt. *Fig.* 69.

25) *sitzend* (*sessilis*), der keinen Staubfaden hat.

85.

Der BLUMENSTAUB (Pollen) ist ein feiner Körper, der in Gestalt des feinsten Staubes sichtbar ist. Unter einer starken Vergrösserung hat er mancherley Gestalten, und zeigt sich hohl mit runden Körpern angefüllt. Wenn der Blumenstaub noch unreif ist, und bey einer starken Vergrösserung mit Wasser besprengt wird, platzt er mit Gewalt auf; ist er aber reif, so läfst er ohne Bewegung die Saamenfeuchtigkeit von sich.

86.

Die Staubgefäfse der Moose sind denen anderer Gewächse sehr ähnlich. Der Staubfaden ist aufserordentlich kurz und gegliedert, der Staubbeutel nur einfächrig, und springt allemal an der Spitze auf.

Beym Schachtelhalm sind die Staubgefäfse den gewöhnlichen noch ähnlicher. Die übrigen Farrenkräuter haben Staubgefäfse, die wie Blumenstaub aussehn. Eben so finden sie sich auch bey den Pilzen.

87.

Der STEMPEL (Pistillum) ist der zweyte wesentliche Theil der Blume. Er steht bestän-

I. Terminologie. 109

dig in der Mitte derselben, und besteht aus drey Theilen, nemlich: aus dem *Fruchtknoten* (Germen), dem *Griffel* (Stylus), und der *Narbe* (Stigma).

88.

Der FRUCHTKNOTEN (Germen) macht den untersten Theil des Stempels aus, und ist der Entwurf der künftigen Frucht. Die Zahl der Fruchtknoten ist sehr verschieden, und man bestimmt diese bis sechs oder acht, alsdann sagt man mehrere oder viele. Die Figur ist auch sehr abweichend. In Rücksicht der Lage zeigt sich der Fruchtknoten, bald oben bald unten. Davon (§. 92.) ein Mehreres. Die vorzüglichen Arten sind:

1) *sitzend* (sessile), der keinen Stiel hat. *F.* 46.
2) *gestielt* (pedicellatum), der mit einem Stiel versehen ist. *Fig.* 27. 144.

89.

Der GRIFFEL (Stylus) sitzt auf dem Fruchtknoten, und stellt eine kleine Säule, oder einen Stiel vor. Die Arten desselben sind:

1) *haarförmig* (capillaris), der sehr dünne und gleichdick ist.
2) *borstenartig* (setaceus), eben so dünne wie vorige Art, nur an der Basis etwas stärker ist.
3) *fadenförmig* (filiformis), der lang und rund ist.

4) *pfriemförmig* (subulatus), unten dick nach oben zugespitzt.

5) *dick* (crassus), der sehr dick und kurz ist.

6) *keulförmig* (clavatus), der oben dicker als unten ist.

8) *zwey-, drey-, vier-* u. s. w. *mehrtheilig* (bi-, tri-, quadri- etc. multifidus), der nach einer bestimmten Zahl gespalten ist.

9) *gabelförmig* (dichotomus), der in zwey Theile gespalten ist, und dessen Spitzen wieder zweyspaltig sind.

10) *an der Spitze stehend* (terminalis), der an der Spitze des Fruchtknotens steht.

12) *seitwerts* (lateralis), der an der Seite des Fruchtknotens festsitzt.

12) *aufrecht* (rectus), der gerade in die Höhe steht.

23) *abwerts geneigt* (declinatus), der nach der Seite zu hinliegt.

14) *bleibend* (persistens), der nicht abfällt.

15) *welkend* (marcescens), der verwelkt und nachher abfällt.

16) *abfallend* (deciduus), der gleich nach der Befruchtung abfällt.

Die Zahl der Griffel wird auch genau bestimmt; denn öfters sind mehr als ein Griffel auf einem Fruchtknoten, und dies mufs genau angezeigt werden. Die Länge des Griffels wird

I. Terminologie.

nach den Staubgefäsen festgesetzt, ob er länger oder kürzer als diese ist.

90.

Die NARBE (Stigma) heiss die äusserste Spitze des Griffels. Die Arten davon sind:

1) *spitzig* (acutum), wenn sie eine feine Spitze ist.

2) *stumpf* (obtusum), die eine stumpfe Spitze bildet.

3) *länglich* (oblongum), die dick und länglicht ist.

4) *keulförmig* (clavatum), die eine kleine Keule vorstellt.

5) *kugelförmig* (globosum), die eine vollkommene runde Kugel macht.

6) *kopfförmig* (capitatum), die eine unten flach gedrückte Kugel vorstellt.

7) *ausgerandet* (emarginatum), wenn die vorhergehende Art oben einen Ausschnitt hat.

8) *schildförmig* (peltatum), die vollkommen tellerförmig ist.

9) *hakenförmig* (uncinatum), wenn eine spitze Narbe umgebogen ist.

10) *eckig* (angulosum), wenn sie dick und mit tiefen Furchen, die hervorstehende Ecken bilden, versehen ist.

11) *dreylappig* (trilobum), die aus drey runden etwas flach gedrückten Köpfen besteht. *Fig. 153.*

12) *gezähnt* (dentatum), wenn sie feine Zähne hat.

13) *kreuzförmig* (cruciforme), wenn die Narbe in vier Theile gespalten ist, von denen immer zwey und zwey gegeneinander überstehn.

14) *pinselförmig* (penicilliforme), die aus einer Menge kurzer dicht gedrängter fleischiger Fasern, in Gestalt eines Pinsels, besteht.

15) *hohl* (concavum), wenn sie eine kugelförmige oder längliche Gestalt hat, aber ganz ausgehöhlt ist, z. B. Veilchen.

16) *kronenartig* (petaloideum), wenn sie wie ein Blumenbett gestaltet ist, z. B. Schwertel, Iris. Fig. 70.

17) *zwey-, drey-* u. s. w. *vieltheilig* (bi-, tri- etc. multifidum). Fig. 84.

18) *zurückgebogen* (revolutum), wenn die Spitzen einer zwey- oder mehrmal getheilten Narbe nach aussen zurückgerollt sind. Fig. 84.

19) *einwertsgebogen* (convolutum), wenn die Spitzen einer getheilten Narbe nach innen gerollt sind.

20) *spiralförmig* (spirale), wenn eine mehrmal getheilte Narbe wie eine Uhrfeder aufgerollt ist.

21) *federartig* (plumosum), wenn die Narbe auf beyden Seiten gleichförmig feinbehaart ist, dass sie die Gestalt einer Feder hat, z. B. Gräser. F. 94. 95.

22) *haa-*

22) *haarig* (pubescens), die mit kurzen weissen Haaren besetzt ist.

23) *seitwertssitzend* (laterale), die an der Seite des Griffels oder des Fruchtknotens ansitzt.

24) *sitzend* (sessile), die, wenn der Griffel fehlt, auf dem Fruchtknoten sitzt.

Eigentlich besteht die Narbe aus einer grossen Menge einsaugender Wärzchen, die nicht immer ohne Vergrösserung sichtbar sind. Bey der Jalappe, Mirabilis Jalappa, kann man sie am deutlichsten sehn.

91.

Der Stempel der Moose ist mit einem Fruchtknoten, Griffel und Narbe versehn, und weicht nicht von den übrigen Gewächsen ab. Der Schachtelhalm (Equisetum) hat keinen Griffel, eben so auch die andern Farrenkräuter und Pilze. Bey den Farrenkräutern hat der Stempel die Gestalt eines Körnchens; bey den Pilzen ebenfalls, nur dass diese in Gestalt eines kleinen Netzes zusammengedrängt sind. An allen genannten Gewächsen kann man nur durch starke Vergrösserungen den Stempel gewahr werden.

92.

Von der Blume im Allgemeinen ist noch anzumerken, dass man die, welche weder Kelch noch Blumenkrone hat, *nakt* (Flos nudus) nennt; so wie man die, der die Blumenkrone fehlt, *Kelchblume* (Flos apetalus), und welche keinen Kelch hat, *Kronenblume* (Flos corollaceus f. aphyllus) nennt. Blumen, welche Staubgefäfse und Griffel haben, heifsen *Zwitterblumen* (Flores hermaphroditi); denen der Griffel fehlt, die heifst man *männliche* (Flores masculi), und wo keine Staubgefäfse sind, *weibliche* (Flores foeminei). Bey der Beschreibung des Fruchtknotens (§. 88.) haben wir die Lage desselben nicht angezeigt. Der Fruchtknoten hat in der Blume folgende Lage: entweder ist er unter dem Kelche, und dann sagt man, die Blume sey oben (Flos superus f. epicarpius), man sagt auch der Fruchtknoten sey unten (Germen inferum); oder der Fruchtknoten ist mit dem Kelche bedeckt, das heifst man, der Fruchtknoten ist oben (Germen superum), man sagt auch, die Blume sey unten (Flos inferus f. hypocarpius).

Wenn im Allgemeinen also von der Lage des Fruchtknoten die Rede ist, so sieht man, ob er sich über oder unter dem Kelche befindet, und nicht wie die Lage der Blumenkrone ist; denn öfters findet sich der Kelch unten und die Blumenkrone oben. Nur bey genauer Beschreibung sieht man auf die Lage der Blumenkrone.

93.

Nach dem Verblühen erscheint ein anderer wichtiger Theil, den man die FRUCHT (Fructus) nennt. Die Gewächse tragen ihre Frucht entweder verschlossen oder offen. Die sie verschlossen tragen, da ist die Frucht oder der Saamen (Semen) entweder mit einer Haut, harten Schale, oder sonst einer andern Substanz bedeckt; und Gewächse, die ihre Saamen so eingeschlossen haben, nennt man *verschlossen saamentragende* (Vegetabilia angiospermia), den Theil aber, der die Saamen verschliefst, heifst man die *Fruchthülle* (Pericarpium). Diejenigen Gewächse, welche ihre Saamen ohne die geringste Bedeckung ganz frey tragen, heifst man *freye saamentragende* (Vegetabilia gymnospermia). So grosse Abwechselungen, wie sich bey den schon abgehandelten Theilen der Gewächse zeigten, finden sich auch bey der Frucht, und wir wollen daher erstens die Fruchthüllen, und dann den Saamen selbst beschreiben.

94.

Die FRUCHTHÜLLE (Pericarpium) heifst der in einer Masse mancher Art eingeschlossene Saame. Die Arten derselben sind: die *Hautfrucht* (Utriculus), die *Flügelfrucht* (Samara), die *Balgkapsel* (Folliculus), die *Kapsel* (Capſula), die *Nuſs* (Nux), die *Steinfrucht* (Drupa), die *Beere* (Bacca), der *Apfel* (Pomum), die *Kürbisfrucht* (Pepo), die *Schoote* (Siliqua), die *Hülſe* (Legumen), die *Gliederhülſe* (Lomentum), die *Büchſe* (Theca), das *Schild* (Pelta), das *Schüſſelchen* (Scutella), der *Knoll* (Tuberculum).

95.

Die HAUTFRUCHT (Utriculus) beſteht aus einer dünnen Haut, welche ein einziges Saamenkorn einſchlieſst. Arten derſelben ſind:

1) *ſchlaff* (laxus), die ganz locker den Saamen einſchlieſst, z. B. Adonis Thalictrum. *F.* 165. 166.

2) *ſtraff* (ſtrictus), die ganz dichte den Saamen umgiebt, z. B. Frauenbettſtroh, Gálium.

3) *rund um aufſpringend* (circumſciſſus), die in der Mitte rundum einen Riſs bekommt, und ſo abſpringt, z. B. Amaranthus.

96.

Die FLÜGELFRUCHT (Samara) heiſst eine Haut, die ein höchſtens zwey Saamen einſchlieſst, und mit einer dünnen durchſichtigen Haut entweder in ihrem ganzen Umfange, oder an der Spitze oder auch an der Seite eingefaſst iſt, z. B. Rüſtern, Ulmus. *Fig.* 162. 163. Maſsholder, Acer, Eſche, Fraxinus, Birken, Betula u. m. a. Die Arten werden nach der Zahl der Saamen, ob einer oder zwey in der Frucht enthalten sind, oder auch nach dem Orte, wo die dünne Haut, die man *Flügel* (Ala) nennt, festsitzt.

97.

Die BALGKAPSEL (Folliculus), heifst eine längliche Fruchthülle, die, nach innen, der Länge nach in einer Ritze auffspringt, und dicht mit Saamen angefüllt ist. Die Balgkapsel steht selten einzeln; es pflegen immer zwey beysammen zu seyn. Die Arten der Balgkapseln werden nach der Befestigung der Saamen bestimmt, wenn nemlich in der Mitte eine Scheidewand ist, an der die Saamen hängen, oder die Saamen an den beyden Rändern, wo diese Frucht auffspringt, befestigt sind, z. B. Seidenpflanze, Asclepias syriaca, Immergrün, Vinca, Oleander, Nerium Oleander u. m. a. *Fig.* 170.

98.

Die KAPSEL (Capsula) heifst eine Fruchthülle, die aus einer festen Haut besteht, mehrere Saamen enthält, öfters in Fächer abgetheilt ist, und auf verschiedene Art auffspringt. Die Theile der Kapsel sind folgende:

a) die *Scheidewand* (Dissepimentum) ist eine feste Haut, die den innern Raum der Kapsel durchschneidet und abtheilt.

b) die *Fächer* (Loculamenta) sind die Räume zwischen der Scheidewand und der Klappe.

c) das *Säulchen* (Columella), ist ein fadenförmiger Körper, der mitten durch die Kapsel geht, und durch den die Scheidewände befestigt sind. *Fig.* 169.

d) die *Klappen* (Valvulae) heifst die auswendige Haut der Kapsel, die in verschiedene Theile der Länge nach zersprungen ist.

e) die *Naht* (Sutura) ist eine tiefe Furche, welche sich ausserhalb auf der Haut zeigt.

Die Arten der Kapsel werden nach der Figur, ob sie rund, länglich u. s. w. sind, bestimmt; ferner setzt man noch folgende Arten fest:

1) *einfächrig* (unilocularis), wenn sie keine Abtheilungen hat.

2) *zwey-, drey-, vier- u. s. w. vielfächrig* (bi-, tri-, quadri- etc. multilocularis), nach der Zahl der Fächer. *Fig.* 155.

3) *zwey-, drey- u. s. w. vielklappig* (bi-, tri- etc. multivalvis), nach der Zahl der Klappen, die sich beym Auffspringen der Frucht zeigen. *Fig.* 156. 169.

4) *zwey-, drey- u. s. w. mehrsaamig* (bi- tri- etc. polysperma), nach der Zahl der Saamen.

5) *dreyfache* (tricocca), wenn eine dreyfächrige Kapsel wie drey zusammengewachsene

I. Terminologie.

ausfieht, z. B. Thee, Thea viridis, Wolfsmilch, Euphorbia.

6) *beerenartig* (baccata), wenn die Haut fleischig und weich ist.

7) *rindenartig* (corticata), wenn die äufsere Haut hart und die innere weich ist, oder wenn die äufsere schwammig, die innere häutig ist, z. B. Magnolia, Stern-Anis, Ilicium anisatum.

8) *holzig* (lignosa), wenn die Rinde sehr hart ist, aber doch in Klappen auffspringt.

9) *falsch* (spuria), wenn der Kelch den Saamen wie eine Kapsel bedeckt, auffspringt, und ganz das Ansehn einer Kapsel hat, z. B. Buchen, Fagus sylvatica.

Nach der Art, wie die Kapsel sich öfnet, hat sie verschiedene Benennungen, z. B. an der Spitze auffspringend (apice dehiscens), an der Basis auffspringend (basi dehiscens), rundum in der Mitte zerspringend (circumscissa), mit einem Deckel sich öfnend (operculata), u. d. m.

Die Frucht der Lebermoose (Musci hepatici) wird auch eine Kapsel genannt. Sie haben über der Kapsel eine dünne sehr leicht abfallende Haut, die man *Mütze* (Calyptra) nennt. Die Kapsel springt in vier oder zwey Klappen auf (quadrivel bivalvis). *Fig.* 227. Bey den vier oder mehrklappigten sitzen Körper, die man *Faden* (Fila) nennt. Am Saamen sind wieder andere Fäden, die kettenartig verschlungen sind, diese nennt man *Ketten* (Catenulae). Bey den zweyklappigen ist eine dünne Säule, woran die Saamen hängen, diese nennt man das *Säulchen* (Columnula s. Sporangidium.

Die Farrenkräuter haben ein- oder mehrfächrige gewöhnlich nierenförmige Kapseln, von denen einige mit einem hervorstehenden gegliederten Rand der Länge nach umgeben sind. Diesen Rand nennt man *Saum* (fimbria).

99.

Eine Nuss (Nux) nennt man den Saamen, der mit einer harten Schaale bekleidet ist, die nicht aufspringt, z. B. Haselnuss, Corylus avellana, Eiche, Quercus robur, Hanf, Cannabis sativa. *Fig.* 205. Die Schaale nennt man die *Nussschaale* (Putamen), und bestimmt alsdann, ob sie *hart* (durum), oder *zerbrechlich* (fragile) ist. Der Saame, den die Nuss enthält, heifst der *Kern* (Nucleus). Man bestimmt ferner, ob die Nuss *zwey-* oder *dreysaamig* (bi- vel trisperma) ist; ferner ob sie Fächer hat, nemlich *zwey- drey-* oder *mehrfächrig* (bi- tri- vel multilocularis) ist.

Bey einigen Pflanzen schliefst der Kelch den Saamen dicht ein, verwächst ganz damit, und wird eine vollkommene Nuss. Dergleichen Nüsse

I. Terminologie.

nennt man *falsche Nüsse* (Nuces spuriae), z. B. Coix lachryma, Trapa natans.

100.

Die STEINFRUCHT (Drupa) ist eine Nuss, die mit einer dicken fleischigen, saftigen oder lederartigen Haut oder Masse bedeckt ist. Arten der Steinfrucht sind:

1) *saftig* (baccata), wenn sie mit einer sehr saftigen Rinde umgeben ist, z. B. Kirschen, Prunus cerasus, Pflaumen, Prunus domestica, Pfirschen, Amygdalus persica, Aprikosen, Prunus armeniaca, u. d. m.

2) *faserig* (fibrosa), wenn sie statt der fleischigen Rinde eine fasrige hat, z. B. Kokusnuss, Cocus nucifera.

3) *trockene* (exsucca), wenn sie statt der fleischigen Rinde mit einer schwammigen, häutigen oder lederartigen Masse bedeckt ist, z. B. Wallnuss, Juglans regia, Mandeln, Amygdalus communis, Tetragonia expansa, Sparganium.

4) *geflügelt* (alata), wenn die Steinfrucht einen häutigen Rand, den man Flügel nennt, hat, z. B. Halesia.

5) *aufspringend* (dehiscens), wenn die äusere Rinde aufspringt. Dies soll eigentlich nicht bey der Steinfrucht seyn, aber es ist doch bey vielen Arten der Fall, z. B. Wallnuss, Juglans regia,

Muskatennuſs, Myriſtica moſchata. *Fig.* 204. 206. 209. 211.

6) *ein- zwey- drey- vierkörnig* u. ſ. w. (mono- bi- tri- tetrapyrena etc., die ein, zwey, drey, vier oder mehrere Nüſſe enthält. Iſt die harte Schale der Nuſs aber mit dem Kerne verwachſen, ſo nennt man es eine körnige Beere.

Man muſs bey genaueren Beſchreibnugen ſowohl auf die Geſtalt der Nuſs, als auf ihre Fächer ſehn. Die Nuſs der Steinfrucht hat zuweilen zwey, drey, oder mehrere Fächer. *Fig.* 171. 172. 173.

101.

Die BEERE (Bacca) iſt eine ſaftige Frucht, die mehrere Saamen enthält, und nie aufſpringt. Sie enthält die Saamen bisweilen ganz ohne Ordnung, oder iſt durch eine dünne Haut in Fächer abgetheilt. Es giebt folgende Arten:

1) *ſaftig* (ſuccoſa), die aus einer ſehr weichen ſaftigen Subſtanz beſteht, z. B. Stachelbeeren, Ribes Groſſularia, u. m. a.

2) *rindig* (corticoſa), die mit einer harten Rinde bedeckt iſt, ſo daſs man ſie nicht zerdrükken kann. Man ſollte ſie für eine Kapſel halten, aber ſie ſpringt nie auf, iſt mit einer ſaftigen Maſſe angefüllt, und hat die Saamen darin liegen, z. B. Garcinia mangoſtana.

3) *trocken* (exsucca), die statt des Fleisches mit einer dicken lederartigen oder gefärbten Haut bedeckt ist, z. B. Epheu, Hedera Helix.

4) *falsch* (spuria), wenn der Saame mit dem Kelche dicht bedeckt ist, der sich alsdann in eine fleischige Gestalt verwandelt, z. B. Wacholder, Juniperus communis. Bey dieser Pflanze wachsen die Schuppen dicht übereinander, werden fleischig und haben die vollkommene Gestalt einer Beere. Bey Basella rubra, einer indischen Pflanze, wächst der Kelch zusammen, wird fleischig wie eine Beere, u. m. d. a.

5) *ein- zwey- drey- vielsaamig* u. s. w. (mono- di- tri- polysperma etc.), nach der Zahl der Saamen, die eine Beere enthält.

6) *ein- zwey- drey- vielfächrig* (uni- bi- tri- multilocularis), nach der Zahl der Fächer, worin die Beere eingetheilt ist.

7) *zwey- drey- u. s. w. körnig* (di- tripyrena etc.), wenn die einzelnen Saamen eine so harte Schaale, wie bey der Nuss, haben, nur mit dem Unterschiede, dass die harte Rinde mit der Haut des Saamens unzertrennlich verbunden, wie wir §. 100. No. 6. schon gesagt haben. Auch bey den Apfelarten ist dies bisweilen der Fall.

Von der Beere ist noch zu merken, dass wenn in einer Blume viele Griffel beysammenstehn, und jeder der Fruchtknoten eine Beere trägt, alle die kleinen Beeren (Acini) in eine einzige zusammenwachsen, die dann eine *zusammengesetzte Beere* (Bacca composita) genannt wird, z. B. Himbeere, Rubus Idaeus, u. d. m.

Auch bey den Steinfrüchten ist dies bisweilen der Fall, z. B. Brodfrucht, Artocarpus.

Auf die Figur der Beere wird bey Beschreibungen genau gesehn.

102.

Der APFEL (Pomum) ist eine fleischige Frucht, die innerhalb eine Saamenkapsel enthält. Von der fächrigen Beere unterscheidet sich der Apfel durch eine vollkommene innerhalb befindliche Kapsel. Man betrachtet den Apfel nach seiner Substanz und Figur, ob er fleischartig oder lederartig, rund, länglich u. s. w. ist. Beyspiele von Aepfeln sind: Apfel, Pyrus Malus, Birne, Pyrus communis, Quitte, Pyrus Cydonia, u. a. m.

103.

Die KÜRBISFRUCHT (Pepo), ist eine gewöhnlich saftige Frucht, die ihre Saamen an der inneren Fläche der Rinde befestigt hat, z. B. Kürbifs, Cucurbita Pepo, Gurken, Cucumis sativus, Melonen, Cucumis Melo, Passionsblume, Passiflora, Wasseraloe, Stratiotes Aloides, u. m. a. Arten der Kürbisfrucht sind:

1) *ein- zwey- drey- u. s. w. vielfächrig* (uni- bi-

tri- etc. multilocularis), nach der Zahl der Fächer. *Fig.* 210. 212.

2) *halbfächrig* (semilocularis), wenn die Scheidewand nicht bis auf den Mittelpunkt reicht.

3) *fleischig* (carnosa), die mit einem festen weichen Fleische angefüllt ist.

4) *saftig* (baccata), die mit einer sehr weichen Masse angefüllt ist.

5) *trocken* (exsucca), die ohne Fleisch oder Saft ist.

6) *rindig* (corticosa), die eine sehr feste harte Rinde hat.

Die äufsere Gestalt der Kürbisfrucht weicht noch sehr ab, und kommt in runder, keulförmiger Gestalt u. s. w. vor

104.

Die SCHOTE (Siliqua) ist eine trockene länglichte Frucht, die aus zwey Hälften oder Klappen besteht, und ausserhalb, wo diese zusammenhängen, eine obere und untere Naht bildet. Innerhalb der Frucht auf beyden Seiten der Nähte, sowohl an der obern als an der untern, sind die Saamen am Rande der Scheidewand befestiget, z. B. Senf, Sinapis alba, Kohl, Brassica oleracea. *Fig.* 190. 191. Sind die Schoten eben so lang, als sie breit sind, so nennt man sie *Schötchen* (Siliculae). *Fig.* 187. 188., z. B.

Kresse, Lepidium sativum, Thäschelkraut, Thlaspi bursa pastoris. Man unterscheidet die Schötchen nach der Art, wie die *Scheidewand* (Dissepimentum) steht. Wenn die beyden Klappen dieser Frucht flach sind, und die Scheidewand, welche von einer Naht zur andern reicht, eben die Breite hat, sagt man: *mit der Scheidewand gleichlaufend* (valvulis dissepimento parallelis). Sind aber beyde Klappen der Frucht erhaben und hohl, so dass die beyden Nähte in der Mitte der Frucht zu stehn kommen, und die Scheidewand viel schmäler, als die gröfste Breite der Frucht wird, so sagt man: *mit einer Queerwand* (valvulis dissepimento contrariis). Der Gestalt nach liefsen sich noch viele Arten anführen.

<small>Unter den Schötchen giebt es einige, welche eine doppelte Rinde haben, eine äufsere weichere oder schwammige und eine innere härtere, die den Saamen in Fächern eingeschlossen enthält. Dergleichen Schötchen nennt man *steinfruchtartige* (Siliculae drupaceae). Die Arten der Schötchen aber, welche niemals auffspringen, nennt man *beerenartige* (baccatae). Von der ersten Art kann Bunias, und der zweyten Crambe und Myagrum zum Beweise dienen.</small>

105.

Die Hülse (Legumen) ist eine trockene länglichte Frucht, die aus zwey Hälften oder

I. Terminologie.

Klappen besteht, die aufserhalb zwey Nähte bilden. Die Saamen hängen innerhalb nur an den beyden Rändern der untern Naht. Die Arten der Hülse sind:

1) *häutig* (membranaceum), wenn die beyden Klappen aus einer durchsichtigen Haut bestehen.

2) *lederartig* (coriaceum), wenn die beyden Klappen von dicker und zäher Substanz sind.

3) *fleischig* (carnosum), wenn die beyden Klappen aus einem festen weichen Fleische bestehen.

4) *holzig* (lignosum), wenn die beyden Klappen so hart wie eine Nufsschaale sind, und nicht auffspringen.

5) *mehlig* (farinosum), wenn die Kerne rund um mit einer mehligen Substanz umgeben sind, z. B. Hymenaea curbaril.

6) *angeschwollen* (torulosum), deren beyde Klappen dick und rund sind. *Fig.* 174. 175.

7) *aufgeblasen* (ventricosum), deren Klappen innerhalb von der Luft aufgetrieben sind.

8) *zusammengedrückt* (compressum), die auf beyden Seiten flach ist.

9) *rinnenförmig* (canaliculatum), wenn die obere Naht sehr tief ausgehöhlt ist, z. B. **Lathyrus sativus.**

10) *ein- zwey-* oder *mehrsaamig* (mono- di- vel polysperma), nach der Zahl der Saamen.

11) *schneckenförmig* (cochleata), wenn sie wie ein Schneckengehäuse zusammengedreht ist, z. B. Medicago.

Es giebt noch mehrere Arten, die nach der Figur, und ob die Oberfläche mit Haaren, Borsten, Flügeln, Spitzen oder Stacheln besetzt ist, bestimmt werden.

106.

Die GLIEDERHÜLSE (Lomentum) ist eine längliche, zwar aus zwey Klappen, die ausserhalb Nähte bilden, bestehende Frucht, die aber nie, wie die Hülse, aufspringt. Innerhalb ist sie durch kleine Querwände in Fächer abgetheilt, die nur ein Saamenkorn an der untern Naht befestigt, enthalten. Sie springt nie der Länge nach, wie die beyden vorhergehenden Früchte, auf, sondern wenn sie ja zerspringt, lösen sich die Queerwände in kleine Glieder. Die Arten dieser Frucht sind:

1) *rindig* (corticosa), wenn die äufsere Rinde sehr hart und holzig ist, der innere Raum der Fächer aber mit einer weichen Masse angefüllt ist, z. B. Cassia fistula. *Fig.* 192. 194.

2) *gegliedert* (articulatum), wenn die Queerabtheilungen ausserhalb deutlich zu sehn sind,
und

und sich leicht in Glieder theilen laſſen, z. B. Hedyſarum.

3) *mit Verengerungen* (iſthmis interceptum), wenn die Queerabtheilungen deutlich zu ſehen ſind, ſich auch leicht löſen, aber die Zwiſchenräume weit ſchmäler, als die Glieder ſind, z. B. Hippocrepis.

107.

Die BÜCHSE (Theca) heiſst die Frucht der Laubmooſe. Sie iſt eine trockene Frucht, die an der Spitze ſich mit einem Deckel öfnet, und noch mit beſondern Theilen verſehen iſt. Die Theile der Frucht ſind:

A. die *Mütze* (Calyptra) iſt eine zarte Haut, die locker in kappenförmiger Geſtalt die Spitze der Büchſe bedeckt. Sie entſteht aus der in der Mitte zerplatzten Blumenkrone (§. 74). Die Arten derſelben ſind:

1) *ganz* (integra), die rundum die Spitze der Büchſe bedeckt, z. B. Leerſia extinctoria.

2) *halb* (dimidiata), die nur zur Hälfte die Spitze der Büchſe deckt, z. B. die meiſten Mooſe. *Fig.* 138.

3) *haarig* (villoſa), die aus Haaren zuſammengeſetzt iſt, z. B. Polytrichum. *Fig.* 136.

4) *gezähnt* (dentata), wenn der Rand Zähne hat, z. B. Leerſia dentata.

I

B. der *Deckel* (Operculum) ist ein runder Körper, der die Oefnung der Büchse verschliesst, und wenn der Saame reif geworden, von selbst abspringt. Er ist:

1) *rund* (convexum), der eine etwas erhabene oder gewölbte Fläche hat.

2) *kegelförmig* (conicum), der unten weit, nach oben aber in eine runde Spitze zugeht.

3) *spitzig* (acutum), der unten weit, nach oben zu allmählig scharf zulaufend ist. *Fig.* 138.

4) *lang zugespitzt* (acuminatum), wenn der obere Theil in eine sehr lange Spitze vorgezogen ist. *Fig.* 137.

5) *flach* (planum), wenn der Deckel ganz platt ist.

6) *gestachelt* (mucronatum), wenn der Deckel ganz platt ist, oben in der Mitte aber eine borstenartige Spitze hat.

C. die *Franze* (Fimbria s. Annulus) ist ein schmaler Streifen Haut, der mit kleinen häutigen Zähnen besetzt ist, und im Deckel liegt. Dieser Körper hat viel Schnellkraft, und dient dazu, den Deckel der Büchse abzuwerfen. *Fig* 261.

D. Das *Maul* (Peristoma), heisst der häutige Rand, der die Mündung der Büchse umgiebt. Das Maul ist zweyerley Art:

1) *nakt* (nudum), das ganz ist, ohne irgend einen Zahn oder Erhabenheit. *Fig.* 178.

I. Terminologie.

2) *gezähnt* (figuratum), das mit häutigen Zähnen besetzt ist.

a) *einfache Reihe* (ordine simplici dentatum), wenn eine einzige Reihe Zähne um die Oefnung steht. Diese werden nach der Zahl oder Lage u. s. w. bestimmt, als:

α. *vier-sechzehn oder zwey und dreyssigmal gezähnt* (quadri-sedecim vel 32 dentatum); mehrere Abwechselungen hat man in den Zähnen noch nicht gemerkt. *Fig.* 176. 177. 179. 180.

β. *gespaltene Zähne* (dentes bifidi), wenn die Spitze der Zähne getheilt ist. *F.* 182. 183.

γ. *gedrehete Zähne* (dentes contorti), wenn die Zähne ganz in eine Walze zusammengedreht sind. *Fig.* 184.

b) *doppelte Reihe* (ordine duplici dentatum), wenn hinter einer Reihe von Zähnen noch eine zweyte befindlich ist. *Fig.* 181.

α. *nicht zusammenhängend* (non cohaerentes), wenn die innere Reihe nicht zusammenhängt, sondern ganz frey ist.

β. *an der Spitze zusammenhängend* (apice cohaerentes), wenn die innere Reihe mit den Spitzen zusammenhängt.

γ. *borstig gezähnt* (ciliato dentatum), wenn die innere Reihe mit Zähnen und Borsten abwechselt.

ß. häutig gezähnt (membranaceo dentatum), wenn die Zähne der innern Reihe durch eine Haut unten zusammenhängen.

E. das *Zwergfell* (Epiphragma) nennt man eine dünne Haut, welche über die Mündung der Büchse bisweilen gespannt ist, z. B. Polytrichum. *Fig.* 76.

F. das *Saamensäulchen* (Sprongidium s. Columnula) heifst man einen dünnen fadenförmigen Körper, der mitten durch die Büchse geht, und an dem der Saame befestigt ist. Es ist eben der Körper, den man bey der Kapsel das Säulchen nennt.

G. der *Ansatz* (Apophysis) ist ein fleischiger runder oder länglichter Körper, der sich an der Basis der Büchse zeigt. Bisweilen ist er sehr klein und verliert sich fast, bisweilen aber gröfser, als die Büchse selbst. *Fig.* 176. 179.

Bey einer Moosart, die man *Bartmoos* (Phascum) nennt, geht niemals der Deckel von der Büchse los; sondern sobald der Saame reif ist, fällt die ganze Büchse ab. Weil man nun bey diesem Moose die Oefnung gar nicht sehen kann, sagt man, es sey keine vorhanden (Peristoma nullum.)

108.

Bey den Flechten sind noch drey Fruchtarten, die wir hier wegen ihrer Verwandschaft zusammenfassen wollen, nemlich:

1) das SCHILD (Pelta) ist eine flache länglicht stumpfe blattförmige Frucht. Fig. 226.

2) das SCHÜSSELCHEN (Scutella) ist eine tellerförmige flache, bald etwas convexe, bald concave, mit einem erhabenen oder niedergedrückten Rande versehene Frucht. *Fig.* 3.

3) der KNOLL (Tuberculum) ist eine halbkugelförmige Frucht.

Diese verschiedenen Arten der Früchte öfnen sich nicht wie die anderer Gewächse; sie enthalten in ihrer Substanz kleine, wenige Saamen enthaltende, Kapseln, die sich an der Spitze öfnen, und unter der Oberfläche verborgen sind.

Die Pilze haben sehr zarte im Fleische der Blätter, Löcher, Stacheln, oder der Fläche verborgene Kapseln, die sich eben so öfnen, wie die der Flechten.

109.

Schon bey einigen Früchten haben wir gesagt, dass der Kelch, wenn er bis zur Reife des Saamens bleibt, öfters wahre Fruchthüllen (Pericarpia) zu bilden scheint. Wir müssen hier noch einige Beyspiele dieser Art und andere ähnliche anführen.

Beym Ampfer (Rumex) bleibt der Kelch stehen, wächst noch mehr aus, ja sogar die Drüsen auf den Blättern des Kelchs werden knorpelartig und gröfser. Die Kelchsblätter schliefsen das einzige Saamenkorn wie eine Kapsel ein.

Der Kelch der Wassernufs (Trapa natans) verhärtet sich, wird in vier grofse Stacheln verwandelt, und bildet eine Nuſs. Die Röhre der Krone bey der Jalappe (Mirabilis Jalappa) umgiebt den Saamen, und wird bey dessen Reife zur Nuſs.

Das Honiggefäfs der Gräser wird öfters die äufsere Rinde des Saamens; beym Rietgrase (Carex) bildet es eine Kapsel.

Der Fruchtboden (§. 112.) macht öfters einen Frucht ähnlichen Körper, bey Taxbaum überzieht er die Hälfte der Nufs, und bildet eine falsche Steinfrucht.

Mehrere Beyspiele giebt die Natur, die ein aufmerksamer Beobachter bey fleifsigem Nachforschen gewifs finden wird. Niemals kann man aber über eine Frucht richtig urtheilen, wenn man ihre Entstehung nicht genau beobachtet hat.

§. 110.

Der SAAMEN (Semen) ist eigentlich die Frucht der Pflanzen, und zum fernern Fortkommen des Gewächses bestimmt. Er besteht aus zwey Hälften, die sich beym Keimen in Blättchen verwandeln, man nennt sie *Mutterkuchen* oder *Saamenblättchen* (Cotyledones). Zwischen diesen liegt an einer Seite der *Keim* (Corculum), dieser besteht aus zwey Körpern, einem spitzigen, der beym Keimen sogleich in die Erde geht und zur Wurzel wird, man nennt ihn das *Schnäbelchen* (Rostellum), und aus einem andern, der wie kleine Blättchen aussieht, und den Stengel nebst den Blättern hervorbringt, er heifst das *Blattfederchen* (Plumula). Aufserhalb ist der Saame mit doppelten Häuten bedeckt, von denen die äufsere dick und fest, die innere aber durchsichtig und zart ist. Die äufsere nennt man die *Saamenhaut* (Tunica externa), die innere das *Saamenhäutchen* (Membrana interna). Die Gegend, wo der Keim im Saamen liegt, kann man schon von aufsen sehn, weil sich dort ein tiefer Eindruck befindet, den man den *Nabel* (Hilum) nennt. Der Same ist, so lange er noch nicht die vollkommene Reife erlangt hat, durch einen kleinen Faden befestigt, dieser Faden heifst die *Nabelschnur* (Funiculus umbilicalis).

Man hat nach den verschiedenen Arten, wie der Saame keimt, die Pflanzen eintheilen wollen: die, welche keine Saamenblättchen hätten (acotyledones), die ein, zwey oder mehrere hervorbringen (mono - di - et polycotyledones) genannt. Linné sprach den Cryptogamisten (§. 132.) die Saamenblättchen ab, jetzo aber hat man sie auch an diesen Gewächsen bemerkt. Einige Botanisten verstehn unter Saamenblättchen (Cotyledones) nicht die beyden Hälften oder den Mutterkuchen, sondern die ersten Blätter; diese aber können den angeführten Namen nicht verdienen. Es giebt kein Gewächs, was nicht Saamenblätter haben sollte. Jeder Saame ist entweder in der Mitte getheilt, oder diese Theile hängen zu fest zusammen, als dass sie sich trennen könnten. Sind diese Theile oder Mutterkuchen getrennt, so kommen sie aus der Erde hervor. Es sind ihrer aber niemals mehr als zwey. Bey der Fichte und dem Flachs scheinen zwar mehrere zu seyn, aber bey genauerer Nachforschung findet man, dass im Anfang nur zwey sind, nach einer kurzen Zeit wachsen mehrere Blättchen nach, und geben ihnen dies Ansehn. Wenn die Hälften zusammenhängen, so bleiben sie unter der Erde, und es kommt alsdann, wie bey den Lilien und Gräsern, erst ein Blatt hervor, oder es kommt ein ganzer Trieb. Hieraus sieht man, dass die Zahl der Saamenblätter nicht so verschieden ist, wie man geglaubt hat.

Die Gestalt des Saamens ist sehr verschie-

I. Terminologie. 137

den,' doch läſst sich diese sehr leicht [beſtim-
men. Durch die Nabelſchnur sind sie in den
Fruchthüllen bald am Rande, bald auf dem
Fruchtboden, der inneren Fläche, den Klappen
oder irgendwo deutlich befeſtigt; wenn man sie
aber in einer Beere ohne Ordnung zerſtreuet findet, daſs ihre Anheftung nicht sogleich ſicht-
bar iſt, so nennt man sie *niſtende Saamen* (Semina nidulantia). Die Subſtanz der Saamen
iſt feſte, und man hat nur wenige Beyſpiele von
weichen Saamen. Linné führt bisweilen *zweyfächrige Saamen* (Semina bilocularia) an,
aber dergleichen kann es so wenig geben, als
zweyfächrige Hünereyer; was Linné so nennt,
sind gewöhnlich zweyfächrige Nüſſe.

111.

Am Saamen und an den Fruchthüllen finden
sich noch besondere Theile, die zur genaueren
Beſtimmung der Gewächſe viel beytragen. Diese
Theile sind:

1) SAAMENDECKE (Arillus) iſt eine locker
über dem Saamen ausgebreitete Haut. Sie iſt:

a) *saftig* (succulentus, baccatus f. car-
nosus), die dicke und fleiſchigt iſt, z. B. Spill-
baum, Evonymus europaeus.

b) *pergamentartig* (cartilagineus), die ſteif
und dicke iſt.

c) *häutig* (membranaceus), die aus einer dünnen durchsichtigen Haut besteht.

d) *halb* (dimidiatus), wenn nur die Hälfte des Saamens eine Bedeckung hat.

e) *zerschlitzt* (lacerus), wenn die Saamendecke unregelmäsig eingeschnitten ist. *Fig.* 206.

f) *mützenartig* (calyptratus), wenn sie die Spitze des Saamens, so wie das Mützchen die Büchse umgiebt (§. 107), bedeckt.

g) *netzförmig* (reticulatus), die wie ein feingesponnenes Netz den Saamen dicht einschliefst. Diese Art zeigt sich bey den Orchisarten und überhaupt bey allen sehr feinen Saamen. Der Saame ist bey diesen Gewächsen wie in einem Sacke eingeschlossen.

Die Saamendecke umgiebt nicht allein den Saamen, ja bisweilen auch die Fruchthülle, z. B. Muskatennuſs, (Myristica moschata); die sogenannten Muskatenblumen dieser Frucht umgeben die Nuſs, und diese Blumen sind eine Saamendecke (arillus). *Fig.* 206.

2) das FEDERCHEN (Pappus) heiſst der Kelch jeder besondern Blume, die in einer allgemeinen Blumendecke eingeschlossen ist (§. 68). Während der Blüthe ist aber das Federchen so auſserordentlich klein, daſs man nicht gut die Unterscheidungszeichen finden kann, beym reifen Saamen findet es sich aber vollkommen ausgewachsen, und zeigt verschiedene Arten, als:

a) *sitzend* (sessilis), wenn das Federchen ohne Stiel auf der Spitze des Saamens sitzt. *Fig.* 189.

b) *gestielt* (stipatatus), wenn es durch einen Stiel gestützt ist. *Fig.* 185. 186.

c) *bleibend* (persistens), wenn es so dicht mit dem Saamen verwachsen ist, dafs es nicht abfällt.

d) *abfallend* (caducus s. fugax), wenn es gleich nach der Reife des Saamens abfällt.

e) *kelchartig* (calyculatus s. manginatus), wenn ein häutiger Rand über dem Saamen hervorragt. Dieser ist entweder:

α. *ganz* (integer), wenn der Rand nicht eingeschnitten ist, und rund um die Spitze des Saamens geht, z. B. Tanacetum, Dipsacus.

β. *halb* (dimidiatus), wenn der Rand nur zur Hälfte die Spitze des Saamens umgiebt.

f) *spreuartig* (paleaceus), wenn kleine schuppenartige Blättchen um die Spitze des Saamens stehn, z. B. Sonnenblume, Helianthus annuus, u. m. a. Dieses spreuartige Federchen ist *zwey- drey- fünf- oder mehrblättrig* (di- tri- penta- vel polyphyllus, die Blättchen sind lanzettenförmig. stumpf oder borstenartig zugespitzt.

g) *grannenartig* (aristatus), wenn eine, zwey oder auch drey, aber nie mehrere geradeaus stehende Borsten an der Spitze des Saamens stehn, z. B. Bidens tripartita.

h) *sternförmig* (stellatus), wenn fünf lange zugespitzte Borsten wie ein Stern ausgebreitet auf der Spitze des Saamens stehn.

i) *haarförmig* (capillaris s. pilosus), wenn viele sehr feine gewöhnlich blendend weisse einfache Haare an der Spitze des Saamens sind. *Fig.* 186.

k) *borstenartig* (setaceus), wenn sehr viele steife Borsten, die öfters eine andere Farbe als die weisse haben, und die nicht ganz glatt sind, die Spitze der Saamen umgeben. *Fig.* 189.

l) *wimperartig* (ciliatus), wenn steife breitgedrückte Borsten mit sehr kurzen kaum merklichen Haaren besetzt sind. Diese Art hält das Mittel zwischen der vorhergehenden und folgenden.

m) *gefiedert* (plumosus), wenn das Federchen aus feinen Haaren oder Borsten zusammengesetzt ist, die aber wieder mit feinen Haaren auf den Seiten bedeckt sind. *Fig.* 185.

n) *gleichförmig* (uniformis), wenn alle Federchen, die in einer allgemeinen Blumendecke von gleicher Gestalt sind.

o) *ungleichförmig* (difformis s. dissimilis), wenn in derselben Blumendecke die Federchen von verschiedener Gestalt bemerkt werden.

p) *doppelt* (geminatus), wenn ein Federchen aus zwey Arten zusammengesetzt ist, z. B. wenn das Federchen auserhalb kelchartig, innerhalb haarförmig ist, oder auserhalb kelchartig, innerhalb borstenartig, oder auch auserhalb kelchartig und innerhalb gefiedert gefunden wird.

> Man muss sich hüten, nicht die Haare, welche bisweilen den Saamen bedecken, mit dem Federchen zu verwechseln. Bey dem Wollgrase (Eriophorum) ist auch kein wahres Federchen, sondern blosse Haare, die den Saamen umgeben; diese nennt man (Lana pappiformis).

3) Die WOLLE (Coma) ist ein Körper, der wie ein haarförmiges Federchen aussieht, und überhaupt durch nichts, als seine Entstehung von ihm zu unterscheiden ist. Die Wolle ist immer an dem Saamen befestigt, der in einer Fruchthülle steckt, und hat nie die Stelle eines Kelchs vertreten; z. B. Seidenpflanze, Asclepias syriaca, Epilobium u. d. m. *Fig.* 168. 169.

4) Der SCHWANZ (Cauda) ist ein langer fadenförmiger Körper, der sich an der Spitze des Saamens oder der Hautfrucht zeigt, und mit seinen Haaren besetzt ist; z. B. Küchenschelle, Anemone Pusatilla Clematis u. m. a. *Fig.* 164.

> Bey den Bumskeulen (Typha latifolia) scheinen die Saamen ein Federchen zu haben, aber es ist an der Spitze ein glatter gerader Schwanz, und

der Saamen hat einen langen Stiel, der unten wie ein Federchen mit Haaren besetzt ist.

5) Der Schnabel (Rostrum) ist ein gebliebener Griffel am Saamen oder an der Fruchthülle, der ausgewachsen und breit gedrückt ist, z. B. Scandix, Senf, Sinapis u. m. a. Wenn der Schnabel krumm gebogen ist, nennt man ihn ein *Horn* (Cornu); z. B. an den Kapseln des schwarzen Kümmels, Nigella damascena u. m. a.

6) Der Flügel (Ala) heifst eine pergamentartige, dünne, durchsichtige, verlängerte Haut, die an der Spitze, auf dem Rücken, oder am Rande des Saamens, oder der Fruchthülle sich befindet. Es giebt folgende Arten des Flügels:

a) *einflüglich* (monopterigia), wenn nur ein Flügel zu sehn ist.

b) *zweyflüglich* (dipterigia s. bialata), wenn ihrer zwey sind. *Fig.* 161.

c) *dreyflüglich* (tripterigia s. trialata).

d) *vierflüglich* (tetraptera s. quadrialata).

e) *fünf-* oder *vielflüglich* (pentaptera et polyptera s. quinquealata et multialata). Diese Art zeigt sich bey verschiedenen Kapseln, und bey dem Saamen einiger Doldengewächse. Man nennt auch die Saamen der Doldengewächse, die viele Flügel haben, *windmühlen-flügelartige* (Semina molendinacea).

Hieher gehört auch noch der häutige durchsichtige Rand (Margo membranaceus), welcher einige Fruchthüllen und Saamen umgiebt.

7) Der KAMM (Crista) ist ein dicker lederartiger oder korkartiger gezähnter oder tief eingeschlitzter Flügel, der an der Spitze einiger Fruchthüllen sich zeigt; z. B. Hedysarum Crista galli.

8) Die RIBBE (Costa s. Jugum) sind sehr erhabene Striche, die auf den Fruchthüllen und Saamen der Doldengewächse sich zeigen.

9) Die WARZE (Verruca) ist eine kleine stumpfe runde Erhabenheit, die sich auf verschiedenen Saamen zeigt.

10) Der REIF (Pruina) ist ein feiner weisser Staub, der den Saamen und die Fruchthülle öfters bedeckt, z. B. Pflaumen, Prunus domestica, u. d. m.

In Rücksicht der Flächen und deren Bekleidung, die der Fruchthülle und dem Saamen eigen sind, berufen wir uns auf §. 5. und 45., *Fig.* 157. 158. 160. 161.

Der Saame ist noch in seiner Substanz von der Härte eines Knochen bis zur Weiche eines dicken Breyes anzutreffen; auch seine Gestalt ist sehr verschieden.

112.

Der FRUCHTBODEN (Receptaculum, Thalamus, Basis) ist der Ort, worauf der Fruchtknoten oder die reife Frucht steht. Er ist zweyerley Art, nemlich: *einzeln* (proprium), der nur eine Blume trägt; oder *allgemein* (commune), wenn mehrere Blumen darauf stehn, wie dies bey den sogenannten zusammengesetzten Blumen (§. 160.) der Fall ist.

Der *einfache Fruchtboden* (Receptaculum proprium) zeichnet sich eben nicht sehr aus; er hat gewöhnlich keinen grössern Umfang, als die Rundung des Blumenstiels beträgt. Doch machen mehrere Pflanzen hiervon eine Ausnahme, besonders die, welche viele Griffel haben. Es kann bey dergleichen Gewächsen nicht anders seyn; die Menge von Griffeln verlangt einen grossen Platz, und daher ist der Fruchtboden bald *flach* (planum), bald *gewölbt* (convexum), bald endlich *kugelrund* (globosum). Die merkwürdigsten Arten sind aber der *trockene* (siccum), der von ganz gewöhnlicher Substanz, nemlich hart ist, und der *fleischige* (carnosum), der weich und saftig ist, z. B. Erdbeere, Fragaria vesca. *Fig* 213. Diese Frucht gehört nicht zu den Beeren, sondern ist ein fleischiger Fruchtboden mit freyen Saamen. Bey einigen wenigen Pflanzen, die nur einen Griffel tragen, ist der Fruchtboden ungewöhnlich stark und fleischig, z. B. Anacardium occidentale, *Fig.* 214. Die Frucht dieser Pflanze ist eine Nuss, die auf einem birnenförmigen fleischigen Fruchtboden steht, eben

I. Terminologie.

eben so ist es mit Semicarpus Anacardium, *Fig. 216.* Ein ähnlicher Fall zeigt sich bey Ochna Japotapita, *Fig. 215.* Am allermerkwürdigsten ist ein japanischer Baum, der kleine Saamenkapseln trägt, und dessen Blumenstiele so ausserordentlich dick und fleischig werden, dass sie das Ansehn eines fleischigen Fruchtbodens haben. Dieser Baum heisst Hovenia dulcis. *Fig. 208.*

Noch eine Art des Fruchtbodens, zeigt sich bey einfächrigen Kapseln; er befindet sich in der Mitte derselben, ist pyramidenförmig, und von lederartiger Substanz; man nennt ihn einen *schwammigen Fruchtboden* (Receptaculum spongiosum).

Der *allgemeine Fruchtboden* (Receptaculum commune) ist von weitem Umfange, und enthält eine Menge von Blumen. Es giebt folgende Arten:

1) *flach* (planum), der ganz eben ist. *Fig. 218.*

2) *gewölbt* (convexum), der in der Mitte etwas erhaben ist.

3) *kegelförmig* (conicum), der sich in der Mitte in eine runde hohe Spitze erhebt. *F. 221.*

4) *glatt* (glabrum), der ohne alle Haare oder Spitzen ist.

5) *haarig* (pilosum), der mit kurzen steifen Haaren besetzt ist.

6) *wollig* (villosum), der lange weiche Haare hat.

K

7) *borstig* (setaceum), der mit steifen borstartigen Haaren bedeckt ist.

8) *stachlich* (apiculatum), wenn er mit fleischigen stechenden kurzen erhabenen Spitzen besetzt ist.

9) *punktirt* (punctatum), wenn seine vertiefte Pünktchen die Fläche bedecken. *Fig.* 218.

10) *grubig* (scrobiculatum), wenn tiefe runde Gruben darauf sind, *Fig.* 221.

11) *zellig* (favosum), wenn grofse tiefe Löcher, die wie Bienenzellen aussehn, die Fläche bedecken.

12) *verschieden* (varium), wenn der allgemeine Fruchtboden am Rande glatt und in der Mitte haarig, oder umgekehrt die Mitte glatt, der Rand spreutragend, haarig oder stachlicht ist.

13) *spreutragend* (paleaceum), der mit länglichen, stumpfen, kurzen, dürren Blättern besetzt ist; diese Blättchen heifst man *Spreu* (Paleae).

Die Schuppen des Kätzchens stehn auf einem dünnen Fruchtboden, den man *fadenförmig* (filiforme) nennt. Die Feige ist eigentlich keine Frucht, sondern ein *geschlossener Fruchtboden* (Receptaculum clausum), in dem die Blumen stehn. *Fig.* 219. 220.

Bey Dorstenia nennt man den allgemeinen Fruchtboden *kuchenförmig* (placentiforme). Fig. 123.

II. Systemkunde.

113.

Der menschliche Verstand ist nicht im Stande, die verschiedenen Bildungen im Gewächsreiche mit einmal zu übersehen; er muss dazu besondere Hülfsmittel wählen, um sich mit leichterer Mühe Kenntnisse zu erwerben, und seine Wissbegierde zu befriedigen. Am besten erlangt er seine Absicht, wenn er sich ein System macht. *Das System ist ein Register von allen entdeckten Gewächsen, die man nach einem gewissen Kennzeichen und dessen Abweichungen geordnet hat.* Hat er sich einmal daran gewöhnt, so werden seine Fortschritte sich verdoppeln, und er wird richtiger die Gewächse beurtheilen, als vorher.

114.

Es hat Männer von entschiedenem Werth gegeben, die der Natur durchaus ein System zueignen wollten: so wie im Gegentheile andere grofse Männer die Wahrheit dieses Satzes geleugnet haben, und gar keine systematische Ordnung, nicht einmal eine Spur davon, zugeben wollten. Andere, und zwar die meisten, glaubten kein würkliches System der Natur, aber doch eine Kette der Wesen.

Die Natur verbindet die mannigfaltigsten Körper durch ihre Gestalt, Größe, Farbe und Eigenschaften. Jeder einzelne Körper, jedes Gewächs hat mit mehreren Verwandschaft, und dies geht ins Unendliche. Wer ist da vermögend, die Ordnung der Natur anzugeben? Alle Verwandschaften, natürliche Ordnungen sind nur scheinbare Spuren eines natürlichen Systems, bey genauerer Nachforschung finden wir jene gepriesene Verwandschaften nicht so grofs, und die natürlichen Ordnungen nicht so einleuchtend. Wir suchen bey unsern systematischen Eintheilungen die Körper in geraden Linien zusammenzustellen; aber die Natur bildet im Ganzen ein verwickeltes, nach allen Seiten ausgebreitetes Netz, was wir auszuspähen zu kurzsichtig und zu ergründen zu schwach sind. Vielleicht wird man nach Jahrhunderten, wenn alle Winkel des Erdballs durchsucht sind, und mehrere Erfahrungen das Wahre vom Falschen gesondert haben, richtiger darüber urtheilen.

II. Systemkunde.

115.

Ob nun gleich ein würklich natürliches System nicht vorhanden ist, so kann man doch nicht leugnen, daß einige Gewächse durch eine grosse Aehnlichkeit verwandt sind, so daß man sie für natürliche Klassen halten könnte; aber die Verwandschaft erstreckt sich nur auf wenige Pflanzen, und es fehlen viele, die den Uebergang zu andern natürlichen Familien machen sollten. Indessen hat dies doch Gelegenheit gegeben, daß Kräuterkenner die Gewächse nach äussern übereinstimmenden Kennzeichen geordnet haben, und dergleichen System nennt man ein *natürliches* (Systema naturale).

Andere Botaniker haben bloss auf Zahl, Regelmäsigkeit und Uebereinstimmung kleiner, nicht leicht in die Augen fallender Theile ihr System gebauet, und dergleichen System nennt man *künstlich* (artificiale).

Noch andere wählten die Geschlechtstheile zum Unterschiede, nemlich wie vielfach das Geschlecht bey den Gewächsen verschieden sey, und ein solches System heisst ein *Geschlechtssystem* (Systema sexuale).

116.

Einige dieser natürlichscheinenden Familien, die der Anfänger sehr genau unterscheiden muß, sind folgende:

II. Systemkunde.

1) PILZE (Fungi); diese unterscheiden sich von den übrigen Gewächsen durch ihre besondere Gestalt, die gewöhnlich fleischig, lederartig oder holzig ist. *Fig.* 4. 6. 7. 223. 224. 225.

2) FLECHTEN (Algae) kommen in ihrer Gestalt den Pflanzen etwas näher; allein man kann nicht Stengel und Blätter unterscheiden. Ihre Gestalt ist sehr verschieden: bald sind sie wie Mehl oder Fasern, oder sie sehn auch wie das Laubwerk der Bildhauer aus. *Fig.* 3. 226.

3) MOOSE (Musci); bey diesen ist die äufsere Gestalt fast wie bey den Pflanzen, allein ihre Früchte und Blätter unterscheiden sie. Es giebt

a) *Laubmoose* (Musci frondosi); sie haben eine Kapsel, welche mit einem Deckel versehen ist, und die Blätter sind sehr klein. *F.* 138.

b) *Lebermoose* (Musci hepatici); sie haben gewöhnlich keinen Stengel, ihre Blätter sind fast immer gröfser und liegen flach. Die Kapsel springt in mehrere Klappen auf. *F.* 227.

4) FARRENKRÄUTER (Filices) sind Gewächse, die niemals mehr als ein Blatt aus der Wurzel treiben (einige indianische ausgenommen), und beym Entstehn ist gewöhnlich das Blatt aufgerollt. Sie haben ihre Frucht entweder in einer Aehre (spiciferae), *Fig.* 9., oder auf dem Rücken des Blatts (epiphyllospermae

H. Systemkunde.

f. dorfiflorae), *Fig.* 15., oder endlich an der Wurzel in kuglichter oder knollichter Gestalt (rhizospermae).

5) GRÄSER (Gramina); bey diesen sind die Blätter sehr schmal, ihr Stengel, den man Halm nennt, ist gewöhnlich gegliedert, und jede Blume trägt nur einen Samen; auch ist die Blume sehr von denen anderer Gewächse verschieden. *Fig.* 34.

6) LILIEN (Lilia) haben zwieblichte oder knollige Wurzeln, schmale Blätter, prächtige Blumen, ohne Kelch, oder statt desselben eine Scheide.

7) PALMEN (Palmae); diese haben einen baumartigen Stamm, aber niemals Aeste, die Blätter sitzen auf dem Stamm, den man Strunk nennt, fest. Ihre Blumen kommen aus einer Scheide.

8) PFLANZEN (Plantae) heissen alle diejenigen, welche nicht unter die obigen Abtheilungen zu bringen sind. Man theilt sie in: Kräuter, Staudengewächse, Sträucher und Bäume.

a) *Kräuter* (Herbae) nennt man die, welche nur einmal Blumen und Saamen hervorbringen, dann aber sterben. Sie thun dieses entweder in enem Jahre, dann heissen sie *Sommergewächse* (Plantae annuae), oder sie bringen im ersten

Jahre Blätter, im folgenden aber erst Blumen und Saamen, sterben aber alsdann, diese nennt man *zweyjährige Pflanzen* (Plantae biennes).

b) *Staudengewächse* (Suffrutices); bey diesen geht der Stengel alle Jahre aus, die Wurzel aber bleibt beständig.

c) *Sträucher* (Frutices), deren Stamm mehrere Jahre dauert, und von unten an in Aeste getheilt ist.

d) *Bäume* (Arbores), deren Stamm viele Jahre bleibt, und an der Spitze in Aeste getheilt ist.

Das Klima und die Kultur verändern hierin viel, so dass Bäume und Sträucher oft ganz unmerklich in einander übergehn.

117.

Ehe wir die verschiedenen Systeme abhandeln, wird es nöthig seyn, zu erklären, was Klasse, Ordnung, Gattung, Arten und Abart sey.

Ein System theilt sich erstlich in Klassen und nachher in Ordnungen. Bey jedem System wird ein gewisser Theil der Pflanze, z. B. Blume, Frucht u. d. zum Grunde gelegt, und daraus Klassen, Ordnungen und Gattungen bestimmt. Wenn ein einziges gesuchtes Kennzeichen vielen Gewächsen zugleich zukommt, so heisst nan dies eine *Klaſſe* (Claſſis). Haben einige Pflanzen auſser dem einen Kennzeichen der Klaſſe noch ein beſonderes mit einander gemein, ſo nennt man dies *Ordnung* (Ordo). Wenn aber einige wenige Pflanzen, denen ſchon zwey Kennzeichen zukommen, noch in mehreren Stücken übereinſtimmen, ſo heiſst man dies eine *Gattung* (Genus). Jede eigene Pflanze heiſst eine *Art* (Species). Man verlangt von einer Art, daſs ſie aus Saamen immer dieſelbe bleiben ſoll. *Abart* (Varietas) heiſst eine Art, die nur in der Farbe, Gröſse oder ſonſt auf eine unbedeutende Weiſe abweicht. Aus dem Saamen der Abart entſteht wieder die gewöhnliche Art. Mehreres hierüber ſiehe §. 175.

118.

Von einem guten Syſteme verlangt man, daſs der gewählte Theil, wornach man die Klaſſen, Ordnungen und Gattungen machen will, leicht und ohne Mühe zu finden iſt, und daſs dieſer Theil allen Gewächſen ohne Ausnahme zukomme, auch keiner Abänderung unterworfen ſey. Ferner darf kein Syſtem nach andern Kennzeichen als den einmal gewählten unterſchieden werden. Auch darf ein gutes Syſtem nicht zu viele Unterabtheilungen heben, und wenn es ſeyn kann, nur aus Klaſſen und Ordnungen bestehen. Die Ordnungen müssen auch nur von einem Theile hergenommen seyn.

119.

Für den Anfänger ist es sehr gut, mehrere Systeme zu kennen, vorzüglich wenn man ihn mit den Mängeln eines jeden bekannt macht, damit er nach seiner eigenen Erfahrung sich das für ihn bequemste aussuchen kann. Wir wollen nur hier die wichtigsten, aber in lateinischer Sprache anführen. Sollten aber Ausdrücke vorkommen, die in der Terminologie nicht abgehandelt werden konnten, so wollen wir sie ganz kurz erklären.

102.

Cäsalpin war der erste unter den Botanikern, der ein System entwarf. Er wählte die Frucht und die Lage des Keims zum Unterscheidungsmerkmal. Sein System hat funfzehn Klassen, nemlich:

1) Arbores corculo ex apice seminis.
2) — — e basi seminis.
3) Herbae solitariis seminibus.
4) — — baccis.
5) — — capsulis.
6) — binis seminibus.
7) — — capsulis.

II. Systemkunde.

8) Herbae triplici principio fibrosae.
9) — — — bulbosae.
10) — quaternis seminibus.
11) — pluribus seminibus Anthemides.
12) — — — Cichoraceae
    f. Acanaceae.
13) — — flore communi.
14) — — folliculis.
15) — flore fructuque carentes.

Dieses System ist für unsere Zeiten, wo man eine viel grössere Menge von Gewächsen entdeckt hat, nicht mehr anwendbar. Als erstes System betrachtet, verdient es gewiss alle Aufmerksamkeit. Die Frucht ist ein sehr beständiger Theil, und es würde vorzüglich gut seyn, wenn nicht Bäume und Kräuter getrennt wären. In den beyden ersten Klassen sind die Bäume nach der Lage des Keims unterschieden, die übrigen Klassen sind nach der Frucht der Kräuter bestimmt. Die achte und neunte Klasse hat eine dreyfächrige Kapsel, und wird nach den Wurzeln, ob sie fasrig oder zwiebelartig sind, unterschieden. Die elfte, zwölfte und dreyzehnte Klasse besteht aus zusammengesetzten Blumen. Die elfte hat Strahlenblumen (§. 76. No. 3.); die zwölfte geschweifte Blumen (§. 76. No. 2.); die dreyzehnte scheibenartige Blumen (§. 76. No. 2.). Die vierzehnte Klasse

156 II. Systemkunde.

enthält solche Pflanzen, die mehrere Kapseln zugleich tragen, wie z. B. Ranunkeln, Anemonen, Christwurz u. s. w. Die letzte Klasse enthält Moose, Flechten, Pilze und Farrenkräuter. Von diesen glaubten die Alten, dass sie weder Blumen noch Saamen trügen.

121.

Morison hat sein System nach der Frucht, der Blumenkrone und der äusseren Gestalt der Pflanze gemacht. Er hat achtzehn Klassen:

1) Lignosae Arbores.
2) — Frutices.
3) — Suffrutices.
4) Herbaceae Scandentes.
5) — Leguminosae.
6) — Siliquosae.
7) — Tricapsulares.
8) — a numero capsularum dictae.
9) — Corymbiferae.
10) — Lactescentes s. Papposae.
11) — Culmiferae s. Calmariae.
12) — Umbelliferae.
13) — Tricoccae.
14) — Galeatae.
15) — Multicapsulares.
16) — Bacciferae.
17) — Capillares.
18) — Heteroclitae.

Das Fehlerhafte dieses Systems besteht, wie bey den meisten Systemen der Alten, in dem ungleichen Eintheilungsgrund und in dem Unterschiede zwischen Bäumen und Kräutern. Unter Suffrutices versteht Morison kleine Sträucher, aber nicht nach unserer Erklärung Staudengewächse; öfters wird auch von neuern Botanisten ein kleiner Strauch Suffrutex genannt. Die vierte Klasse enthält alle rankende Gewächse, z. B. Kürbis, Winden u. s. w. Die siebente Klasse hat Pflanzen, welche eine dreyfächrige Kapsel haben. In der achten Klasse sind Pflanzen, die bald mehr bald weniger Fächer in den Kapseln haben. Die neunte Klasse enthält zusammengesetzte Blumen, die kein Federchen oder wenigstens nur ein häutiges tragen. In der zehnten Klasse sind alle zusammengesetzte Blumen, die ein haarförmiges, wollenes, borstenartiges oder auch gefiedertes Federchen haben. Zur elften Klasse gehören alle Gräser und damit verwandte Gewächse; zur zwölften die doldentragenden; zur dreyzehnten diejenigen, die eine dreyfächrige Kapsel, welche aus drey besondern Kapseln zu bestehen scheint, haben (§. 98. No. 5). Die vierzehnte Klasse enthält rachenförmige oder lippenförmige Blumen; die siebzehnte Klasse enthält bloſs Farrenkräuter; zur achtzehnten gehören Moose, Flechten, Pilze und Steinpflanzen.

Zu tadeln ist es, dafs Morison öfters Pflanzen in Klassen gebracht hat, wo sie nicht hingehören.

122.

Hermann bediente sich der Frucht, der Blume und auch, aber nur an wenigen Stellen, der äufsern Gestalt.

1) Herbae Gymnospermae monospermae Simplices.
2) Herbae Gymnospermae monospermae Compositae.
3) Herbae Gymnospermae dispermae Stellatae.
4) Herbae Gymnosperma dispermae Umbellatae.
5) Herbae Gymnospermae tetraspermae Asperifoliae.
6) Herbae Gymnospermae tetraspermae Verticillatae.
7) Herbae Gymnospermae polyspermae Gymnopolyspermae.
8) Herbae Angiospermae bulbosae Tricapsulares.
9) Herbae Angiospermae Capsula unica Univasculares.
10) Herbae Angiospermae Capsulae binae Bivasculares.
11) Herbae Angiospermae Capsulae tres Trivasculares.

II. Systemkunde. 159

12) Herbae Angiospermae Capsulae quatuor Quadrivasculares.
13) Herbae Angiospermae Capsulae quinque Quinquevasculares.
14) Herbae Angiospermae Siliqua Siliquosae.
15) Herbae Angiospermae Legumen Leguminosae.
16) Herbae Angiospermae Multicapsulares Multicapsulares.
17) Herbae Angiospermae carnosae Bacciferae.
18) Herbae Angiospermae carnosae Pomiferae.
19) Herbae Apetalae Calyculatae Apetalae.
20) — — Glumosae Stamineae.
21) — — Nudae Muscosae.
22) Arbores incompletae Juliferae.
23) — carnosae Umbilicatae.
24) — — non Umbilicatae.
25) — non carnosae fructu sicco.

Dieses System hat vor allen bisher abgehandelten den Vorzug, nur die Abtheilungen zwischen Blumen und Kräutern sind fehlerhaft. Wenn man es aber jetzt anwenden wollte, müsste es noch grosse Veränderungen erleiden. Die vorangeschickte Erklärungen der Klassen machen eine weitere Auseinandersetzung entbehrlich.

123.

Christoph Knaut hat auch die Frucht bey seinem System gewählt, nur mit dem Unterschiede, daſs er auf die Zahl der Blumenblätter und ihre Regelmäſsigkeit geachtet hat. Die meiste Aehnlichkeit hat sein System mit dem ersten des Rajus.

124.

Boerhaave hat aus dem Hermannischen und Tournefortischen System, so wie aus dem des Rajus etwas gewählt, und daraus ein eigenes gemacht. Bäume und Kräuter hat er auch abgesondert. Die Zahl der Kapseln, der Blumenblätter und der Saamenblätter (Cotyledones) benutzt.

125.

Rajus verbindet Frucht, Blume und äuſsere Gestalt wie seine Vorgänger. Weil sein System viel eigenes hat, will ich es hier anzeigen.

1) Herbae Submarinae.
2) — Fungi.
3) — Musci.
4) — Capillares.
5) — Apetalae.
6) — Planipetalae.
7) — Discoideae.

II. Systemkunde. 161

8) Herbae Corymbiferae.
9) — Capitatae.
10) — solitario semine.
11) — Umbelliferae.
12) — Stellatae.
13) — Asperifoliae.
14) — Verticillatae.
15) — Polyspermae.
16) — Pomiferae.
17) — Bacciferae.
18) — Multisiliquae.
19) — Monopetalae.
20) — Di-Tripetalae.
21) — Siliquosae.
22) — Leguminosae.
23) — Pentapetalae.
24) — Floriferae.
25) — Stamineae.
26) — Anomalae.
27) — Arundinaceae.
28) Arbores Apetalae.
29) — fructu umbilicato.
30) — — non umbilicato.
31) — — sicco.
32) — — siliquoso.
33) — Anomalae.

Das alte System des Rajus hat nur 25 Klassen und ist ungleich unvollkommener, als dieses ver-

L

besserte. Die alte Abtheilung zwischen Bäumen
und Kräutern hat er noch beybehalten. In der
ersten Klasse stehn alle Seegewächse, Thier- und
Steinpflanzen; in der fünften alle Gewächse, die
keine Blumenblätter haben; in der sechsten Klasse
geschweifte Blumen, (§. 76. No. 1.); in der siebenten
scheibenartige und Strahlenblumen, die aber zugleich
ein haarförmiges Federchen haben; in
der achten Klasse sind dieselben Blumen, die
aber kein Federchen haben; und in der neunten
Klasse stehn alle kopfförmige zusammengesetzte
Blumen, die ein häutiges Federchen tragen.
Die zwölfte Klasse enthält Pflanzen, deren
Blätter quirlförmig stehn, die zugleich eine
viertheilige Blumenkrone und zwey freye Saamen
tragen. Unter der dreyzehnten Klasse stehen
alle scharfblättrige Pflanzen, die einblättrige
rohrförmige Blumenkronen und vier freye Saamen
tragen. Zur vierzehten gehören die lippen-
oder rachenförmige Blumen. In die 24ste
Klasse stehn alle Liliengewächse. Zur 25sten
werden alle Gräser und zur 26sten diejenigen,
die unter die vorhergehenden nicht gebracht
werden konnten, gezählt.

126.

CAMELLUS hat ein gar sonderbares System
nach den Klappen der Kapsel und deren Zahl

II. Systemkunde.

entworfen. Es ist aber wegen seiner Kürze nicht gut brauchbar.

1) Pericarpia Afora.
2) — Unifora.
3) — Bifora.
4) — Trifora.
5) — Tetrafora.
6) — Pentafora.
7) — Hexafora.

127.

Rivin wählte allein die Blumenkrone, die Regelmäſsigkeit der Blumenblätter und ihre Zahl.

1) Flores regulares Monopetali.
2) — — Dipetali.
3) — — Tripetali.
4) — — Tetrapetali.
5) — — Pentapetali.
6) — — Hexapetali.
7) — — Polypetali.
8) — compositi ex flosculis regularibus.
9) — compositi ex flosculis regularibus et irregularibus.
10) — compositi ex flosculis irregularibus.
11) — irregulares Monopetali.
12) — — Dipetali.

13) Flores irregulares Tripetali.
14) — — Tetrapetali.
15) — — Pentapetali.
16) — — Hexapetali.
17) — — Polypetali.
18) — incompleti Imperfecti.

Dieses System ist sehr leicht zu verstehen, und auch das gewählte Kennzeichen ist ohne viele Mühe zu finden. Nur die Regelmäſsigkeit der Blumenkrone, die öfters bey verschiedenen Arten, welche zu einer Gattung gehören, so wie auch die Zahl der Blumenblätter, nicht selten abändert, erschweren diese Eintheilung sehr. Die Ordnungen zu den Klassen sind nach der Frucht gemacht, ob diese nemlich frey ist, (fructus nudus) oder ob sie ein Fruchtbehältniſs (Pericarpium) hat, und dieses ist abgetheilt in ein trockenes, (pericarpium siccum) oder fleischiges, (pericarpium carnosum).

Christian Knaut hat das Rivinische System fast unabgeändert nur umgekehrt angenommen. Die Klassen macht er nach der Zahl der Blumenblätter und die Abtheilungen nach der Regelmäſsigkeit oder Unregelmäſsigeit derselben. Er läugnet aber, daſs es nackte unblättrige Blumen gäbe, so wie er auch keine bloſse Saamen zugiebt.

II. Systemkunde.

128.

Des Tourneforts System war eine geraume Zeit das Lieblingsſyſtem aller Botaniker, und es verdient vorzüglich angezeigt zu werden.

1) Herbae et ſuffrutices floribus monopetalis campaniformibus.
2) — et ſuffrutices floribus monopetalis infundibuliformibus et rotatis.
3) — et ſuffrutices floribus monopetalis anomalis.
4) — et ſuffrutices floribus monopetalis labiatis.
5) — et ſuffrutices floribus polypetalis eruciformibus.
6) — et ſuffrutices floribus polypetalis roſaceis.
7) — et ſuffrutices floribus polypetalis roſaceis umbellatis.
8) — et ſuffrutices floribus polypetalis caryophyllaeis.
9) — et ſuffrutices floribus Liliaceis.
10) — et ſuffrutices floribus polypetalis Papilionaceis.
11) — et ſuffrutices floribus polypetalis anomalis.
12) — et ſuffrutices floribus flosculosis.
13) — — — — semiflosculosis.

II. Systemkunde.

14) Herbae et suffrutices floribus radiatis.
15) — — — — apetalis et stamineis.
16) — et suffrutices qui floribus carent et semine donantur.
17) — et suffrutices quorum flores et fructus conspicui desiderantur.
18) Arbores et frutices floribus apetalis.
19) — — — — amentaceis.
20) — — — monopetalis.
21) — — — rosaceis.
22) — — — papilionaceis.

Die Gestalt der Blumenkrone, welche Tournefort eigentlich nur allein bey seinem Systeme anwendet, scheint es sehr leicht und fasslich zu machen. Sie ist aber so mannigfaltig, dass es noch hie und da an richtigen Ausdrücken fehlt; auch gehn einige Arten der Blumenkrone allmählig in die andern über, dass es bisweilen schwer hält, eine richtig von der andern zu unterscheiden. Dieses sind die Hauptgründe, warum Tourneforts System in der neuern Zeit nicht mehr angenommen wird. Die Ordnungen seines Systems hat er nach dem Griffel und der Frucht entworfen. Wenn der Fruchtknoten unter der Blume ist, sagt er, calyx abiit in fructum, ist derselbe von der Blume eingeschlossen, so nennt ers pi-

II. Systemkunde.

stillum abiit in fructum. Die Frucht wird auch genauer bestimmt, ob es eine Kapsel-Beere u. s. w. sey.

129.

Wir wollen hier verschiedene weniger merkwürdige Systeme übergehn, die nur blosse Abänderungen der vorhergehenden sind. Diese Abänderungen beziehen sich bisweilen auf einzelne Dinge, worauf die andern nicht geachtet haben, zum Beyspiel mag PONTEDERA dienen, dieser nahm das Tournefortsche System, verband es mit dem Rivinschen, und theilt noch ausserdem die Pflanzen in knospentragende, und solche, die keine haben, ab. Ein anderes weit merkwürdigers, aber auch nicht gut anwendbares System ist das des MAGNOL, der bloss nach dem Kelche seine Klassen eintheilte. Mehrere ähnliche Systeme kann man beym ADANSON finden. Dieser grosse Naturforscher hat über sechzig verschiedene Systeme gemacht, und deutlich gezeigt, dass man noch weit mehrere machen könnte, wenn anders die Wissenschaft dadurch einigen Nutzen erhielte.

130.

Die Systeme, welche wir gehabt haben, waren entweder nach der Frucht oder Blume und deren Theile gemacht; aber nach der Lage der

Staubgefäfse hat aufser GLEDITSCH noch keiner eins entworfen. Die Klaffen find folgende:

1) Thalamostemonis.
2) Petalostemonis.
3) Calycostemonis.
4) Stylostemonis.
5) Cryptostemonis.

Die Anheftung der Staubgefäfse machen die Klaffen aus; in der erften ftehn fie auf dem Fruchtboden, in der zweyten auf der Blumenkrone; in der dritten auf dem Kelche; in der vierten auf dem Griffel; in die fünfte Klaffe gehören alle Gewächfe, bey denen man die Blumen nicht fehn kann, dies find Farrenkräuter, Moofe, Flechten und Pilze. Die Ordnungen find nach der Zahl der Staubbeutel gemacht, ob nemlich einer oder mehrere in einer Blume find: z. B. Monantherae, Diantherae, Triantherae etc. Weil aber nur fo wenig Klaffen find, müffen natürlich die Ordnungen noch viele Unterabtheilungen haben, und dies ist das einzige, was man an diefem fonft fehr fchönem Syfteme auszufetzen hat, und was der fernern Brauchbarkeit deffelben im Wege steht.

131.

HALLER fuchte auf eine fehr fcharffinnige Art durch die Saamenblätter, den Kelch, die

Blumenkrone, die Staubgefäfse und durch das
Geschlecht der Pflanzen ein natürliches System
aufzustellen. Seine Klassen, die er nachher in
etwas wieder abgeändert hat, sind:

1) Fungi.
2) Musci.
3) Epiphyllospermae.
4) Apetalae.
5) Gramina.
6) Graminibus affinia.
7) Monocotyledones Petaloideae.
8) Polystemones.
9) Diplostemones.
10) Isostemones.
11) Mejostemones.
12) Staminibus sesquialteris.
13) Staminibus sesquitertiis.
14) Staminibus quatuor ringentes.
15) Congregatae.

Zur dritten Klasse gehören alle Farrenkräuter. In die siebente gehören alle Lilien. In der achten Klasse stehn alle Gewächse, deren Staubfäden die Einschnitte oder Blätter der Blumenkrone an Zahl drey bis viermal übertreffen. Zur neunten Klasse gehören alle Gewächse, die doppelt so viel Staubfäden haben, als Einschnitte oder Blätter der Blumenkrone sind. Zur zehnten diejenigen, die eben so viel Staubfäden haben, als Einschnitte oder Blätter der Blumenkrone sind. In die eilfte Klasse werden alle diejenigen Gewächse aufgeführt, deren Staubfäden weniger, als Einschnitte oder Blätter der Blumenkrone, sind. Zur zwölften Klasse gehören alle kreuzförmige Blumenkronen; zur dreyzehnten alle Schmetterlingsblumen, und zur vierzehnten die rachen- oder lippenförmigen Blumen mit vier Staubfäden. In die letzte Klasse werden alle zusammengesetzte Blumen gebracht. Die Ordnungen dieses Systems sind nach allen Theilen der Blume und der Frucht entworfen.

Aehnliche Systeme haben ROYEN und WACHENDORF gemacht, worunter das erste den Vorzug verdient. Allein alle diese Systeme erschweren das Studium durch die so verschiedenen Theile der Gewächse, welche man allezeit vor Augen haben muss, und durch die daher entstehende grofse Anzahl von Unterabtheilungen.

132.

LINNÉ hat in seinem System die Staubfäden vorzüglich zur Abtheilung seiner Klassen gewählt.

1) Monandria.
2) Diandria.
3) Triandria.
4) Tetrandria.
5) Pentandria.
6) Hexandria.

II. Systemkunde.

7) Heptandria.
8) Octandria.
9) Enneandria.
10) Decandria.
11) Dodecandria.
12) Icosandria.
13) Polyandria.
14) Didynamia.
15) Tetradynamia.

16) Monadelphia.
17) Diadelphia.
18) Polyadelphia.
19) Syngenesia.
20) Gynandria.
21) Monoecia.
22) Dioecia.
23) Polygamia.
24) Cryptogamia.

Von der ersten bis zur zehnten Klasse werden die Staubgefäfse gezählt. *Fig.* 95. 79. 115. 81. 153. 154. 110. 126. Zur elften Klasse gehören alle Gewächse, die über zehn bis neunzehn Staubgefäfse haben; zur zwölften diejenigen, welche viele Staubgefäfse auf dem Kelche befestigt haben. *Fig.* 52. 53. Die dreyzehnte Klasse enthält Gewächse, die eine grofse Zahl Staubfäden von 20 bis 1000 in einer Blume enthalten. *Fig.* 116. Die vierzehnte besteht aus Pflanzen, die vier Staubfäden in einer Blume enthalten, von denen zwey länger als die übrigen sind. *Fig.* 50. 51. In der funfzehnten Klasse stehn diejenigen, welche sechs Staubfäden haben, von welchen viere kürzer als die andern sind. *Fig.* 145. 149. Die sechzehnte Klasse enthält Gewächse, deren Staubfäden (Filamenta) in einem Cylinder zusammengewachsen sind. *Fig.* 56. 57. In der siebzehnten Klasse stehn diejenigen Gewächse, deren Staubfäden in zwey

Bündel zusammengewachsen sind. *Fig.* 108. 109. Zur achtzehnten Klasse gehören die, deren Staubfäden in mehrere Bündeln zusammenhängen, *F.* 150. In der neunzehnten stehn die, deren Staubbeutel in einem Cylinder verbunden sind. Die zwanzigste Klasse besteht aus solchen, deren Staubgefässe auf dem Griffel stehn; die ein und zwanzigste besteht aus Blumen von getrenntem Geschlechte, nemlich männlichen und weiblichen auf einer Pflanze; die zwey und zwanzigste aus männlichen und weiblichen Blumen, die aber so vertheilt sind, dass eine Pflanze blofs männliche und die andere blofs weibliche Blumen hat; die drey und zwanzigste Klasse hat Blumen von getrenntem Geschlechte und Zwitterblumen zugleich, nemlich dafs entweder die Pflanze männliche und Zwitterblumen, oder weibliche und Zwitterblumen enthält. Zur letzten Klasse gehören alle Gewächse, deren Blumen dem blofsen Auge nicht bemerkbar sind, und dahin gehören Farrenkräuter, Moose, Flechten und Pilze.

133.

Die Ordnungen sind bey den meisten Klassen nach dem Griffel, bey einigen nach der Frucht und bey den letzten Klassen nach den Staubfäden gemacht. Von der ersten bis dreyzehnten Klasse sind die Ordnungen nach dem Griffel, nem-

lich *einweibig* (monogynia), wenn nur ein
Griffel (Stylus) in der Blume ist. *Fig.* 114. 115.
148. 148. 153. u. f. w., *zwey- drey- vier- u. f. w.
mehrweibig* (di- tri- tetra- etc. polygynia),
nach der Zahl derselben. *Fig.* 41.; man zählt
gewöhnlich bis sechse, und dann sagt man viel-
weibig. Wenn auch mehrere Fruchknoten sind,
und es ist nur ein Griffel, so wird doch der Griffel gezählt. Immer zählt man bey Bestimmung
der Ordnungen die Griffel, und nur wenn der
Griffel fehlt, wird nach der Zahl der Fruchtknoten gesehn. Die Ordnungen der vierzehnten Klasse werden nach der Frucht unterschieden, und sind zweyerley, nemlich: ob die Saamen frey sind (Gymnospermia), oder in einer
Fruchthülle eingeschlossen (Angiospermia).
Die Ordnungen der funfzehnten Klasse werden,
wie die der vorhergehenden, nach der Frucht
bestimmt, nur mit dem Unterschiede, dafs hier
keine freye Saamen, sondern blofs Schoten sind,
und man die Ordnungen nach der Gröfse der
Schoten Siliculosa und Siliquosa nennt.
In der sechzehnten, siebzehnten, achtzehnten,
zwanzigsten, ein und zwanzigsten und zwey und
zwanzigsten Klasse mufs die Zahl der Staubfäden
die Ordnungen bestimmen; in der sechzehnten,
siebzehnten, achtzehnten und zwanzigsten fängt
man mit Diandria u. f. w. an, in der ein und zwan-

zigsten und zwey und zwanzigsten mit Monandria u. s. w.

Die neunzehnte Klasse enthält nur zusammengesetzte Blumen, einige wenige ausgenommen. Linné nennt die zusammengesetzten Blumen eine Polygamie, Polygamia, und setzt dies Wort vor jeder Ordnung, in welcher zusammengesetzte Blumen enthalten sind. Die Ordnungen sind folgende:

Polygamia aequalis, wenn alle Blumen, die eine zusammengesetzte Blume enthält, fruchtbare Zwitter und von gleicher Gestalt sind, sie mögen zungenförmig oder röhrenförmig geformt seyn. *Fig.* 85. 143.

Polygamia superflua, wenn die zusammengesetzte Blume eine Strahlenblume ist, deren Scheibe fruchtbare Zwitterblumen, und deren Strahl fruchtbare weibliche Blumen enthält.

Polygamia frustranea, wenn die zusammengesetzte Blume eine Strahlenblume ist, die Scheibe aus fruchtbaren Zwitterblumen, und der Strahl aus unfruchtbaren weiblichen Blumen besteht.

Polygamia necessaria, wenn die zusammengesetzte Blume eine Strahlenblume ist, und die Scheibe aus Zwitterblumen besteht, deren Griffel unfruchtbar sind, der Strahl aber fruchtbare weibliche Blume hat.

Polygamia seggregata wenn in einer zusammengesetzten Blume, aufser der allgemeinen Blumendecke, noch eine jede Blume wieder in einem eigenen Kelch eingeschlossen ist.

Monogamia heifst die Ordnung, in welcher alle Gewächse enthalten sind, die zu dieser Klasse nach dem gegebenen Kennzeichen gehören, aber keine zusammengesetzte Blumen haben.

In der drey und zwanzigsten Klasse werden die Ordnungen **Monoecia**, **Dioecia** und **Trioecia** genannt. Die letzte Klasse hat folgende Ordnungen **Filices**, **Musci**, **Algae** und **Fungi**. (§. 116.)

134.

Wir haben aus dem vorhergehenden gesehn, dafs das *Linneische System* aus künstlichen und Geschlechtsklassen besteht, und dafs es nicht unseren Ideen, die wir von einem brauchbaren System (§. 118.) gegeben haben, entspricht. So lange man aber noch kein System gefunden hat, das jene Eigenschaften besitzt, bleibt ein gemischtes System immer das beste. Wir müssen aber, ob wir gleich Linné's System nicht die Brauchbarkeit absprechen können, die Fehler desselben anzeigen, und es noch genauer aus einander zu setzen suchen.

Durch das Zählen der Staubfäden, ihre verschiedene Länge, und mannigfaltige Verwachsungen glaubte Linné einige sogenannte natürliche Klassen mit den künstlichen verbinden zu können; dadurch sind einige Fehler entstanden, die, wenn Linné die Blumenkrone mit zu Hülfe genommen hätte, nicht eingeschlichen wären. Zum Beyspiel sind in der vierzehnten Klasse alle lippenförmige und rachenförmige Blumen enthalten, weil aber Linné bloſs auf vier Staubfäden sah, von denen zwey kürzer sind, so muſsten einige in der zweyten und noch andere in der vierten Klasse stehn, da sie doch eigentlich hierher gehören. Eben so stehn alle Schmetterlingsblumen in der siebzehnten Klasse, allein das gegebene Kennzeichen, daſs die Staubfäden in zwey Bündel verwachsen seyn sollen, trift nicht bey allen zu, viele die in der Klasse stehn, haben die Staubfäden in einem Cylinder verbunden; ebenso stehn auch in der zehnten Klasse viele Pflanzen mit Schmetterlingsblumen. Die beyden Fehler sind noch nicht die gröſsten dieses Systems; wichtiger sind die, daſs Linné die Staubfäden in den ersten Klassen zählte, aber nicht auf die Befestigung gemerkt hat, und bey der zwölften Klasse sieht er, ob sie auf dem Kelch, und bey der zwanzigsten, ob die Staubfäden auf dem Griffel stehn. In der neunzehnten Klasse stehn alle zusammengesetzten Blumen und

und doch bringt er in die letzte Ordnung dieser Klasse einige andere, deren Staubbeutel bisweilen nur zusammenhängen. Auch ist zu tadeln, dass Linné bey der 21. 22. und 23sten Klasse auf das Geschlecht achtet, vorher aber niemals darauf gemerkt hat, da doch sehr viele Pflanzen in den andern Klassen sich finden, die eigentlich dahin gehörten.

135.

Diese Fehler und einige andere, von denen man so leicht kein System freysprechen kann, haben verschiedene Botaniker auf den Gedanken gebracht, dieses System brauchbarer zu machen, und die Fehler wo möglich zu verbessern. Unter allen Verbesserungen, die viele mit dem Linnéischen System vorgenommen haben, zeichnen sich die von THUNBERG am vortheilhaftesten aus. Er hat nur 20 Klassen, weil er die Pflanzen der 20. 21. 22. und 23ste Klasse nach der Zahl oder Verwachsung der Staubgefäse in die andern vertheilt. Die Gründe dazu sind folgende:

Alle Gewächse, die in der zwanzigsten Klasse stehn, sollen die Staubgefäse auf dem Griffel haben, aber die meisten vom Linné dahin gebrachte haben dies Kennzeichen nicht, nur allein die Orchisarten ausgenommen. Die folgenden drey Klassen sind nicht immer im

Geschlechte beständig, verschiedene Himmelsstriche machen öfters aus einem Monöcisten einen Polygamisten.

Einige andere Botanisten haben die Ordnungen der neunzehnten Klasse geändert, dass sie nur das Wort Polygamia weglassen, und die Pflanzen der Ordnung Monogamia in die andern Klassen vertheilt haben.

Andere Abänderungen, die nichts zum Besten der Wissenschaft beytragen, übergehn wir ganz, da sie hier überflüssig zu seyn scheinen.

136.

Ausser der Kenntnifs verschiedener Systeme ist es für den Anfänger sehr unterrichtend, einige Begriffe von verwandten Pflanzen zu haben. Sie führen den Forscher, bey Untersuchung unbekannter Gewächse, leichter auf die rechte Spur und zeigen den Weg, Gattungen zu bestimmen. Wir sind zwar noch weit zurück, die wahren Verwandschaften der Gewächse gefunden zu haben, und was wir davon wissen, sind sehr unvollkommene Bruchstücke; aber dies wenige kann uns doch bey Bestimmungen der Gewächse sehr helfen, weil öfters die Botaniker in ihren Beschreibungen sich der Ausdrücke bedienen, womit man einzelne Familien, die verwandte

II. Systemkunde.

zu seyn scheinen, belegt. Linné hat folgende natürliche Verwandschaften;

1) *Palmen*, (Palmae) §. 116. 7.

2) *Pfefferarten* (Piperitae), deren Blumen in eine dichte Aehre gedrengt sind. z. B. Pfeffer, Piper; Aronswurz, Arum u. d. a.

3) *Rohrarten* (Calmariae), dahin gehören alle den Gräsern ähnliche Gewächse, die sich aber vom Grase durch einen Halm unterscheiden, der ohne Knoten ist, z. B. Typha, Sparganium, Carex, Schoenus u. s. w.

4) *Gräser*, (Gramina) §. 116. n. 5.

5) *Dreyblättrige Blumen* (Tripetaloideae), die entweder drey Blumenblätter oder Kelchblätter haben. z. B. Juncus Alisma u. a. m.

6) *Schwerdlilien* (Ensatae), Lilien, deren Blätter schwerdtförmig, und deren Blumen einblättrig sind.

7) *Orchisarten* (Orchideae), deren Wurzeln fleischig sind, die Blumen aber entweder einen Sporn oder ein sonderbar gestaltetes Blumenblatt haben. Die Staubfäden hängen undeutlich mit dem Griffel zusammen, und der Fruchtknoten zeigt sich unter der Blume.

8) *Bananengewächse* (Scitamineae), die einen krautartigen Stengel, sehr breite Lilienartige Blätter, einen dreyeckigen oder wenigstens stumpfeckigen Fruchtknoten unter der Lilienar-

tigen Blumenkrone haben. z. B. Amomum Canna, Musa u. d. m.

9) *Scheidenlinien* (Spathaceae), Lilien, die ihre Blumen in einer grofsen Scheide haben, z. B. Allium, Nacissus u. s. w.

10) *Gartenlilien* (Coronariae), Lilien, die keine Scheiden tragen und sechs Blumenblätter haben, z. B. Tulpa Ornithogalum, Bromelia u. s. w.

11) *Rankende* (Sarmentaceae), die sehr schwache Stengel und Lilienähnliche Blumen haben, z. B. Gloriosa, Smilax, Asparagus u. s. w.

12) *Suppenkräuter* (Oleraceae s. Holoraceae), die unansehnliche Blumen haben. z. B. Blitum, Spinacea, Petiveria, Herniaria, Rumex u. s. w.

13) *Saftige* (Succulentae), die sehr dicke, fleischige Blätter haben.

14) *Storchschnabelarten* (Gruinales) die eine fünfblättrige Blumenkrone, einen mehrmal getheilten Stempel und zugespitzte Kapseln haben, z. B. Linum, Geranium, Oxalis u. a. m.

15) *Wasserpflanzen* (Inundatae), die unterm Wasser mit unansehnlichen Blumen wachsen, z. B. Huppuris, Zanichellia, Ruppia, Potamogeton u. a. m.

16) *Kelchblumen* (Calyciflorae), die einen blossen Kelch tragen, in dem die Staubgefässe

festsitzen, z. B. Elaeagnus, Osyris, Hippophaë u. s. w.

17. *Kelchblühende* (Calycanthemae), deren Kelch auf dem Fruchtknoten sitzt, oder mit verwachsen ist, und die schöne Blumen haben, z. B. Epilobium, Gaura, Oenothera, Lythrum u. a. m.

18) *Zweyhörnige* (Bicornes), deren Staubbeutel zwey lange hervorragende Spitzen haben, z. B. Ledum, Vaccinium, Erica, Pyrola u. d. m.

19) *Myrtenartige* (Hesperides), die immergrüne steife Blätter, wohlriechende Blumen und viel Staubgefäſse haben, z. B. Myrtus, Psidium, Eugenia u. m.

20) *Radförmige* (Rotacea), die eine radförmige Blumenkrone tragen, z. B. Anagallis, Lysimachia, Phlox u. a. d.

21) *Frühlingspflanzen* (Preciae), die schöne Blumen haben, und gleich im Frühjahr damit zum Vorschein kommen, z. B. Primula, Androsace, Diapensia, u. m. d.

22) *Nelkenartige* (Caryophylleae), die einen einblättrigen röhrenförmigen Kelch, eine fünfblättrige Blumenkrone, zehn Staubfäden, und lange Nägel an den Blumenblättern haben, z. B. Dianthus, Saponaria, Agrostemma, u. m.

23) *Dreynarbige* (Trihilatae), die dreynarbi-

bige Griffel, geflügelte oder aufgeblasene Früchte haben, z. B. Melia, Banisteria u. a. m.

24) *Kappenmohne* (Corydales), die gespornte oder besonders gestaltete Blumen tragen, z. B. Epimedium, Pinguicula, u. m. d.

25) *Schalige* (Putamineae), die eine harte schalige Frucht tragen, z. B. Capparis, Morisonia u. m. a.

26) *Vielschotige* (Multisiquae), die viele Schoten tragen, z. B. Paeonia, Trollius, Caltha, u. v. a.

27) *Mohnartige* (Rhoeadeae), die einen hinfälligen Kelch und eine Kapsel oder schotenartige Frucht haben, z. B. Argemone, Chelidonium, Papaver u. s. w.

28) *Tollkräuter* (Luridae), die gewöhnlich eine einblättrige Blumenkrone, eine Fruchthülle und fünf Staubfäden haben. Sie haben meistens giftige oder schädliche Eigenschaften, z. B. Datura, Solanum u. s. w.

29) *Glockenblumen* (Campanaceae), die glockenförmige Blumenkronen haben, z. B. Campanula, Convolvulus u. s. w.

30) *Gedrehte Blumen* (Contortae), wenn die Blumenkrone gedreht ist, oder die Staubgefäse und der Griffel mit fremden Blumenblattähnlichen Blättern bedeckt sind, z. B. Nerium, Asclepias u. d. m.

31) *Gewächse mit farbigen Kelchen* (Veprecu-
lae), die einen einblättrigen Kelch, der wie eine
Blumenkrone gefärbt ist, haben; z. B. Dirca,
Daphne, Gnidia u. v. a.

32) *Schmetterlingsblumen* (Papilionaceae),
wenn sie Schmetterlingsblumen besitzen (§. 72.
No. 7.) z. B. Vicia, Pisum, Phaseolus u. v. a.

33) *Cassienblumen* (Lomentaceae), die eine
Hülse oder Gliedhülse tragen, aber keine Schmet-
terlingsblume haben, z. B. Mimosa, Cassia, Ceratonia, Gleditschia u. s. w.

34) *Kürbisarten* (Cucurbitaceae), die eine
Kürbisfrucht, und gewöhnlich zusammenhängende Staubgefäse haben, z. B. Cucumis, Bryo-
nia, Passiflora u. d. a.

35) *Stachlichte Gewächse* (Senticosae), sie
haben mehrere Blumenblätter, und die Frucht
besteht aus einer Menge entweder freyer oder
nur gering eingeschlossener Saamen. Die Blätter und Stengel sind entweder rauh oder stachlicht, z. B. Potentilla, Alchimilla, Rubus, Rosa u. d. a.

36) *Stein- und Kernfrüchte* (Pomaceae), die
mehrere Staubfäden auf dem Kelch sitzend haben,
und eine Steinfrucht oder Apfel tragen, z. B.
Sorbus, Amygdalus, Pyrus u. s. w.

37) *Säulenblumen* (Columniferae), wenn die

II. Systemkunde.

Staubfäden in einer langen Röhre zusammenhängen, z. B. Malva, Althaea, Hibiscus u. v. a.

38) *Dreyknöpfige* (Tricoccae), die eine dreyfache Kapsel tragen, §. 98. No. 5., z. B. Euphorbia, Tragia, Ricinus u. e. a.

39) *Schotentragende* (Siliquosae), die eine Schote oder Schötchen tragen, §. 104., z. B. Thlaspi, Draba, Raphanus u. d.

40) *Larvenblumen* (Personatae), die eine verlarvte Blume (§. 7. No. 13.) haben, z. B. Antirrhinum u. m. a.

41) *Scharfblättrige* (Asperifoliae), die vier freye Saamen, eine einblättrige Blume, fünf Staubgefäfse, und scharfe Blätter haben, z. B. Ehium, Symphytum, Anchusa u. d. m.

42) *Quirlförmige* (Verticillatae), die lippen- oder rachenförmige Blumen haben, z. B. Thymus, Monarda, Nepeta u. v. a.

43) *Markige* (Dumosae), die strauchartig sind und im Stengel eine lockere Markröhre haben, deren Blumen zugleich klein, vier- oder fünftheilig sind, z. B. Viburnum, Rhamnus, Evonymus u. a. m.

44) *Heckensträucher* (Sepiariae), Sträucher, die gewöhnlich eine röhrenförmige und getheilte Blumenkrone, und nur wenige, gewöhnlich zwey, Staubgefäfse haben, z. B. Syringa, Ligustrum, Jasminum, Fraxinus u. s. w.

II. Systemkunde.

45) *Dolden- oder Schirmpflanzen* (Umbellatae), die eine Dolde tragen, eine fünftheilige Krone, fünf Staubfäden, zwey Griffel und zwey freye Saamen haben, z. B. Apium, Pastinaca, Daucus u. s. v. a.

46) *Epheuartige* (Hederaceae), die eine fünftheilige Blumenkrone, fünf oder zehn Staubgefäse und eine beerenartige Frucht tragen, dabey aber eine zusammengesetzte Traube haben, z. B. Hedera, Panax, Vitis, Cissus, Aralia, Zanthoxylon.

47) *Sternförmige* (Stellatae), die eine viertheilige Blumenkrone, vier Staubfäden und zwey freye Saamen tragen. Die Blätter sind gewöhnlich quirlförmig, z. B. Galium, Asperula, Valantia u. v. a.

48) *Gehäufte Blumen* (Aggregatae), die wie zusammengesetzte Blumen aussehn, aber keine zusammenhängende Staubfäden haben, z. B. Scabiosa, Cephalanthus u. s. w.

49) *Zusammengesetzte Blumen* (Compositae), §. 76.

50) *Kätzchen tragende* (Amentaceae), §. 59.

51) *Zapfen tragende* (Coniferae), die einen Zapfen (Strobilus) haben, §. 60. Z. B. Pinus, Juniperus u. d. m.

52) *Zusammengesetzte Beeren tragende* (Coadunatae), die mehrere in eins verbundene Bee-

ren oder ähnliche Früchte tragen, z. B. Annona, Uvaria, Magnolia u. a. m.

53) *Scharfblättrige* (Scabridae), die scharfe Blätter und unansehnliche Blumen haben, z. B. Ficus, Urtica, Parietaria, Cannabis u. a. m.

54) *Vermischte* (Miscellaneae); dahin gehören alle Gewächse, die unter den vorhergehenden Abtheilungen nicht stehn können.

55) *Farrenkräuter* (Filices). §. 116. N. 4.
56) *Moose* (Musci). §. 116. No. 3.
57) *Flechten* (Algae). §. 116. No. 2.
58) *Pilze* (Fungi). §. 116. No. 1.

Viele dieser natürlichen Familien sind sehr künstlich, und einige ganz unrichtig; die meisten aber haben in ihrem äusern Ansehn viel Uebereinstimmendes, das sich nur durch Erfahrung fühlen, aber nicht beschreiben läfst. Man hat viele von den natürlichen Familien verbessert und mehr ausgedehnt. Am besten haben BATSCH und JUSSIEU diesen Theil der Botanik bearbeitet; vorzüglich aber hat der letztere mit vieler Kenntnifs und Scharffinn die Sache behandelt.

BATSH hat 77 Familien aufgestellt, die, einige kleine Unrichtigkeiten abgerechnet, ziemlich natürlich sind. JUSSIEU, der eine weit gröfsere Menge von Gewächsen zu sehn Gelegenheit hatte, zählt 100 Familien.

II. Systemkunde.

137.

Dieses mag genug seyn, den Anfängern eine kleine Uebersicht der wichtigsten Systeme zu geben; mit einem Blicke wird man finden, was noch zu thun übrig ist, und sich überzeugen, dass bey der unzähligen und ins Unendliche abweichenden Bildung der Gewächse, der menschliche Scharfsinn nie ein ganz vollkommenes System aufstellen wird.

III. Grundsätze der Botanik.

138.

Die richtige Kenntniss der Gewächse hängt von der Art, sie zu ordnen, zu unterscheiden und benennen, ab. Dieses alles beruht auf einmal festgesetzten Regeln, die aus der Natur selbst genommen sind. Die Art zu ordnen heifst die Systemkunde; davon ist im vorigen Abschnitte gehandelt worden. Wie man aber die Gewächse unterscheiden lernt, dies müssen wir noch genauer auseinander setzen. Vorzüglich gehört dazu, dafs man eine genaue Kenntniss der Terminologie hat, sie gehörig anzubringen weiss, und die Regeln, welche aus dem Bau der Gewächse sich ziehen lassen, anwendet. Man kann sich diese Kenntniss durch die genaue Untersuchung der Blume und durch ein öfteres Anschauen der Pflanze, indem man sie ganz betrachtet, erwerben. Das erstere nennt man eine *Methode* (Methodus), das letztere die *äufsere*

Gestalt (Habitus). Die Methode oder die Kenntniss der Gewächse nach der Blume und ihres innern Baues ist eigentlich die Sache eines Botanikers; die Kenntniss der äussern Gestalt aber ist nur Hülfsmittel, sich die Methode zu erleichtern; denn nie darf ein Botaniker sich bloss auf sie verlassen.

139.

Die Blume allein und die darauf folgende Frucht ist der sicherste Theil des Gewächses, woraus man die Kennzeichen wählen muss, und worauf sich ein System gründen darf. Es hat Botaniker gegeben, welche die Blätter dazu haben anwenden wollen, allein die Erfahrung hat gezeigt, wie trüglich dergleichen Systeme sind. So wie nun die Blume Mittel zur Errichtung eines Systems giebt, so giebt sie auch Kennzeichen, die Gattungen zu errichten. Die Arten aber müssen nach andern Kennzeichen, als denen der Blume unterschieden werden.

140.

Die erste Regel, welche aus den vorhergehenden fliesst, ist, dass die Kennzeichen der Klasse nicht mit denen der Ordnungen, und die der Ordnungen nicht mit denen der Gattungen einerley seyn dürfen. Dass aber die Gattungen, welche unter einer Ordnung und

Klasse stehn, ohne Ausnahme auch die Kennzeichen derselben haben müssen, z. B. *Kartoffeln*, Solanum tuberosum. Diese Pflanze steht beym Linné in der fünften Klasse, und in der ersten Ordnung; das Kennzeichen der fünften Klasse sind fünf Staubfäden und der ersten Ordnung ein Stempel. Die Gattung Solanum hat folgende Kennzeichen: einen fünftheiligen Kelch, radförmige Blumenkrone und eine zweyfächrige vielsaamige Beere. Wollte man also den Unterschied der Gattung in fünf Staubgefässen und einem Stempel setzen, so würde man wider diese Regel handeln. Aus eben diesem Grunde müssen aber fünf Staubfäden und ein Stempel, sowohl der Gattung Solanum, als allen, unter dieser Klasse und Ordnung stehenden Gewächsen zukommen.

Es finden zwar einige Ausnahmen statt, dass z. B. ein Staubfaden oder Stempel mehr vorkommt, aber diese Ausnahmen werden wir in der Folge genauer zu bestimmen suchen.

141.

GATTUNG (Genus) nennen wir eine Menge von Pflanzen, die in der Blume und Frucht übereinstimmen (§. 117). Um die Gattungen zu unterscheiden, macht man von der Blume und Frucht eine Beschreibung, und dergleichen Beschreibung heifst der *Charakter* (Character). Dieser ist dreyerley, *natürlich* (naturalis) *künstlich* (factitius) und *wesentlich*, (essentialis).

Der natürliche Charakter (Character naturalis) ist eine weitläuftige, nach der Terminologie abgefaste Beschreibung der Blume und Frucht einer Pflanze, die für alle übrige aus der Gattung gewählt wird. Solche Beschreibung ist schwer zu machen, hat man sie aber einmal entworfen, so dient sie zur immerwährenden Stütze des Ganzen.

Der wesentliche Charakter (Character essentialis) ist eine sehr kurze Beschreibung der ganzen Gattung, die nur das Unterscheidende derselben von allen übrigen enthält.

Ein künstlicher Charakter (Character factitius) ist ein wesentlicher Character, wo man aber die Zahl der Theile oder andere unbedeutende Dinge mit dazu genommen hat.

Der wesentliche Charakter ist beym schnellern Aufsuchen der Pflanzen sehr brauchbar, und wenn er gut gemacht ist, so erleichtert er sehr die Kenntniss der Gewächse. Der künstliche Charakter ist nur dann anzurathen, wenn Gattungen zu grofs sind, und man sie deshalb in mehrere theilt; wenn es aber möglich ist, so muss man dergleichen Charakter zu vermeiden suchen.

Der wesentliche und künstliche Charakter muss

im natürlichen liegen; ist dies nicht der Fall, so taugt einer von beyden nicht.

Wir wollen bey unserm vorigen Beyspiele, bey der Kartoffel bleiben, und in der Kunstsprache einige Charaktere anführen, also:

SOLANUM

CALYX Perianthium monophyllum, quinquefidum, erectum, acutum persistens.

COROLLA monopetala rotata. Tubus brevissimus. Limbus magnus quinquefidus, reflexo-planus, plicatus.

STAMINA Filamenta quinque, subulata, minima. Antherae oblongae, conniventes, subcoalitae apice poris duobus dehiscentes.

PISTILLUM Germen subrotundum. Stylus filiformis staminibus longior. Stigma obtusum.

PERICARPIUM Bacca subrotunda, glabra, apice punctato natata, bilocularis. Receptaculo utrique convexo carnoso.

SEMINA plurima subrotunda, nidulantia.

Dergleichen weitläuftige Beschreibung heisst ein natürlicher Charakter, und wird nach einer Pflanze entworfen; die etwanigen Abweichungen einiger Arten pflegt man noch besonders anzuzeigen. Wenn man nun diese natürliche Charakter des Solani mit andern, die in derselben Klasse und Ordnung stehn, besonders mit verwandten

wandten Gattungen, als spanischem Pfeffer, Capſicum, Judenkirſche, Phyſalis u. m. vergleicht, ſo zeigt ſich das Unterſcheidende, z. B.

SOLANUM

Corolla rotata. Antherae ſubcoalitae, apice poro gemino dehiſcentes. Bacca bilocularis.

Dieſer weſentliche Charakter wird die Gattung Solanum ſehr leicht unterſcheiden. Geſetzt aber, es fände ſich eine Pflanze, die zwar ganz den Charakter hätte, aber darin abweichte, daſs die Beere vierfächrig wäre, wenn man dieſe als beſondere Gattung unterſcheiden wollte, ſo würde der Charakter künſtlich ſeyn, weil die Pflanze eigentlich doch zum Solano, wie wir in der Folge ſehn werden (§. 152. 153), gehören müſste.

142.

Die Natur verbindet, wie wir geſehn haben (§. 114), jedes einzelne Gewächs mit allen andern durch gewiſſe Aehnlichkeiten. Dieſe Aehnlichkeiten ſind es nun, worauf ſich die Gattungen gründen. Es läſst ſich aber auch leicht einſehn, daſs eben deshalb die Gattungen nicht würklich in der Natur ſind, und nur als Hülfsmittel der Kenntniſs dienen. Gattungen müſſen ſich nur auf Blume und Frucht gründen, die Aehnlichkeiten aber, welche wir unter den Gewächsen bemerken, sind nicht bloss an diesen, sondern an allen übrigen Theilen derselben zu finden.

143.

Gattungen sind für die Wissenschaft nothwendig; und um die Kenntniss derselben zu erlangen, muss man den ganzen Bau der Blume und der Frucht genau kennen. Der Bau derselben ist entweder *natürlich* (Structura naturalissima), oder *abweichend* (differens), oder endlich *besonders* (singularis).

144.

Der *Bau* (Structura) wird wieder nach der *Zahl* (Numerus), nach der *Gestalt* (Figura), der *Lage* (Situs), und dem *Verhältnisse* (Proportio) betrachtet, und bey diesen sieht man darauf, ob sie natürlich, abweichend, oder besonders ist. Ueberhaupt muss bey Gattungen immer auf Zahl, Gestalt, Lage und Verhältniss gesehen werden, weil ohne diese keine Gattung gehörig bestimmt werden kann. Auf sie beruhen alle Gattungen und die meisten Regeln, die wir noch in der Folge anzeigen müssen.

145.

Der *natürliche Bau* (Structura naturalissima) ist diejenige Bildung der Frucht und Blume, welche am häufigsten vorkommt. Beym wesentlichen Charakter zeigt man sie nicht an; denn sie dient nur zum Maasstabe aller andern Bildungen. Der natürliche Bau der Blume ist folgender:

Der Kelch ist grün, kürzer als die Blumenkrone, dick; die Blumenkrone zart, fällt sehr leicht ab, und wird vom Kelche eingeschlossen. Die Staubgefäse stehn innerhalb der Blumenkrone, die Staubbeutel stehn gerade auf den Staubfäden, der Griffel nimmt die Mitte der Blume ein.

Nach der Zahl ist der Kelch und die Blumenkrone gewöhnlich fünfmal eingeschnitten, die Staubgefäse fünf und ein Griffel. Die Einschnitte oder Blätter des Kelchs und der Blumenkrone sind gewöhnlich mit den Staubgefäsen von gleicher Zahl.

Die Frucht pflegt sich immer nach dem Griffel zu richten: ist ein Stempel, so ist sie einfächrig, sind mehrere, so sind auch mehrere Fächer in der Frucht.

Die Gestalt des Kelchs ist gewöhnlich, mit aufrecht stehenden Einschnitten oder Blättern; die Blume zeigt sich mehr oder weniger trichterförmig; die Staubfäden zugespitzt; der Stempel hat einen schmalen und zugespitzten mit einfacher Narbe versehenen Griffel.

Das Verhältniss ist: der Kelch zeigt sich um

den dritten Theil kleiner, als die Blumenkrone; die Staubfäden und Griffel sind kaum länger, als der Kelch. Die Lage ist folgende: der Kelch schliefst die Blumenkrone ein, und die Blumenblätter wechseln mit den Einschnitten oder Blättern des Kelchs ab. Die Staubgefäfse stehn den Einschnitten oder Blättern des Kelchs gegenüber. Der Stempel steht auf der Spitze des Fruchtknotens. Die Saamen sind am Fruchtboden befestigt.

Noch gehört zum natürlichen Bau, dafs eine einblättrige Blumenkrone auch einen einblättrigen Kelch, und eine mehrblättrige Blumenkrone einen mehrblättrigen Kelch hat. Blumenkrone und Kelch sind am Fruchtboden befestigt. Bey mehrblättrigen Blumenkronen stehn die Staubgefäfse auf dem Fruchtboden, bey einblättrigen auf der Blumenkrone selbst.

Dieser natürliche Bau mufs nie bey Beschreibungen mit eingemischt werden. So würde es zum Beyspiel in dem natürlichen Charakter des Solani (§. 141.) sehr überflüfsig seyn, wenn Calyx corolla minor, viridis, foliaceus, corolla tenera, Antherae pulvere flavo farctae, Germen post florescentiam intumescens, und solche Dinge beschrieben wären, die zum natürlichen Bau der Blume und Frucht gehören, weil jeder einen solchen Bau sich denkt, und nur auf dasjenige, was davon verschieden zu seyn scheint, achtet.

146.

Unsere botanischen Kenntnisse würden sehr eingeschränkt seyn, wenn die Natur dem natürlichen Bau immer treu geblieben wäre, und alle Früchte und Blumen nach einer Form geschaffen hätte. Wir finden aber gerade das Gegentheil, und sind dadurch im Stande, uns mehrere ausgebreitete Kenntnisse im vegetabilischen Reiche zu erwerben. Die ganze Terminologie kann hier zum Beweise dienen; diese zeichnet uns das Abweichende der Gewächse auf, und diese Abweichungen, wenn wir sie bloss an der Blume und Frucht betrachten, geben uns den *abweichenden Bau* (Structura differens) der Gewächse. Dieser Bau ist die Grundlage aller Gattung; durch ihn, verglichen mit dem natürlichen, bestehen nur Gattungen und ihre Charaktere.

147.

Der *besondere Bau* (Structura singularis) ist derjenige, welcher ganz dem natürlichen entgegengesetzt ist, dieser giebt die schönsten Charaktere. Wenn zum Beyspiel bey einer einblättrigen Blumenkrone die Staubfäden auf dem Fruchtboden stehn, da sie doch an der Blumenkrone stehn sollten, dieses ist ein besonderer Bau; oder wenn die Honiggefässe zwischen der Blumenkrone und dem Kelche stehn, wie bey der

III. Grundsätze

Willdenowia, da sie doch zwischen der Krone und den Staubfäden stehn sollten.

Einige noch auffallendere Beyspiele sind auf der fünften Kupfertafel vorgestellt worden, die ich noch deutlicher hier auseinandersetzen muss.

Die Gattung Cucullaria *Fig.* 112, 113. zeichnet sich durch eine orchisartige Blume, die auf einem Blumenblatte die Staubbeutel befestigt hat, aus.

Die Gattung Rhopala *Fig.* 115. hat die Staubfäden auf der Spitze der Kelchblätter stehn.

Die Gattung Lacis *Fig.* 116. hat keinen Kelch und Blumenkrone, sondern eine sehr einfache, aus vielen Staubgefäfsen und einem Griffel bestehende Blume.

Dimorpha *Fig.* 126. zeichnet sich durch ein einziges an den Seiten zusammengerolltes Blumenblatt aus.

Dorstenia *Fig.* 123. hat einen allgemeinen Fruchtboden, der mit Blumen männlichen *F.* 124. und weiblichen *F.* 125. Geschlechts dicht besetzt ist, die einen sonderbaren Kelch haben.

Sterculia *Fig.* 144. hat einen lang gestielten Fruchtknoten, der mit verwachsenen Staubfäden besetzt ist.

Eben so zeichnen sich die Blumen der Periploca, Asclepias nnd Stapelia aus; *Fig.* 83. 88. 89. 90. 91. 92. 98. 99. 100. Diese sind mit besondern Theilen, die wir bey den Honiggefäsen angezeigt haben, und welche die Staubgefäse mit dem Griffel ganz bedecken, versehn. Die Staubgefäse sind sonderbar gestaltet, die Staubfäden sind wie Gabeln an einem knorpelartigen Körper befestigt, und tragen an jeder Spitze einen Staubbeutel.

Durch eine besondere Art von Schlauch (Ascidium §. 29.), welcher die Stelle eines Nebenblatts vertritt, zeichnen sich zwey Gattungen aus, nemlich: Ascium *Fig.* 117. Diese Gattung hat einen gestielten Schlauch (Ascidium stipitatum) der dicht hinter der Blume festsitzt, und ohne Deckel (nudum) ist. Ruyschia *Fig.* 119-122 hat einen Schlauch, der ohne Deckel (nudum) und mit zwey Blättern (bilobum) versehen ist, welcher die Blume von hinten umgiebt.

Dies wenige wird deutlich genug beweisen, daß die angeführten Blumen einen besondern, ganz den gewöhnlichen entgegengesetzten Bau haben. Mehrere Beyspiele wird man durch fleissiges Zergliedern der Blumen noch leicht hinzufügen können.

148.

Aus dieser Art des verschiedenen Baues der Gewächse folgt der Satz, daß die Gattungen leichter zu unterscheiden sind, die einen besondere oder auch nur abweichenden Bau haben; hingegen diejenigen, welche dem natürlichen Bau am nächsten kommen, schon mit mehrerer Schwierigkeit zu bestimmen sind. Der natürliche Bau erstreckt sich auch auf alle besondere Familien des Gewächsreichs, von welchem jede ihren gewöhnlich natürlichen Bau, das heißt, der am meisten vorkommt, hat. Die Doldengewächse, Lilien, Schmetterlingsblumen, kreuzförmige und zusammengesetzte Blumen sind deshalb, weil sie in ihrem Bau so viel Aehnlichkeit haben, am schwierigsten zu unterscheiden. Um nun die Gattungen aller Art leichter zu bestimmen, sind Regeln festgesetzt worden, welche dieselben unterscheiden lehren, und die man bey neu entdeckten Pflanzen anwenden muss. Es giebt Regeln, die im Allgemeinen für alle Gewächse gelten, und wieder andere, die nur bey Familien anzuwenden sind. Wir wollen aber vorher noch den Kelch der Pflanzen genauer zu bestimmen suchen.

149.

Es ist bey einigen Blumen, die nur eine äusere Umkleidung haben, schwer zu bestimmen, ob der gegenwärtige Theil Kelch oder Blumenkrone sey? Man hat dieses auf verschie-

dene Art festzusetzen gesucht, aber nie mit
Gewissheit etwas entscheidendes gesagt. Im
strengsten Sinn braucht man den Unterschied
zwischen Kelch und Blumenkrone nicht, man
könnte beyde Theile mit einem Namen belegen, den Kelch den äufsern, die Blumenkrone aber den innern Theil nennen. Dadurch
wären zwar in ungewissen Fällen die Zweifel,
welches Kelch und Blumenkrone sey, gehoben;
aber man würde sich auch aus den Beschreibungen nicht einen so deutlichen Begriff von
der Gestalt der Pflanze machen können. Besser
ist es daher, Kelch und Blumenkrone zu unterscheiden, und für zweifelhafte Fälle etwas zu
bestimmen. Linné sagt, wenn nur ein Theil
da ist, und die Staubfäden stehn den Einschnitten gegenüber, so ist es ein Kelch; wechseln sie
aber mit den Staubfäden ab, so ist es eine Blumenkrone. Man findet aber Kelche, wo die
Staubfäden mit den Einschnitten abwechseln,
und bey Pflanzen, die eine gröſsere Anzahl
Staubfäden, als Einschnitte oder Blätter des
Kelchs haben, ist es nach dieser Regel unmöglich zu sagen, ob der Theil Kelch oder Blumenkrone sey. *Scopoli* meynt, man müsse, wenn
nur ein Theil da wäre, ihn, um allen Verwirrungen vorzubeugen, Kelch nennen. Dieses
streitet gegen alle Analogie. Es giebt Gattun-

gen, die nur einen Theil haben, von denen aber nachher eine andere Art mit Kelch und Blumenkrone entdekt wird, da kann leicht der Fall eintreten, daſs man den Theil Kelch genannt hat, der eigentlich Blumenkrone iſt. Am beſten wäre es wohl, den Theil Kelch zu nennen, der mit den Staubfäden ziemlich gleiche Länge hat, der grün und von feſter Subſtanz iſt. Dieſe drey Dinge müſsen da ſeyn, wenn man den Theil Kelch nennen ſoll. Blumenkrone wäre der Theil, der länger oder gerade ſo lang als die Staubfäden, gefärbt und von zarter Subſtanz iſt. Einzelne Ausnahmen können nicht gelten. Dieſe drey Kennzeichen müſsen immer zuſammengenommen werden; z. B. hat die Blume von Theſium linophyllum nur einen Theil, der etwas länger als die Staubfäden von feſter Subſtanz, grün, aber auf der innern Fläche weiſs iſt. Es muſs aber dieſer Theil Kelch genannt werden, weil er auſserhalb grün und von feſter Subſtanz iſt. Eben ſo zeigt ſich bey Daphne Mezereum auch nur ein Theil, der gefärbt, viel länger als die Staubfäden, aber von feſter Subſtanz iſt. Man hat einige verwandte Gattungen gefunden, die noch einen kleinern Kelch haben; auch ſelbſt einige Arten von Daphne, die etwas dem Kelch ähnliches zeigten, deshalb muſs dieſer Theil Blumenkrone heifsen. Man mufs noch, aufser den gegebenen Kennzeichen beym Kelche und der Blumenkrone auf die Aehnlichkeit mit andern Pflanzen fehn, und es wird nicht leicht der Fall eintreten können, dafs man irren follte.

150.

Bey Beftimmung neuer Gattungen ift es nöthig: dafs der wefentliche Charakter allen zu der Gattung gehörigen Arten zukomme, und keiner Abänderung unterworfen fey.

So wie die Frucht und die Blume der einen Art ift, mufs auch die der übrigen feyn. Es darf z. B. nicht die eine Art eine Beere, und die andere eine Steinfrucht haben, wie Linné es mit Gattung Rhamnus gemacht hat, die eigentlich zwey befondere nemlich Rhamus und Zizyphus ausmacht.

151.

Der Charakter einer Gattung mufs nach der Zahl, Geftalt, Lage und Verhältnifs (§. 144.) der Blume und Frucht gemacht werden.

Nur die Zahl, Geftalt, Lage und Verhältnifs können, zufammen genommen, eine Gattung beftimmen, aber nicht eine von diefen befonders. Es giebt oft Arten, welche in diefem oder jenem Stücke von der Gattung abweichen, deshalb verdienen sie doch nicht als besondere Gattungen betrachtet zu werden.

152.

Die Zahl allein kann niemals Gattungen bestimmen, und muſs nie als etwas wichtiges angesehn werden.

Nichts ist veränderlicher, als die Zahl der Staubfäden. Diese pflegen bey einer Gattung öfters sehr verschieden zu seyn. Einige Pflanzen, wenn sie in einem fetten Boden stehn, haben ein oder zwey Staubfäden oder auch Blumenblätter mehr. Oefters haben sie auch doppelt oder nur halb so viel Staubfäden, als sie haben sollen; z. B. soll eine Pflanze fünf Staubfäden haben und sie hat zehn; oder umgekehrt, sie soll zehn haben und hat nur fünf. Es pflegen zwey in vier, drey in sechs, vier in acht, fünf in zehn, sechs in zwölf abzuändern, so daſs sich die Zahl nach diesen Graden vermehrt oder vermindert. Wenn also der übrige Bau mit einer andern Gattung vollkommen übereinstimmt, und nur die Zahl eines Theils der Blume abweicht, sey es Kelch, Blumenkrone, Staubgefäſs oder Stempel, so ist es unrecht deshalb eine Gattung zu machen.

Diese und einige folgende Regeln sind die einzigen Ausnahmen der §. 140. angeführten Regel.

153.

Wenn die Zahl in allen Theilen der Blume beständig ist, dann kann sie als ein Unterscheidungszeichen einer Gattung, doch aber nur mit Vorsicht gebraucht werden.

Diese Regel kann nur mit vieler Vorsicht angewandt werden. Wenn es nur irgend möglich ist, so muſs man nicht auf die Zahl sehn. Linné hat ein Beyspiel dieser Regel an den Gattungen Potentilla und Tormentilla gegeben. Die Zahl unterscheidet diese beyden künstlichen Gattungen: die erste hat einen doppelten fünfblättrigen Kelch und eine fünfblättrige Blumenkrone. Der Kelch und die Blumenkrone bleiben zwar in ihrer Zahl beständig an beyden Gattungen, aber Nachahmung verdient doch dieses Beyspiel gewiſs nicht.

154.

Der einblättrige und vielblättrige Kelch könnten wohl Gattungen bestimmen, aber nicht die Zahl der Einschnitte und Blätter. Eben dieses gilt auch von der Blumenkrone.

Es giebt nur einige Familien, bey denen der Kelch von Wichtigkeit ist, gewöhnlich wird auf die Zahl der Einschnitte oder Blätter desselben nicht geachtet. Wenn zwey Pflanzen sich ähnlich sind, die eine aber einen einblättrigen, die andere einen aus mehrern Blättern bestehenden Kelch hat, so müssen sie als bestimmte Gattungen angesehn werden. Der Grund davon ist, dass niemalen ein vielblättriger Kelch in einen einblättrigen übergeht, wohl aber die Zahl der Blätter des vielblättrigen Kelches, oder die Zahl der Einschnitte am einblättrigen einer Veränderung unterworfen seyn können. Eben so ist es auch mit der Blumenkrone.

155.

Die Zahl der Staubfäden muss nach der Mehrheit der Blumen bestimmt werden, ist aber die erste sich entwickelnde Blume in der Zahl der Staubfäden vor den andern verschieden, so richtet man sich nach dieser.

Sehr oft sind an einer Pflanze die Blumen nicht in der Zahl der Staubfäden übereinstimmend, und dann muss man sich nach der grössern Zahl richten, aber auch zugleich mehrere Arten damit vergleichen. Bisweilen zeigt sich zwar eine Verschiedenheit in der Zahl der Staubfäden, aber so dass die erstn Blume mehrere als die übrigen hat. In diesem Fall muss man natürlich nach der ersten Blume rechnen, weil diese sich am vollkommensten hat entwickeln können; auch zeigt die Aehnlichkeit mit andern Pflanzen, wie viel Staubfäden man eigentlich annehmen muss.

Beyspiele davon geben Ruta, Monotropa und
Chrysosplenium.

156.

Man muss nicht zu viel Gattungen machen.

Diese Regel ist eine der wichtigsten. Viele
Gattungen sind ein offenbarer Schaden für die
Wissenschaft. Ueberhaupt müssen die Unterschiede zwischen Gattungen nicht zu sehr gesucht seyn. Es ist die erste Pflicht eines Botanikers, die Wissenschaft so leicht als möglich zu
machen, aber durch zu feine und gesuchte Unterschiede der Gattungen wird er derselben mehr
Schaden als Nutzen bringen.

157.

Auch auf die äusere Gestalt (Habitus) *aller
zu einer Gattung gehörigen Arten muss man achten,
aber nie darauf bauen.*

Mit vielen Einschränkungen ist nur diese Regel anzuwenden, um nicht durch strengere Anwendung derselben der Wissenschaft nachtheilig zu seyn. Bey neuen Gattungen muss man
darauf sehn, ob die äusere Gestalt nicht mit einer andern übereinkomme; denn oft lehrt diese,
dass die für eine andere Gattung gehaltene Pflanze zu einer schon bekannten gehöre, und nur
etwas in der Zahl der Theile oder Gestalt der
Blume abweicht. Wer aber auf die äusere Ge-

III. Grundsätze

stalt der Pflanze bauen will; wird gewiss mit Bestimmung der Gattungen nicht weit reichen.

Wenn eine Pflanze in der Blume und Frucht mit einer schon bekannten Gattung zusammenstimmt; aber ein ganz fremdes äusseres Ansehn hat, so muss die Pflanze nicht von der Gattung getrennt werden. Ein Beyspiel mag dies erläutern. Ich nehme an, man entdeckte eine Pflanze, die nach der Blume und Frucht vollkommen eine Linde wäre, aber einen krautartigen Stengel und gefiederte Blätter hätte. So sehr nun auch dieses äusere Ansehn von den übrigen Arten der Linde verschieden wäre, so muss man doch die Pflanze unter der Linde stehen lassen. Dieser Fall ist zwar nicht würklich in der Natur vorhanden, aber ähnliche findet man häufig. Zur Bestätigung der obigen Regeln will ich aus eben der Gattung ein würklich vorhandenes Beyspiel anführen. In Nordamerika wächst ein Baum, dessen Frucht mit der unserer Linde übereinstimmt, in der Blume aber zeigen sich ausser den Blumenblättern noch andere kleine Blumenblattartige Schuppen; da aber dies äusere Ansehn vollkommen mit unserer Linde übereinstimmt, und nur ein so kleiner Unterschied in der Blume sich zeigt, muss die Pflanze zur Gattung Tilia Linde gebracht werden.

158.

Die Regelmäſsigkeit der Blume iſt kein ſicheres Kenntzeichen für Gattungen.

Nicht immer iſt die gegenſeitige Länge der Blumenblätter beſtändig; wer alſo darauf allein eine Gattung gründen will, thut unrecht. Es können auch noch Pflanzen entdeckt werden, die ſich von andern nur durch die Unregelmäſsigkeit der Blume unterſcheiden, wie ſchwankend würde die Kenntniſs der Gewächſe werden, wenn man wegen eines ſo kleinen Umſtandes gleich die Zahl der Gattungen vermehren wollte.

159.

Die Geſtalt der Blume iſt der der Frucht allezeit vorzuziehen.

Man trift mehrere Gattungen, deren Arten in ihrer Blume übereinſtimmen, als Gattungen, deren Arten in der Frucht dieſelbe Geſtalt hätten. Die ältern Kräuterkenner verlieſsen ſich zu ſehr auf die Geſtalt der Frucht, die doch, wenn ſie nicht anders als in der äuſern Form abweicht, nichts beſtimmt. Bey der Gattung Pinus haben wir das deutlichſte Beyſpiel. Aus dieſer hatte man ehemals, weil die Frucht bald runder, bald länger, ſpitziger oder ſtumpfer u. ſ. w. iſt, mehrere Gattungen gemacht. Auch die Anzahl der Fächer in der Frucht hat ſonſt

Botaniker irre geführt; sie kann aber allein nichts entscheiden, weil die Zahl (§. 152.) niemals Gattungen bestimmen kann.

160.

Geringe Abweichungen in der Gestalt der Blume gelten nicht bey Bestimmung der Gattungen.

Die Gestalt der Blumenkrone ist sehr mannigfaltig, wie wir aus der Terminologie wissen, aber es giebt doch viele Arten derselben, die sich sehr ähnlich sind. Diese grosse Aehnlichkeit zeigt nun offenbar, dass der Uebergang der einen Art zur andern gering ist, und sich die Natur nicht nach unseren Bestimmungen richtet. Eine trichterförmige Blumenkrone kann leicht in eine präsentirtellerförmige übergehn, und umgekehrt, wenn Gattungen nur um solcher Kleinigkeiten willen getrennt werden sollten, so würde man eine zu grosse Menge bekommen. Bey der Gattung Convallaria hat die Weizwurz (Convallaria Polygonatum) eine röhrenförmige, das Mayblümchen (Convallaria majalis) eine glockenförmige Blumenkrone. Hieraus sieht man, dass geringe Abweichungen verwandter Arten der Blumenkrone nicht in Betracht kommen. Wenn aber Pflanzen mit einblättrigen und mehrblättrigen Blumenkronen verwandt find, so müssen sie getrennt werden. Die Gestalt der

Blumenkrone muſs ſehr abweichen, wenn Pflanzen deshalb ſollen getrennt werden.

161.

Wenn die Frucht bey verwandten Pflanzen ſehr verſchieden iſt, müſſen die Gattungen getrennt werden.

Es können Pflanzen vollkommen in ihrer Blume übereinſtimmen, aber eine ganz verſchiedene Frucht haben; beruht die Verſchiedenheit der Frucht nicht auf die Zahl der Fächer oder der Saamen, oder auch auf die Geſtalt derſelben allein, ſo müſſen die Pflanzen getrennt werden. Dies beweiſet das ſchon angeführte Beyſpiel der Gattung Rhamnus, unter welchem Namen Linné aus Verſehn zwey Gattungen vereinigt hat, nemlich die eine mit einer Beere, die andere mit einer Steinfrucht. Eben ſo iſt die Gattung Abroma und Theobroma nur durch die Frucht verſchieden. Dergleichen Unterſchiede ſind ſehr ſchön und müſſen nie überſehn werden.

162.

Das Honiggefäſs giebt die beſten Gattungskennzeichen.

Wenn ein Honiggefäſs von beſonderer Geſtalt eine Blume von der andern unterſcheidet, so giebt dies die besten Kennzeichen. Es ist aber wohl zu merken, dass das Honiggefäfs eine auffallende Bildung haben muss. So ist es z. B. unrichtig, die Arenaria peploides als eine besondere Gattung anzusehn, weil in der Blume Drüsen sind, oder die amerikanische Linde von der europäischen als Gattung zu unterscheiden, weil kleine Schuppen in der Blume bemerkt werden. Wenn aber, wie bey andern Pflanzen, cylinderartige oder fadenförmige Honiggefäfse sind, so dürfen diese besondern Bildungen nicht übersehn werden. Die Regel ist nicht schwer zu beobachten, weil nur sehr wenige Ausnahmen sich finden.

163.

Die Figur des Griffels und der Staubfäden kann keinen Gattungscharakter geben, sie müsste denn sehr sonderbar seyn.

Es findet sich häufig, dass die Figur des Griffels und der Staubfäden bey Arten einer Gattung verschieden ist, dass der Griffel mit den Staubfäden abwerts gebogen ist, oder eine etwas abweichende Gestalt hat, aber darauf kann man nicht immer achten. Zeigt sich aber in einer Gattung ein sehr ästiger Griffel, z. B. Cordia, oder getheilte Staubfäden, oder sonst eine wesentliche Verschiedenheit, so verdient sie eine besondere Aufmerksamkeit.

164.

Die Lage des Fruchtknotens macht ein Hauptkennzeichen der Gattungen aus.

Pflanzen mögen auch noch so übereinstimmend gebaut seyn, und der Fruchtknoten befindet sich bey der einen unter, bey der andern über dem Kelch, so müssen sie als verschiedene Gattungen angesehn werden. Es ist noch kein Beyspiel bekannt, dass diese Lage des Fruchtknotens sich verändert hätte. Die einzige Ausnahme davon macht die Gattung Saxifraga; bey dieser giebt es Arten, die den Fruchtknoten unter dem Kelche, andere die ihn halb unter und halb über demselben, und endlich welche, die ihn ganz über dem Kelche haben. Hier sieht man aber den Uebergang ganz deutlich, und folglich muss auch bey dieser nur allein eine Ausnahme gemacht werden.

165.

Die Lage oder vielmehr die Anheftung der Staubgefäse ist sehr wichtig bey Gattungen.

Ob die Staubfäden auf dem Kelche, auf der Blumenkrone, oder auf dem Fruchtboden stehn, dies macht den Hauptunterschied aller Gattungen aus. Die Uebereinstimmung der ganzen Pflanze oder Blume mag seyn, wie sie will, so werden doch die Gattungen nach der Anheftung bestimmt.

Bey den nelkenartigen Pflanzen, vorzüglich bey der Gattung Lychnis und Silene, stehn einige Staubfaden auf dem Fruchtboden, andere auf der Blumenkrone. Diese nur machen eine Ausnahme.

166.

Das Geschlecht (Sexus) *der Pflanze kann niemals zum Unterschied der Gattungen dienen.*

Wenn eine Pflanze sich im Geschlecht von einer andern unterscheidet, so wird dieses beym Gattungscharakter nicht geachtet, wenigstens kann es zu keinem wichtigen Unterschied dienen. Man hat bemerkt, dafs nichts unbeständiger als der Unterschied des Geschlechts ist; denn öfters werden durch Cultur Zwitterblumen in männliche oder weibliche verwandelt, auch haben die verschiedenen Himmelsstriche darauf Einflufs. Z. B. das Johannisbrod (Ceratonia Siliqua) ist in unsern Gärten mit vollkommen getrenntem Geschlechte auf verschiedenen Bäumen (Dioecia) allezeit bemerkt worden; in Aegypten aber findet man diesen Baum beständig mit Zwitterblumen. Viele Gattungen, z. B. Lychnis Valeriana, Cucubalus, Urtica, Carex u. s. v. a. haben Arten, die mit getrennten Geschlechtern vorkommen, da doch alle übrigen in dem Geschlechte verschieden sind.

Bis dahin haben wir nur die Regeln angezeigt, die im Allgemeinen und bey allen Familien des Gewächsreiches gelten. Es giebt aber noch besondere Regeln für einzelne Gewächse, die hier noch angezeigt werden müssen. Hat man diese und die vorhergehenden genau gefasst, so macht es keine Schwierigkeit, Pflanzen richtig in Gattungen einzutheilen. Es liessen sich zwar für alle natürliche Familien besondere Regeln geben, aber es ist hinreichend, nur die wichtigsten anzuzeigen.

167.

Die GRÄSER (§. 116. No. 5.) haben zu viel Uebereinstimmendes in ihrem ganzen Bau, dass man besondere Regeln zur Bestimmung der Gattungen wählen muss. Die Zahl der Staubfäden, die Gegenwart oder der Mangel einer Granne können niemals Gattungen trennen oder bestimmen. Die Zahl der Blumen, der Spelzen und des Griffels aber dürfen nicht übersehn werden. Es zeigt sich beynahe nichts, was einen guten Unterschied geben könnte, als die Zahl dieser Theile; und wollte man dieselbe, da sie doch so beständig bey ihnen ist, übersehn, so würden die Gattungen zu gross werden. Der Umschlag (Involucrum), den man an einigen Gräsern sieht, giebt verschiedene nicht unwichtige Kennzeichen, so wie auch die Gestalt der Spelzen und des Honiggefäßes gute Unterscheidungsmerkmale giebt.

168.

Die LILIEN (§. 116. No. 6.) müssen nach der Scheide (Spatha), ob diese ein- oder mehrblättrig, ein- oder vielblumig ist, unterschieden werden. Ferner, was bey wenig andern Gewächsen vorkommt, dient die Narbe, die Dauer der Blumenkrone, und die Richtung der Staubfäden zur Bestimmung der Gattungen. Man muß also sehn, ob die Narbe eingeschnitten, und wie oft sie es ist; ob die Blumenkrone abfällt, vertrocknet oder stehn bleibt; ob endlich die Staubfäden aufrecht stehn oder gebogen sind, oder auch eine schiefe Richtung haben. Auserdem gelten noch die allgemeinen schon angezeigten Regeln sowohl bey dieser, als bey den übrigen Familien.

169.

Die DOLDENGEWÄCHSE (§. 136. No. 45.) haben von allen Familien die größte Uebereinstimmung unter einander. Sie haben eine fünfblättrige Blumenkrone, fünf Staubfäden, den Fruchtknoten unter der Blume, zwey Stempel, ja sogar der Blütenstand und die Frucht, die aus zwey freyen Saamenkörnern besteht, sind sich unter einander ähnlich. Linné glaubt in der allgemeinen und besondern Hülle (§. 31.) einen Unterschied zu finden, wornach die Gattungen könnten bestimmt werden, aber dieser Theil ist sehr grossen Veränderungen unterworfen, und kann in den wenigsten Fällen einen guten Charakter abgeben. Man hat also einen andern Unterschied gefunden, und zwar in der Frucht. Obgleich diese immer aus zwey freyen Saamen besteht, so ist ihre Gestalt doch merklich verschieden, und auf diese allein beruhen bey den Doldengewächsen die für Gattungen sicheren Kennzeichen.

170.

Die LIPPEN- oder RACHENFÖRMIGE BLUMEN oder die ganze vierzehnte Linnéische Klasse (§. 132.) hat folgende Theile, nach denen nur allein die Gattungen derselben bestimmt werden können. Die Blumenkrone, den Kelch und die Richtung der Staubfäden. In der ersten Ordnung (§. 133.) kann die Frucht, welche bey allen gleichförmig gestaltet ist, keinen Charakter, so wenig als der Griffel geben; denn bey den meisten sind vier freye Saamen, und der Griffel besteht aus einem einfachen Stempel und zweytheiligen Narbe. Die Einschnitte des Kelchs also, und die verschieden gestalteten Lippen der Blumenkrone, so wie bey wenigen Gattungen die Richtung der Staubfä-

den, denn bey den meisten liegen sie in der
Oberlippe, geben Charaktere für Gattungen.
In der zweyten Ordnung (§. 133.) giebt die
Frucht, die schon weit mehr verschieden ist,
eine grofse Menge von Kennzeichen, wornach
sich die Gattungen bestimmen lassen. Merkwürdig ist bey dieser Familie, dafs bey einigen
dazu gehörigen Gewächsen eine Lippe fehlt,
und man hat bemerkt, dafs denen in der ersten
Ordnung die obere, denen in der zweyten die
untere Lippe fehlt. Als Beyspiele der ersten
Ordnung können Teucrium und Ajuga dienen,
in der zweyten Ordnung Tourettia und Castille-
ja. Die Gattung Scordium des Herrn Cavanilles,
die nur eine Oberlippe, aber keine Unterlippe
hat, macht hiervon, weil sie zur ersten Ordnung
gehört, eine Ausnahme.

171.

Die KREUZFÖRMIGE BLUMEN oder die
zur funfzehnten Klasse gehörigen Gewächse (§.
134.) sind für den Botaniker, wegen der grofsen
Uebereinstimmung aller Theile am schwierigsten
zu bestimmen. Nur allein die Frucht kann
die Gattungen unterscheiden, und zuweilen die
Honigdrüsen in der Blume, selten aber der
Kelch, ob er absticht oder anliegt. Die Blumenkrone könnte zwar auch einen Unterschied

geben, aber sie ist bey allen gleichförmig, und
die einzige Gattung Iberis zeichnet sich nur
durch zwey kürzere Blumenblätter aus.

172.

Die SCHMETTERLINGSBLUMEN oder
die siebzehnte Linnéische Klasse (§. 132.) hat auch
in der Frucht und Blume viel Uebereinstimmendes. Der Kelch ist hier das Vorzüglichste,
worauf man merken muss. Nicht so schön sind
die Charaktere von der Blumenkrone, denn es
kommt bloss auf das Verhältniss der einzelnen
Theile derselben an, oder auf ihre Lage, ob
sie mehr auseinander gebreitet sind oder nicht.
Dergleichen Charaktere sind nie anzurathen,
aufser in dem Falle, wo man nicht anders unterscheiden kann, oder wenn die Lage oder das
Verhältniss sehr merklich von andern verschieden ist. Die zusammengewachsenen Staubfäden
geben nur sehr wenig unterscheidendes. Die
Narbe aber macht einen deutlichen Unterschied.
Obgleich die Frucht der meisten Schmetterlingsblumen eine Hülse oder Gliedhülse ist, so weicht
sie doch in ihrer Gestalt sehr ab, und nach der
Gestalt, Bekleidung oder Zahl der darinn ent-
haltenen Saamen können Gattungen gemacht
werden.

173.

Die ZUSAMMENGESETZTEN BLUMEN oder die neunzehnte Linnéische Klasse (§. 132.) haben wegen des sehr abweichenden Baues ganz andere Regeln. Bey diesen sieht man auf die allgemeine Blumendecke, den Fruchtboden und das Federchen. Hierauf allein beruhen alle Gattungen dieser Familie. Das Geschlecht, welches Linné bey den Ordnungen dieser Klasse anwendet (§. 133.) ist für Gattungskennzeichen nicht anzurathen, eben so wenig die Gestalt der Blumen. Viele Gattungen dieser Klasse, die keine Strahlenblumen haben, bekommen bisweilen durch einen fettern oder feuchtern Boden, oder auch in einer wärmern Gegend Strahlenblumen, so wie andere sie bisweilen verlieren. Eine bey uns gewöhnliche Pflanze Bidens cernua soll nach dem Gattungscharakter keine Strahlenblumen haben, und dennoch, wenn sie auf sehr nassen schlammigen Boden steht, erhält sie Strahlenblumen. Linné, der beyde Abänderungen gesehn hat, hielt die Pflanze mit Strahlenblumen für eine besondere Art, und nannte sie Coreopsis Bidens. Daraus folgt also, dass die beyden Gattungen Bidens und Coreopsis nicht verschieden wären, wenn bloss auf solchen geringfügigen Unterschied das Wesen derselben beruhen sollte. Es ließen sich noch mehrere Beyspiele hier anführen, die man aber bey genauerem Nachsuchen bald bemerken wird.

174.

Die CRYPTOGAMISTEN (§. 132.) oder die Gewächse der vier und zwanzigsten Klasse, deren Blumen sich dem unbewaffneten Auge nicht zeigen, müssen nur nach der Frucht bestimmt werden. Es darf kein Gattungscharakter dieser Gewächse gegeben werden, den man erst durch starke Vergröserungen entdecken kann, und dann muss auch dieser Charakter leicht zu finden seyn. Die Blume der Cryptogamisten ist nun von der Art, dass sie nur zu einer gewissen oft sehr kurzen Zeit, und dann nur mit starker Vergröserung zu sehn ist; auch hat man sie bey verschiedenen noch nicht beobachten können. Daher würde es sehr fehlerhaft seyn, einen Theil, der nicht leicht, oder doch nur mit vielen Schwierigkeiten sichtbar ist, zum Kennzeichen der Gattungen zu wählen. Die Frucht ist aber leicht und nur durch eine mäsige Vergröserung zu bemerken: aus den Gründen muss dieser und kein anderer Theil gewählt werden. Man hat aber noch nicht alle Arten der Früchte bey den Cryptogamisten genau untersucht, daher sind die Farrenkräuter, Flechten und Pilze noch nicht in richtige Gattungen gebracht worden.

Linné hat bey den Farrenkräutern die Art,
wie die Früchte stehn (Inflorescentia), zur Bestimmung der Gattungen angewandt. Bey einigen stehn die Früchte in Reihen, bey andern in
Kreisen, bald in der Mitte, am Rande, oder in
den Winkeln des Blatts. Bey den andern Gewächsen darf der Blütenstand nicht, um Gattungen zu bestimmen, gebraucht werden, und doch
ist es hier geschehn. Da man aber noch keine
andere Eintheilung kennt, so muss sie bis dahin
bleiben. Dieses gilt auch zum Theil bey den
Flechten und Pilzen, die noch alle durch künftige Entdeckungen bestimmt werden müssen.

Die Moose sind in neuerer Zeit sehr genau
untersucht worden, man kennt ihre Blumen und
Früchte: daher ist man auch im Stande, bessere
Gattungen als vormals zu geben. Bey diesen Gewächsen kommt es bloss auf das Maul der Büchse an (§. 107. d). Dies giebt eine Menge Kennzeichen, die sehr beständig und leicht zu bemerken sind.

> Noch ist zu merken, dass alle Gattungen nur nach
> der Blume und Frucht, nie aber nach der Wurzel, dem Stengel, oder nach andern Theilen, selbst
> nicht einmal nach dem Umschlage (Involucrum)
> unterschieden werden dürfen.

175.

Eine ART (Species) heisst jede einzelne
unter einer Gattung stehende Pflanze, die aus dem

Saamen gezogen unverändert dieselbe bleibt. Eine ABART (Varietas) ist eine in der Farbe, Gestalt, Grösse oder Geruch von einer bekannten Art verschiedene Pflanze, die leicht aus dem Saamen in die eigentliche Art, von der sie abstammt, wieder übergeht. Arten, die sich nur mit grosser Mühe von einander unterscheiden lassen, aber doch aus Saamen gezogen beständig dieselben bleiben, werden sehr leicht mit den Abarten verwechselt, und wegen der grossen Aehnlichkeit, die sie mit andern haben, von einigen Kräuterkennern HALBARTEN (Subspecies) genannt. Da man aber mit der einfachen Eintheilung in Arten und Abarten alles bestimmen kann, und diese Abtheilung auch leicht zu verstehn ist, so scheint es überflüssig zu seyn, Halbarten annehmen zu müssen. Die Abarten dürfen nicht mit den MISGESTALTEN (Monstra) verwechselt werden, die zwar Abänderungen sind, nur mit dem Unterschiede, dass sie ihre natürliche Bestimmung die Fortpflanzung durch Saamen nicht erfüllen. Kranke Pflanzen haben auch zuweilen das Ansehn einer Abart, sind aber doch leicht zu unterscheiden, wie wir in der Folge sehn werden. Die verschiedenen Regeln, nach welchen die Arten bestimmt werden, beruhen nicht auf die Blume und Frucht, sondern auf andere Theile der Pflanze.

176.

Bey der Bestimmung der Arten muss man nicht auf Farbe, Geruch, Geschmack, Größe, oder auf die Aussenseite, ob sie glatt oder haarig ist, sehn.

Wenn zwey Pflanzen nur bloss durch die Farbe der Blume, durch einen ganz verschiedenen Geruch oder Geschmack, durch einen Zoll oder Fuss hohen Stengel, endlich durch ein glattes oder haariges Blatt oder Stengel verschieden sind, so können sie nur als Abarten angesehen werden. Unterscheiden alle diese Eigenschaften zusammengenommen eine Pflanze von der andern, dann könnte sie eher für eine besondere Art gelten.

Weisse oder schwarze Flecke auf den Blättern der Pflanze können bey Unterscheidung der Arten etwas bestimmen; aber man kann nur dann darauf achten, wenn würklich verschiedene Pflanzen sich durch nichts weiter bestimmen lassen. Kann man aber die Pflanzen, ohne die Farbe zu erwähnen, bestimmen, so thut man immer besser.

Geruch und Geschmack können, weil sie sich nur vergleichungsweise bestimmen lassen, nicht für Kennzeichen angenommen werden.

Die Größe hängt zu sehr von der Verschiedenheit des Bodens ab, als dass man darauf Rücksicht ficht nehmen könnte. Eben so hängt die Bekleidung auch von Umständen ab; denn ein haariges Blatt kann ebenfalls durch den verschiedenen Boden in ein glattes verwandelt werden.

Filzige, ftachlichte, gewimperte, wollige Blätter und Stengel sind nicht so leicht einer Veränderung unterworfen, und geben die besten Unterscheidungsmittel.

177.

Die Wurzel giebt ein schönes untrügliches Kennzeichen, Arten zu bestimmen.

Wenn die Wurzeln zweyer sich ähnlicher Gewächse verschieden sind, so kann man sie als besondere Arten ansehn. Eine Ausnahme machen die cultivirten Gewächse. Die lange Cultur oder einige Kunstgriffe des Gärtners haben denselben öfters eine ganz fremde Gestalt gegeben, z. B. Mohrrüben (Daucus Carota), diese hat wildwachsend keine rübenartige und gelbe Wurzel, nur durch Cultur erlangt sie diese erst. Nur allein bey wildwachsenden Gewächsen kann obige Regel gelten. So lange man aber die Wurzel als ein Kennzeichen der Art anzuführen vermeiden kann, und sich noch andere Merkmale an der Pflanze zeigen, so thut man besser, die Wurzel nicht als Unterscheidungsmittel zu gebrauchen, weil man nicht immer, zumal

III. Grundsätze

bey getrockneten Pflanzen, die Wurzel zu fehn Gelegenheit hat.

178.

Der Stengel giebt ein ficheres, Arten leicht unterfcheidendes, Kennzeichen ab.

Selten artet der Stengel aus, und deshalb giebt er das beste Kennzeichen; besonders ist der runde, eckige, gegliederte, kriechende Stengel u. s. w. sehr beständig. Nicht so sicher ist der ästige Stengel, er kann schon eher sich verändern, und giebt allein kein gewisses Kennzeichen.

179.

Die Dauer eines Gewächses giebt nur in dem ursprünglichen Vaterlande desselben ein gewisses Kennzeichen, Arten zu bestimmen.

Wenn verwandte oder sehr ähnliche Pflanzen sich in der Dauer unterscheiden, dass die eine ein Sommergewächs, die andere ein Staudengewächs, oder auch ein Strauch oder Baum ist, so müssen sie als besondere Arten angesehen werden. Man muss aber die Dauer der Pflanzen in ihrem Vaterlande erforschen. Alle bey uns zweyjährige Gewächse sind in einem warmen Klima einjährige. Einige Staudengewächse aus warmen Gegenden werden bey uns Sommergewächse; die Wurzel erfriert im Winter, und wir müssen sie wieder aussäen. Andere Staudengewächse sind in warmen Himmelsstrichen Sträucher, weil keine Kälte ihre Stengel verdirbt. Wenn also die Dauer eines Gewächses etwas Unterscheidendes zeigt, muss man die andern Arten genau prüfen, ob sie nicht auch in einem milderen Klima länger ausdauern. Sind aber Pflanzen unter einer Himmelsgegend in der Dauer abweichend, so kann dieses als das sicherste Kenzeichen angesehn werden, z. B. Mercurialis annua und perennis, haben sehr viel ähnliches, aber der Name bestimmt schon ihre Unterschiede.

180.

An den Blättern lassen sich die meisten Gewächse von einander unterscheiden.

Fast alle Gewächse lassen sich durch die abweichende Form ihrer Blätter von andern unterscheiden. Es giebt aber Fälle, wo sich die Pflanzen nicht so ganz deutlich nach den Blättern bestimmen lassen, so machen die meisten Doldengewächse, zusammengesetzte Blumen, alle Wasserpflanzen, Feigen und Maulbeerarten eine Ausnahme davon. Bey diesen Gewächsen sind die Blätter auffallenden Veränderungen unterworfen, dass man ohne Uebung nicht mit Gewissheit Art von Abart unterscheiden kann. Sieht man also eine Unbeständigkeit in den Blättern, so müssen andere Kennzeichen aufgesucht werden.

III. Grundsätze

181.

Die Stützen geben ein sicheres Kennzeichen für Arten, was allen andern vorzuziehen ist.

Unterscheidet sich eine Pflanze von der andern durch Stacheln Blattansätze oder Nebenblätter, so können sie die Arten zu unterscheiden augewandt werden. Es ist aber dabey zu merken, dass diese Theile nicht abfallen müssen, wenn sie als Kennzeichen gelten sollen.

182.

Der Dorn (Spina) und die Ranke (Cirrhus) sind nicht immer als sichere Kennzeichen anzunehmen.

Der Dorn ist nichts weiter als eine verhärtete, nicht vollkommen entwickelte Knospe, die, wenn die Pflanze in fetteren Boden gesetzt wird, in Zweige auswächst. Birnen, Citronen und mehrere Gewächse haben in magerem Boden Dornen, die sich in fetterem verlieren. Einige Pflanzen, die sehr viele Dornen haben, behalten sie auch im fettern Boden. Der Stachel (aculeus) ist sehr beständig und verliert sich niemals durch Veränderung des Bodens. Eben so ändert auch die Ranke zuweilen bey Pflanzen, die Schmetterlingsblumen haben, ab. Man muss erst vollkommen überzeugt seyn, dafs der Dorn oder die Ranke niemals fehlt, wenn man dadurch die Arten richtig unterscheiden will.

183.

Am sichersten ist der Blütenstand.

So leicht hat man kein Beyspiel aufzuweisen, dafs der Blütenstand Abänderungen unterworfen wäre. Wenn Pflanzen sich auf diese Weise unterscheiden, so sind sie ohne Zweifel verschiedene Arten. Ungewisser aber ist die Zahl der Blumen, ob nemlich zwey, drey oder mehrere beysammen stehn. Ueberhaupt mufs man merken, dafs nichts in der ganzen Natur sich unbeständiger, als die Zahl, zeigt, und dafs nie sicher auf sie zu bauen ist.

184.

Man mufs nicht um einer Kleinigkeit willen eine Abart zur Art, oder eine Art zur Abart machen.

Wie wir aus der Geschichte unserer Wissenschaft sehn werden, hat man im vorhergehenden und im Anfange dieses Jahrhunderts, jede nur unbedeutende Abänderung eines Gewächses, für eine besondere Art angesehn, dadurch entstand die gröfste Verwirrung. Es ist also Regel, lieber eine Pflanze für eine Abart anzusehn, als sogleich eine eigene Art daraus zu machen. Eben so leicht kann eine sehr verschiedene Art als Abart angesehn werden, und für die Wissenschaft verlohren gehn; daher muss man nach allen gegebenen Regeln sehn, und diese genau prüfen; sind alsdann noch nicht alle Zweifel gehoben, so bestimme man die Pflanze nach der grössten Wahrscheinlichkeit als Art oder Abart, vergesse aber nicht die Zweifel dabey anzuzeigen.

185.

Die gewählten Kennzeichen einer Art müssen unter allen Umständen zu finden seyn.

Wenn eine Pflanze auch noch so grosser Veränderungen unterworfen ist, so müssen doch die Kennzeichen so gewählt seyn, dass sie bey allen Abarten zu erkennen sind. Es würde daher sehr fehlerhaft seyn, eine Pflanze, die gewöhnlich ein fünflappiges (quinquelobum) Blatt hat, und mit ganzen Blättern abändert, nach dem fünflappigen Blatte von andern zu unterscheiden. Hier müssen andere Kennzeichen aufgesucht werden, weil sonst der Anfänger, welcher nur die Abart, aber nicht die rechte Art gesehn hat, nie zur Gewissheit kommen kann.

186.

Die Kennzeichen, wornach alle Arten einer Gattung bestimmt werden, müssen von einem oder wenigen Theilen hergenommen seyn.

Wenn eine Gattung viele Arten hat, und ich wollte die erste nach der Aehre, die zweyte nach den Blättern, die dritte nach dem Stengel, die vierte nach der Wurzel, die fünfte nach der Frucht u. s. w. unterscheiden, so würde niemand meine bestimmten Gewächse mit Gewissheit erkennen. Einen ähnlichen Fehler hat Linné bey der Gattung Paederota begangen.

PAEDEROTA Aegeria foliis serratis, inferioribus alternis.

PAEDEROTA Bonarota foliis serratis oppositis.

PAEDEROTA caerulea corollarum labio superiore indiviso.

PAEDEROTA lutea corollarum labio superiore bifido.

Wer kann aus diesen gegebenen Kennzeichen wissen, ob die beyden letzten Arten Blätter wie eine von den beyden ersten haben; und wer kann mit Gewissheit bestimmen, ob er das rechte Gewächs gefunden hat? Es ist also nothwendig bey den Arten einer Gattung darnach zu sehn, welcher Theil die besten Unterscheidungsmittel giebt, und sind dieses mehrere Theile, so müssen sie bey allen angezeigt und die Verschiedenheit angemerkt werden, damit keine Ungewissheiten oder Verwirrungen entstehn.

III. Grundsätze

187.

Nur zur Zeit der Blüte oder der Frucht sind die Kennzeichen brauchbar.

Kein Botaniker kann mit Gewissheit die Gewächse ohne Blüte und Frucht bestimmen, er müsste dann durch öftere Uebung sich eine Fertigkeit, sie an ihren Blättern zu unterscheiden, erworben haben. Kennzeichen also, die von einer Pflanze vor der Entstehung der Blume oder Frucht gegeben werden, sind gänzlich unbrauchbar.

188.

Die übrigen Kennzeichen, wornach Arten bestimmt werden, muss man aus der Erfahrung lernen. Es ist aber bey der Beschreibung einer Pflanze noch folgendes zu merken. Eine *Beschreibung* (Descriptio) wird nach der Terminologie ganz genau aufgesetzt, und man muss dabey folgende Ordnung beobachten. Erstlich die Wurzel, darauf den Stengel, die Blätter, die Stützen, und endlich den Blütenstand. Auch muss bey einer genauen Beschreibung, die Farbe der Blume angezeigt werden, aber überflüssige, weitläuftige und von selbst leicht begreifliche Dinge, müssen übergangen werden. Solche sind, dass die Wurzel sich unter der Erde befindet, die Blätter grün sind u. d. m.

Die alten Botaniker haben öfters dagegen gesündigt.

189.

Der *Unterschied* (Diagnosis) der Arten ist eine kurze Beschreibung einer Pflanze, die nur das Wesentliche enthält. Dieser wird nach folgenden Regeln abgefasst.

Der Unterschied muſs nicht zu lang seyn, und wo möglich aus zwölf Wörtern bestehn.

Wir (§. 186.) haben gesehn, daſs man bey dem Unterschiede nur auf das Unterscheidende sehn muſs, dabey aber alle entdeckten Arten der Gattung nicht vergessen darf, um ihn so einzurichten, daſs der, welcher die Pflanze zum erstenmal sieht, und alle andere Arten derselben Gattung nie gesehn hat, nicht mehr zweifeln darf, welche Pflanze er vor sich hat. Wörter, die überflüſsig sind, müssen ausgelassen, und nur die, welche sie von andern unterscheiden, angezeigt werden. Sind mehr als zwölf Wörter die Pflanze deutlich zu machen nöthig, so müssen sie angeführt werden, denn es ist besser, daſs der Unterschied deutlich und lang, als unverständlich und kurz sey.

Der Unterschied muſs in lateinischen Ausdrükken abgefaſst seyn, und alle Wörter im Ablativo stehn.

III. Grundsätze

Wir wollen unser altes Beyspiel die Kartoffel nehmen. Diese gehört zur Gattung Solanum und der Unterschied zwischen den andern Arten dieser weitläuftigen Gattung ist:

Solanum tuberosum caule inermi herbaceo, foliis pinnatis integerrimis, pedunculis subdivisis.

Es muss im Unterschiede kein relativer Begriff liegen.

Was vorhin von der Bestimmung der Arten gesagt ist, gilt auch hier. Gröfse, Farbe u. d. m. können nichts bestimmen, weil man diese Dinge nur durch Vergleichung mit andern Gewächsen bestimmen kann, und man nicht immer die Gegenstände, womit sie verglichen werden, zur Hand hat. Zum Beyspiel mag folgender Unterschied dienen, der gegen diese Regel abgefasst ist.

Solanum arborescens, tomentosum, latifolium; fructu magno cinereo *Bart. aequin.* 104.

Wer kann wohl aus diesem Unterschiede die Pflanze erkennen?

Es muss auch kein verneinender Ausdruck in dem Unterschiede seyn.

Wenn man in einem Unterschiede nur sagt, was die Pflanze nicht hat, so kann offenbar dadurch nichts deutlich werden. Z. B.

Cuscuta caule parasitico, volubili, lupuliformi, aspero punctato; floribus racemosis, non conglomeratis aut pedunculatis. *Krock silef.* 251,

Wenn eine Gattung nur aus einer Art besteht, so braucht diese durch keinen Unterschied bestimmt zu werden.

Es versteht sich von selbst, dass eine einzige Art allein, ohne Vergleichung mit andern, keinen Unterschied geben kann, daher man auch keinen bey einer Gattung, die aus einer Art besteht, suchen darf. So würde es sonderbar seyn, bey Butomus, Paris, Parnassia u. v. a. einen Unterschied anzuführen, da nur eine Art von allen diesen Gattungen bekannt ist, und also keine Vergleichung statt finden kann.

Wenn aber von einer Gattung nur eine Art entdeckt ist, so muss eine genaue Beschreibung davon gemacht werden, um, wenn mehrere entdeckt werden sollten, sie unterscheiden zu können,

Man kann alle diese Regeln ganz kurz zusammenfassen, wenn man sagt; ein Unterschied muss nur bloss das Auszeichnende bestimmt und bündig gesagt enthalten.

190,

Die vollständige Beschreibung des natürlichen Charakters (§. 141.) einer Gattung, muss in folgender Ordnung abgefasst seyn: Erstlich der Kelch, dann die Blumenkrone, die Honiggefäse, die Staubgefäse, der Griffel, die

III. Grundsätze

Frucht und der Saamen. Bey den zusammengesetzten Blumen beschliefst der Fruchtboden, und bey den Dolden fängt man mit dem Umschlage an. Eine bündige Beschreibung der Gattung ist in dem wesentlichen Charakter enthalten (§. 141.), und die Regeln, wie er gemacht werden muss, sind auch schon bestimmt worden.

> Man mag nun ein noch so verschiedenes System wählen, so gelten doch alle diese Regeln ohne Ausnahme.

191.

Die ABARTEN (Varietates), wenn sie nicht erheblich sind, verdienen eben nicht sehr die Aufmerksamkeit des Botanikers; haben sie aber eine fremde Gestalt, so müssen sie angemerkt und beschrieben werden, damit keiner sie für Arten ansehe. Abarten, die bloss in der Farbe bestehn, können den Botaniker nicht reizen, weil diese sich leicht, wie wir bald sehn werden (§. 194.), verändern. Die verschiedene Bildung muss aber genauer beobachtet werden.

192.

Man unterscheidet an den Gewächsen folgende Hauptfarben:

1) *dunkelblau* (cyaneus), dunkel wie Berlinerblau.

2) *himmelblau* (coeruleus), heller, wie die Blumen des Vergifsmeinnicht.

3) *fchmaltblau* (azureus), beynahe die vorhergehende Farbe, nur sehr brennend wie Ultramarin.

4) *blafsblau* (caesius), sehr blafsblau mehr ins Graue spielend.

5) *ftahlgrün* (atrovirens), sehr dunkelgrün, etwas ins Dunkelblaue fallend.

6) *kupfergrün* (aeruginosus), hell Blaugrün.

7) *grasgrün* (prasinus, faturate-virens, smaragdinus), ein schönes Grün, wo weder Gelb noch Blau hervorschimmert.

8) *gelbgrün* (flavo-virens), Grün, das etwas ins Gelbe übergeht.

9) *graugrün* (glaucus), Grün, was ins Graue stark übergeht.

10) *goldgelb* (aureus), Gelb, was ganz rein ist, und keine fremde Beymischung hat.

11) *ochergelb* (ochraceus), Gelb, was kaum merklich ins Braune schimmert.

12) *blafsgelb* (pallide flavens), mehr weifs als gelb.

13) *fchwefelgelb* (sulphureus), brennend Hellgelb, z. B. die Blumen von Hieracium Pilosella.

14) *dottergelb* (vitellinus), schön Gelb, das etwas, aber kaum merklich ins Rothe schimmert.

15) *rostfarben* (ferrugineus), Braun, was stark ins Gelbe übergeht.

16) *tiefbraun* (brunneus), das dunkelste reinste Braun.

17) *gemeinbraun* (fuscus), eine braune Farbe, die stark ins Graue schimmert.

18) *kastanien-* oder *leberbraun* (badius, hepaticus), Braun, das ins Dunkelrothe spielt.

19) *orangegelb* (aurantiacus), gelb und roth vermischt.

20) *zinnoberroth* (miniatus s. cinnabarinus), fahl brennend Roth.

21) *ziegelfarben* (lateritius), die vorige Farbe, nur matter und ins Gelbe spielend.

22) *scharlachfarben* (coccineus s. phoeniceus), zinnoberroth sehr brennend und kaum merklich ins Blau spielend.

23) *fleischfarben* (carneus), eine Mischung zwischen weifs und roth.

24) *safranfarbig* (croceus), sehr dunkles Orange.

25) *hochroth* (puniceus), das angenehmste brennende Roth wie Carmin.

26) *blutroth* (sanguineus s. purpureus), matter als das vorhergehende aber sehr rein.

27) *rosenroth* (roseus), ein sehr blasses Blutroth.

28) *schwarzroth* (atropurpureus), sehr Dunkelroth, das schon der schwarzen Farbe sich naht.

29) *violett* (violaceus), Blau mit Roth vermischt.

30) *lilafarben* (lilacinus), die vorige Farbe, nur ungleich matter und mehr ins Rothe spielend.

31) *rabenschwarz* (ater), das allerreinste und dunkelste Schwarz.

32) *gewöhnlich schwarz* (niger), was schon mehr ins Grau spielt.

33) *aschgrau* (cinereus), dunkel Schwarzgrau.

34) *perlfarben* (griseus), lebhaftes Hellgrau.

35) *blasgrau* (canus), mehr weiss als grau.

36) *bleyfarben* (lividus), Dunkelgrau ins Violette spielend.

37) *milchweiss* (lacteus s. candidus), blendend Weiss.

38) *weiss* (albus), mattes Weiss.

39) *weisslich* (albidus), schmuziges mattes Weiss.

40) *durchsichtig* (hyalinus), durchscheinend klar wie weisses Glas.

Nur allein bey den Flechten und Pilzen werden diese Farben zur genaueren Bestimmung gebraucht. Sie sind auch bey diesen Gewächsen nicht so abweichend, wie bey andern.

Auf der neunten Platte sind alle hier angeführten Mischungen der Farben aufs genaueste vorgestellt, weil blosse wörtliche Bestimmung klare Begriffe nicht deutlich machen kann. Mehrere und feinere Mischungen kann man nicht annehmen.

193.

Jeder Theil eines Gewächses pflegt auch bestimmte Farben zu haben.

Die Wurzel ist gewöhnlich schwarz oder weiss, bisweilen braun, selten gelb oder roth, aber niemals grün.

Der Stengel und die Blätter sind gewöhnlich grün, seltener roth, bisweilen weiss und schwarz gefleckt, am seltensten gelb, äusserst selten blau, und nur weiss oder braun, wenn sie filzig sind.

Die Blumenkronen sind von allen Farben, selten aber grün, und noch seltener schwarz; der Kelch aber ist gewöhnlich grün, und selten von anderer Farbe, niemals schwarz.

Die Staubfäden sind gewöhnlich durchsichtig oder weiss, seltener von anderer Farbe.

Die saftigen Arten Früchte sind von allen Farben.

Die Kapseln sind braun, grün oder roth, selten schwarz.

Der Saame ist schwarz oder braun, seltener von anderer Farbe.

Sonderbar ist es, dass gelbe Blumenkronen bey den zusammengesetzten und den Herbstblumen am häufigsten vorkommen. Weisse Blumenkronen finden sich am meisten bey Frühlingsblumen. Blaue und weisse Blumen sind vorzüglich in kalten, rothe Blumen oder Blumen von schönen brennenden Farben gewöhnlich in warmen Him-

Himmelsgegenden. Weiſſe Beeren ſind gewöhnlich ſuſs, rothe ſauer, blaue ſuſs mit ſauer vermiſcht, und ſchwarze fade oder giftig.

194.

Wenn gleich die Botaniker niemals auf die Farbe achten, (§. 176.) ſo iſt doch die Art, wie einige Blumen und Früchte dieſelbe verändern, wichtig. Am meiſten gehn die Farben ins Weiſſe über. Die rothe und blaue pflegt ſich am häufigſten zu verändern. Seltener ſind die Veränderungen in gelb, oder daſs roth in gelb übergeht; blau geht ſehr häufig ins rothe über. Wir wollen von allen Beyſpiele anführen.

Roth geht ins Weiſſe über, bey:
Erica, Serpillum, Betonica, Pedicularis, Dianthus, Agroſtemma, Trifolium, Orchis, Digitalis, Carduus, Serratula, Papaver, Fumaria, Geranium u. a. m.

Blau verwandelt ſich ins Weiſſe bey:
Campanula, Pulmonaria, Anemone, Aquilegia, Viola, Vicia, Galega, Polygala, Symphytum, Borrago, Hyſſopus, Dracocephalum, Scabioſa, Jaſione, Centaurea, Cichorium u. a. m.

Gelb verwandelt ſich ins Weiſſe bey:
Melilotus, Agrimonia, Verbaſcum, Tulipa, Altea, Centaurea, Chryſanthemum u. a. m.

Q

Blau verwandelt sich in Roth bey:

Aquilegia, Polygala, Anemone, Centaurea, Pulmonaria u. s. w.

Blau verwandelt sich ins Gelbe bey:

Commelina, Crocus u. v. a.

Roth geht ins gelbe über bey:

Mirabilis, Tulipa, Anthyllis u., e. a.

Roth verwandelt sich in Blau bey:

Anagallis u. a. m.

Weiss ins Rothe bey:

Oxalis, Datura, Pisum, Bellis.

Die Früchte besonders die saftigen, verändern öfters ihre Farbe.

Schwarze Beeren verwandeln sich in Weisse bey:

Rubus, Myrtillus, Sambucus u. s. w.

Schwarz verwandelt sich in gelb bey:

Solanum.

Roth geht ins Weisse über bey:

Ribes, Rubus Idaeus.

Roth geht ins Gelbe über bey:

Cornus.

Grün ins Rothe bey:

Ribes Grossularia.

Schwarz in Grün bey:

Sambucus.

Die Saamen der Pflanzen verwandeln auch häufig ihre Farbe in eine andere, z. B. Mohn (Papaver) hat weissen und schwarzen Saamen.

Die Saamen der Schmetterlingsblumen sind am häufigsten der Veränderung der Farbe unterworfen.

195.

Die Blätter sind bey einigen Gewächsen im natürlichen Zustand gefleckt, aber nicht immer sind diese Flecke beständig, sie vergehn bisweilen ganz; Beyspiele davon geben:

Schwarzgefleckte Blätter,

Arum, Polygonum, Orchis, Hieracium, Hypochaeris.

Weissgefleckte Blätter,

Pulmonaria, Cyclamen.

Rothgefleckte Blätter,

Lactura, Rumex, Beta, Amaranthus.

Gelbgefleckte Blätter,

Amaranthus.

Einige Gewächse bekommen im Herbste rothe Blätter, Rumex; andere kommen bisweilen ganz roth vor, Angelica, Fagus, Beta, Amaranthus. Von zu grosser Hitze, Kälte, verschiedenem Boden und Lage werden die meisten Gewächse gelbgrün, hellgrün oder dunkelgrün. Durch ähnliche Zufälle werden bisweilen der Rand oder die Mitte des Blatts verändert. Die Gärtner lieben vorzüglich solche Gewächse, wie überhaupt alle Abarten, die für den Botaniker, der sich über die Bildung der Arten im Ganzen, aber nicht in der Farbe freut, keinen Reiz haben. Man nennt die Blätter, welche einen gelben Rand haben, *vergoldete Blätter* (folia aurata), wenn sie in der Mitte gelb gefleckt sind *gelbbunte Blätter* (folia aureo-variegata); wenn das Blatt weiss ist, heisst man dergleichen Blatt *versilbert* (folium argenteo f. albo-marginatum); wenn die Blätter weisse Flecke haben, nennt man sie *weissgefleckte* (folia albo f. argenteo-variegata).

196.

Die Blätter ändern aufser der Farbe noch in der Zahl, der Breite, den Beugungen und den Zertheilungen, ab. Die Zahl der Blätter kann nur bey zusammengesetzten, oder bey gegenüberstehenden abändern. Die Breite der Blätter kann auch sehr oft verschieden seyn, so dafs ein eyförmig Blatt in ein längliches oder in andere Arten übergeht. In den Beugungen sind viele Blätter abweichend. Die Kultur ändert oft die Gestalt der Blätter, vorzüglich aber pflegt ein fetter Boden viele Beugungen auf der Blattfläche hervorzubringen. Zum Beyspiele kann der gemeine Kohl dienen; noch einige andere Gewächse bekommen bisweilen wellenförmige oder krause Blätter.

Die Zertheilungen der Blätter verändern oft

das Ansehn einer Pflanze sehr merklich. Der gewöhnliche Flieder (Sambucus nigra) hat bisweilen fein zerschnittene Blätter; die Elfen (Betula Alnus) bringen bisweilen lappige oder zerschlitzte Blätter hervor. Man hat überhaupt eine sehr grofse Menge von dergleichen Abänderungen bemerkt. Die Cultur ist der wahre Probierstein der Pflanzen; durch das Aussäen der Abarten kann man bey oft wiederholtem Versuch mit Gewissheit entscheiden, was Arten und Abarten find. Dies ist das einzige Mittel hinter die Wahrheit zu kommen. So wenig die vorher angezeigten Abarten die Aufmerksamkeit des Kräuterkenners verdienten, so genau müssen diese angemerkt werden.

197.

Die MISGESTALTEN (Monstra) unterscheiden sich von den Abarten, dafs sie nicht den Absichten der Natur entsprechen. Entweder ist die Blume verkrüppelt, oder die Frucht verunstaltet. Bey den Früchten sind die Misgestalten seltener, als bey den Blumen. Die gewöhnlichste Art derselben ist, dafs eine Frucht in der andern enthalten ist, z. B. Citronen. Von ganz anderer Art sind einige saftige Früchte, die keinen Saamen enthalten. Solche Misgestalten zeigen sich bey der Ananas, Pisang, Brodfrucht,

u. m. a. Es entstehn dergleichen Miswüchse gewöhnlich aus übertriebener und zu langer Cultur.

Die Blumen zeigen folgende Arten von Misgestalten, welche nach gewissen Regeln die Pflanzen befallen können. *Eine volle* (flos multiplicatus), *gefüllte* (flos plenus), *ungestaltete* (flos difformis), *verstümmelte* (flos mutilatus), endlich *eine sprossende Blume* (flos prolifer).

198.

Eine VOLLE BLUME (Flos multiplicatus), ist der Anfang einer gefüllten, und nur im Grade verschieden. Bey der vollen Blume haben sich die Blumenblätter zwar vermehrt, aber sie haben noch Staubgefäfse und Griffel stehn lassen. Man unterscheidet die ersten Anfänge noch besonders als eine *doppelte* oder *dreyfache Blumenkrone* (Corolla duplex s. triplex). Einblättrige Blumenkronen pflegen öfter voll zu seyn, z. B. Datura, Campanula. Die mehrblättrigen Blumenkronen sind am häufigsten dergleichen Misgestalt unterworfen.

Kelch und Hüllen sind sehr selten voll, fast immer gilt dies nur von den Blumenkronen. An der Nelke bemerkt man zuweilen solche Misgestalt; alsdann ist der sonst einblättrige Kelch aus übereinanderliegenden Schuppen zusammenge-

setzt, so dafs die Blumenkrone fast verdrängt
wird, und das Ganze einer Kornähre nicht un-
ähnlich ist.

Den Gärtnern und Blumenliebhabern sind diese
und alle andere Misgestalten sehr angenehm, dem
Botaniker können sie aber nicht gefallen, weil dadurch alle Kennzeichen verdrängt werden. Dergleichen Misgestalten hält der Botaniker für keine
Blumen, sie sind ihm das, was buklichte oder ver-
wachsene Thiere dem Anatom sind, und nur dann
schätzbar, wenn sie Aufschlufs über de innern Bau
der Gewächse geben. Keine Gattung aber läfst
sich nach solchen Blumen bestimmen.

199.

Eine GEFÜLLTE BLUME (Flos plenus)
hat so viel Blumenblätter, dafs kein Staubgefäfs
oder Griffel übrig bleibt. Weil diesen Blumen
die zur Begattung nöthigen Theile fehlen, so
können sie niemals Saamen tragen. Eine volle
und gefüllte Blume entsteht durch zu fetten Boden. Eine Menge Gefäfse werden dadurch mit
Nahrungssaft überhäuft, dafs die Blumenblätter
und Staubgefäfse sich spalten und in mehrere Blumenblätter verwandeln. Bey einigen werden
die Blumen so sehr gefüllt, dafs der Kelch springt.

Einblättrige Blumen sind selten gefüllt, z. B.
Primula, Hyacinthus, Datura, Polyanthes.

Mehrblättrige Blumen sind am häufigsten gefüllt, z. B. Pyrus, Prunus, Rosa, Fragaria, Ranunculus, Caltha, Anemone, Aquilegia, Papaver, Paeonia u. m. a.

> Man hat an der Nelke und dem Mohn beweisen wollen, dass gefüllte Blumen Saamen tragen können; gewöhnlich aber liegt der Betrug darin, dass man volle und gefüllte Blumen verwechselt. Eine volle kann Saamen bringen, aber eine gefüllte niemals.

200.

Blumen, die Honiggefäfse (Nectaria) in Gestalt eines Sporns oder eines Kranzes haben, pflegen entweder den Kranz oder Sporn allein zu vermehren, und die Blumenblätter ganz zu verlieren, oder diese im natürlichen Zustand zu behalten. Sie können auch den Kranz oder den Sporn verlieren, und vermehren nur die Blumenblätter.

Von der ersten Art geben die gewöhnliche Akeley (Aquilegia vulgaris) und der gemeine Narciss (Narcissus Pseudonarcissus) Beyspiele. Bey der Akeley werden die Blumenblätter verdrängt und blofs die Spornen vermehrt. Es pflegen alsdann mehrere Spornen wie Tuten in einander zu stehen. Beym Narciss sind die Blumenblätter natürlich, der Kranz aber vermehrt.

Eben diese Pflanzen geben auch von der zweyten Art Beyspiele; bey der Akeley pflegen alsdann die Spornen ganz zu fehlen, und die Blumenblätter sind vermehrt, so können auch dem Narciss der Kranz fehlen, und die Blumenblätter gefüllt seyn. Auf diese Art füllt sich auch das Veilchen und der Rittersporn.

201.

Gewächse, die ein oder nur wenige Staubgefäfse haben, können niemals gefüllt werden. Wenigstens hat man die Fälle noch nicht gehabt. Einige natürliche Familien haben auch niemals gefüllte oder volle Blumen gezeigt. Solche sind:

Palmen (§. 136. No. 1.),

Moose (§. 136. No. 56.),

Flechten (§. 136. No. 57.),

Farrenkräuter (§. 135. No. 55.),

Pilze (§. 136. No. 58.),

die keine Blumenblätter haben (Apetalae),

die Kätzchen tragende (§. 86. No. 50.),

die Zapfen tragende (§. 136. No. 51.),

die sternförmigen (§. 136. No. 47.),

die Doldengewächse (§. 136. No. 45.),

die scharfblättrigen (§. 136. No. 41.),

die quirlförmigen (§. 136. No. 42.),

doch machen diese letztern zuweilen, aber doch selten, eine Ausnahme. Bey den verlarvten Blumen ist nur an der Gattung Anthirrinum eine gefüllte Blume bemerkt worden. Die Schmetterlingsblumen sind auch nur an sehr wenigen

Pflanzen gefüllt gefunden worden, z. B. Coronilla, Anthyllis, Clitoria, Spartium.

202.

Wie wir schon gesagt haben, kommen die gefüllten Blumen bey den mehrblättrigen Blumenkronen am gewöhnlichsten vor, aber einblättrige Blumenkrone kommen auch gefüllt vor, ob man es gleich ehemals bezweifelt hat; zum Beweise können dienen Colchicum, Crocus, Hyacinthus, Polyanthes, Convallaria Polygonatum. Die vielblättrigen Blumenkronen füllen sich durch die Blumenblätter, die einblättrigen durch die Einschnitte. Die gefüllten Blumen sind in ihrem Ansehn den zusammengesetzten ähnlich, und können von Anfängern leicht mit diesen verwechselt werden; sie sind aber sehr leicht zu unterscheiden: 1) dafs in der Mitte einer gefüllten Blume noch Ueberbleibsel des Griffels zu finden sind, 2) dafs keine Staubgefäse und Griffel an jedem Blatte zu bemerken sind, 3) dafs nach dem Verblühen nichts übrig bleibt, und keine Spur von Frucht wahrzunehmen ist, und 4) endlich dafs kein allgemeiner Fruchtboden sich zeigt.

203.

Die zusammengesetzten Blumen werden auf eine besondere Art gefüllt. *Die geschweiften Blumen* (Flores semiflosculosi) bekommen, wenn sie gefüllt sind, einen sehr langen Fruchtknoten und ein noch einmal so langes Federchen. Die zungenförmige Blumenkrone der Griffel und die Staubfäden sind wie natürlich, die Narbe aber ist gespalten und so lang als die Blumenkrone. Dergleichen Misgestalten sieht man bey Scorzonera, Lapsana, und Tragopogon.

Nur durch die angezeigten Verschiedenheiten lassen sie sich von den natürlichen geschweiften Blumen, und dadurch, dass sie keinen reifen Saamen tragen, unterscheiden.

204.

Die *Strahlenblumen* (Flores radiati) werden auf eine doppelte Art gefüllt: entweder durch die *Scheibe* (Discus), oder den *Strahl* (Radius).

Wenn die Scheibe gefüllt wird, so verdrängt sie ganz den Strahl und die röhrenförmigen Blumenkronen verlängern sich, so dass sie fast keulenförmig gestaltet sind, dabey gehn die Staubgefässe ganz verloren, z. B. Matricaria, Bellis, Tagetes. Auf eben diese Art werden auch die zusammengesetzten Blumen, die natürlich aus blossen röhrenförmigen Blumenkronen bestehn, gefüllt, wie Carduus u. s. w.

Von den natürlichen Blumen, die dasselbe

Anfehn haben, unterfcheiden fich diefe gefüllten durch die verlängerte Blumenkrone und den Mangel des Saamens deutlich genug.

Wenn der Strahl gefüllt wird, fo verdrängt er ganz die Scheibe, und die gefüllte Blume hat das Anfehn einer gefchweiften, fie läfst fich aber beym erften Anblick durch den Mangel der Staubgefäfse fehr leicht unterfcheiden. Von den einfachen gefüllten Blumen unterfcheiden fich diefe zufammengefetzten und gefüllten durch das Dafeyn eines Griffels an jedem Blumenblatte. Wie der Strahl bey einer Strahlenblume im natürlichen Zuftande befchaffen ift, fo ift er auch bey der gefüllten Blume. Ift der Strahl mit fruchtbaren weiblichen Blumen befetzt, fo ift die aus blossen zungenförmigen Blumen beftehende gefüllte auch mit fruchtbaren Griffeln befetzt, und kann leicht, wenn natürliche Pflanzen in der Nähe find, reifen Saamen tragen. Befteht der Strahl aus unfruchtbaren weiblichen Blumen, fo ift die gefüllte Blume auch aus dergleichen zufammengefetzt.

205.

Die UNGESTALTETE BLUME (Flos difformis) ift zwar eine nicht gefüllte, aber doch unfruchtbare Blume, die von der natürlichen Pflanze in ihrer Geftalt abweicht. Sie kommt gewöhnlich bey den einblättrigen Blumenkronen vor. Es gehören dahin einige lippen- und rachenförmige Blumen, z. B. Ajuga, Mimulus und Antirrhinum. Diese verlängern sich, bekommen die Gestalt einer eyförmigen Blumenkrone, die oben verengt und in vier Lappen zerschnitten ist; an der Basis verlängern sich verschiedene Sporen; dergleichen nennt man bey diesen Gewächsen **Peloria**. Das Antirrhinum Linaria wird öfters so bemerkt.

Eine andere Art ungestalteter Blume zeigt sich beym Schneeball (Viburnum Opulus). Im natürlichen Zustande hat dieser Strauch kleine radförmige Blumen, die am Rande mit unfruchtbaren grosen radförmigen eingeschlossen sind. Im Garten auf fettem Boden verwandeln sich alle Blumen in grose radförmige Blumenkronen, die dreymal gröfser, als gewöhnlich sind; alle Staubgefäfse und Griffel verschwinden. Man sieht dergleichen fast in allen Gärten.

Eine andere Art ungestalteter Blumen hat man auch, aber äufserst selten bemerkt. An einer Schirmpflanze fand man unter der Dolde eine zusammengesetzte Blume, wie die des Tausendschön (Bellis perennis). Siehe botanisch Magazin. I Tab. 2. Eben solche Blume hat Gesner am Ranunkel gefunden. *Siehe* **Joh. Gesner Dissert. de Ranunculo bellidifloro. Tiguri**

1753: 4. Es läßt sich über diese Misgestalten nichts Entscheidendes sagen, da sie nur beyde einmal sind bemerkt worden.

206.

Die VERSTÜMMELTE BLUME (Flos mutilatus) nennt man eine solche, die keine Blumenkrone hervorbringt, da sie doch eine haben sollte. Dieses kann man häufig an dem Märzveilchen und Hundeveilchen (Viola odorata et canina) sehn, die spät im Herbst noch Blumen bringen, aber wegen Mangel der Wärme die Blumenkrone nicht ausbilden. Campanula hybrida bringt in unserm Klima keine Blumenkrone, in Frankreich und Italien aber hat sie dieselbe. Ruellia clandestina bringt bey uns zuweilen Blumen ohne, zuweilen mit schönen Blumenkronen. In Barbados, wo sie wild wächst, soll sie auch solche Veränderung der Blume zeigen. Mehrere Beyspiele geben Campanula pentagona und perfoliata, einige Ipomoea, Tussilago und Lychnis-Arten.

207.

Die SPROSSENDE BLUME (Flos prolifer) ist eine in einer Blume enthaltene Blume. Gewöhnlich pflegt dergleichen Misgestalt sich bey gefüllten zu zeigen. Man hat zwey verschiedene Arten derselben, einmal bey den einfachen und zweytens bey den zusammengesetzten Blumen.

Bey einfachen Blumen entsteht aus dem Pistill ein Stengel, der Knospen und Blumen treibt. Mit Blättern ist der Stiel selten besetzt, so wie auch selten mehr als eine Blume aus der andern wächst. Beyspiele davon hat man an Nelken, Ranunkeln, Anemonen, Rosen, an Geum rivale und Cardamine pratensis bemerkt.

Bey den zusammengesetzten Blumen ist das Auswachsen auf eine andere Art, statt dass aus der Mitte der einfachen Blume eine andere hervorwächst, kommen bey den zusammengesetzten aus dem Fruchtboden mehrere Stiele, die Blumen tragen. Beyspiele geben: Scabiosa, Bellis, Calendula, Hieracium.

An den Schirmpflanzen ist auch etwas Aehnliches bemerkt worden, dass bisweilen eine Dolde aus der andern wächst, oder wie ich einen an Heracleo Sphondylio gesehn habe, dass die Dolde vier Fuss lang an der Spitze mit grünen Blättern und mit kleinen Dolden besetzt war.

Sprossende Früchte kann es nicht geben, weil der Stempel und die Narbe durch das Auswachsen der Blume verloren gehn; aber einen Zapfen habe ich schon am Lerchenbaum (Pinus Larix) sprossend gesehn. Hier geht es auch an, weil das fadenförmige Fruchtbehältniss, woran alle Schuppen des Zapfens befestigt sind, sich verlängern, und einen neuen Zapfen treiben kann, wie man dieses auch an den Grasähren bisweilen sieht. Auf fettem Boden bemerkt man öfters sprossende Rockenähren, auch sprossende Aehren an Phleum pratense, u. d. m.

208.

Die KRANKHEITEN (Morbi) entstehn von verschiedenen Dingen, als Kälte, Dürre, Nässe, Mangel an Luft, kränklichem Saamen, andern Pflanzen und Insekten. Das Ansehn der Gewächse wird durch diese Ursachen öfters so verändert, dass man kaum die wahre Art darin erkennen kann. Krankheit unterscheidet sich von der Schwäche des Alters, der jeder organische Körper unterworfen ist, dass sie im besten Wachsthum oder von Jugend auf das Gewächs befällt.

209.

Durch die Kälte leiden die Gewächse verschiedentlich. Sind sie in ein kälteres Klima verpflanzt, als sie eigentlich verlangen, so bleiben sie, besonders wenn es Bäume sind, niedrig, ihre Aeste kriechen dicht über die Erde fort, z. B. Pinus sylvestris, Abies u. m. a. werden auf hohen Gebürgen zuletzt in sogenanntes Knie- oder Krummholz verwandelt.

Eine

Eine aufserordentlich starke **Kälte** macht öfters Spalten oder Ritzen im Stamm, die wohl in der Folge verwachsen, aber doch einen hervorstehenden Rand zurücklassen, den der Forstmann Frostkluft nennt.

Die Blätter werden durch die Kälte roth oder gelb, und wenn sie zu stark ist, werden sie ganz getödtet; so leiden auch die Knospen und werden schwarz.

210.

Eine grofse **Dürre** bringt fast gleiche Würkungen hervor; die Staudengewächse und Kräuter blühen früher, werden nur halb so grofs und sehn ganz verkrüpelt aus. Die Ausdünstungen bleiben auf den Blättern, kleben die kleinen Gefäfse zu, und dadurch entstehn gelbe oder schwarze Flecke, bis endlich die Blätter ganz verschrumpfen. Auch entstehen Stockungen in den Säften, es verhärten sich mehrere Knospen, die ihrer Menge wegen sich nicht entwickeln können, dadurch erzeugen sich grofse verhärtete Massen an Bäumen und Sträuchern, die mit der Zeit immer gröfser werden. Man nennt sie Maser.

211.

Zu grofse **Nässe** verhindert das Reifwerden der Saamen, und macht, dafs vorzüglich saftige

Gewächse in Fäulniss übergehn. Den saftigen Gewächsen ist diese Krankheit öfters tödtlich. Auch die knolligen, zwiebelartigen und rübenförmigen Wurzeln gerathen durch Nässe in Fäulniss. Die Saamen sprossen dadurch bey einigen Gewächsen schon am Stengel in junge Pflanzen aus.

Einige Gräser treiben theils durch Kälte, theils durch Hitze, oder weil sie auf fettem Boden stehn, statt der Blüten kleine runde Knospen, die sehr bald Blätter am Halm bekommen. Diese nennt man *lebendiggebärende* (Gramina vivipara).

212.

Wie wir in der Folge sehn werden (§. 259.), verlangen die Gewächse eine gewisse Mischung der Luft, die zu ihrem Fortkommen nöthig ist. Fehlt ihnen also diese Luft, so werden sie bleichsüchtig, sie verlieren ihre grüne Farbe, wachsen sehr geil, fallen um und sterben.

213.

Die Gräser und einige wenige andere Gewächse haben, wenn der Saame, aus dem sie entsprossen sind, feucht war, oder doch etwas durch verschlossene nasse Luft gelitten hat, zwey merkwürdige Krankheiten, nemlich: den *Brand* (Ustilago) und das *Mutterkorn* (Clavus).

Der *Brand* (Ustilago) ist eine Krankheit, die den Saamen der Pflanze befällt. Bey den

Gräsern ist die ganze Aehre mit einem schwarzen Pulver bestreut, und der Saame ist auch in solches Mehl verwandelt. Bey einigen andern Gewächsen, z. B. Tragopogon Scorzonera, sind die Blumen viel kleiner, und der Saame besteht auch aus schwarzem Pulver. Alle Getraidearten, wenn der Saame zu einer nassen Jahreszeit ist eingesammelt worden, haben gewöhnlich den Brand.

Das *Mutterkorn* (Clavus) pflegt aus eben den Ursachen zu entstehen; es ist eine ungewöhnliche Ausdehnung des Saamens, der sehr lang, spitzig und etwas schwärzlich wird. Man kann aber keine Spur eines Keims darin entdecken.

Einige Naturforscher wollen die Entstehung des Brandes und des Mutterkorns kleinen Insekten zuschreiben.

§ 215.

Durch andere Gewächse pflegen die Pflanzen sehr krank zu werden, ja bisweilen zu sterben. Hieher gehören die sogenannten *Schmarozerpflanzen* (Plantae parasiticae). Dieses sind Pflanzen, die nicht in der Erde wachsen können, sondern auf Stengel, Stamm und Wurzeln anderer Gewächse wuchern. In unserer Gegend haben wir nicht viele dieser Art, in wärmern Himmelsstrichen sind sie gemeiner, am häufigsten aber im südlichen Amerika. Um Berlin sind folgende

Schmarozerpflanzen: Viscum album, Cuscuta europaea, Monotropa Hypopythis, Lathraea Squamaria, Orobanche major, Ophrys nidus avis.

Die Schmarozerpflanzen, welche auf Bäumen wachsen, dringen mit ihren Wurzeln in das Holz des Baumes, und saugen alle Säfte desselben an sich, wodurch der Wachsthum gehemmt, und endlich der Tod befördert wird. Schmarozerpflanzen, die an der Wurzel der Sträucher und Bäume sich ansaugen, thun eben dieses, aber doch nicht in so starkem Grade. Die Flachsseide (Cuscuta europaea) aber wickelt mit ihren nakten Zweigen alle Gewächse, die in der Nachbarschaft stehn, ein, und saugt sie aus, so dafs sie verkrüpeln, und am Ende sterben müssen.

Die Moose und Flechten, welche die Stämme der Bäume bekleiden, halten einige auch für nachtheilige Gewächse und Schmarozerpflanzen, sie sind es aber nicht, sondern haben ganz andere für den Wachsthum der Pflanzen vortheilhaftere Zwecke, die wir in der Folge auseinandersetzen werden.

Die Pilze, welche auf den Stämmen der Bäume wachsen, sind denselben sehr nachtheilig; sie enthalten viele Feuchtigkeit, die sie bey ihrem Vergehn auf dem Stamm zurücklassen, und dadurch eine Fäulnifs verursachen, welche dem Leben des Baumes nachtheilig wird.

Auf den Blättern einiger Gewächse finden
sich kleine Schimmelarten (Erysiphe), oder kleine Pilze, die man Rost (Rubigo) nennt, oder
auch andere gröfsere Pilze, welche dieselben
zerstören, z. B. Tussilago, Euphorbia, Berberis u. m. a.

216.

Zu mancherley Krankheiten geben auch noch
die Insekten Anlass. Die Raupen und Larven
vieler Insekten, auch Käfer, zernagen die Wurzel, den Stamm, die Blätter, Blumen und Früchte
der Gewächse, und verursachen öfter eine Art
von *Auszehrung* (Tabes). Eben diese Krankheit wird auch von Mehlthau oder den Blattläusen (Aphides), oder von den Schildläusen (Cocci)
hervorgebracht, welche öfters die ganze Pflanze
bedecken. Ueberhaupt ist ein mächtiges Heer
von Insekten stets geschäftig, der zu grofsen Ausbreitung des Gewächsreichs engere Gränzen zu
setzen.

Einige Insekten legen in die Substanz der
Pflanze ihre Eyer, wodurch wunderbar gestaltete
Auswüchse entstehn. Dahin gehören die Galläpfel der Bedeguar, die Fleischstacheln, Verdrehungen und Zapfenrosen. Die *Galläpfel* (Gallae) sind runde fleischige Massen, die sich auf
allen Theilen der Pflanze zeigen; sie enthalten
innerhalb eine kleine Made, woraus in der Folge

ein kleines geflügeltes Infekt, Cynips genannt, entsteht. Man findet dergleichen an Quercus, Glechoma, Cistus, Salix, Hieracium, Salvia, Veronica.

Der *Bedeguar* (Bedeguar) ist ein ganzes Nest von Infektenlarven, was mit einer fleischigen Masse umgeben ist, gewöhnlich von der Gröfse einer Faust, und mit fafrigen gefärbten Auswüchsen vorkommt. Er ist bis jetzt nur an der Rose bemerkt worden.

Die *Fleischstacheln* (Folliculi) sind spitzige und fleischige Hervorragungen, welche auf der Fläche des Blatts zum Vorschein kommen, z. B. Populus nigra, Tilia europaea.

Verdrehungen (Contorsiones) sind durch kleine Infekten aus ihrer natürlichen Richtung gebrachte aufgeschwollene Blätter, z. B. Cerastium, Veronica, Lotus, Vaccinium.

Zapfenrosen (Squamationes) entstehn, wenn die Infekteneyer in eine Knospe gelegt sind, wodurch die fernere Ausbildung derselben verhindert wird. Der Theil schwillt alsdann auf, und wird mit kleinen Schuppen oder Blättern bedeckt, z. B. Abies, Salix.

Die Infekten bringen noch verschiedene andere Krankheiten an den Pflanzen hervor, die wir hier nicht so genau auseinandersetzen können. Durch den Infektenstich werden Früchte, ehe sie noch ausgebildet sind, süfs, z. B. Kirschen, Pflaumen, Feigen. Durch den Stich der Insekten werden zuweilen Blumen gefüllt oder sprossend u. s. w,

217.

Wenn man alles, was wir in diesem und den vorhergehenden Abschnitten abgehandelt haben, in Anwendung bringen will, muss man die Natur in ihrer Werkstäte selbst belauschen, und an den Orten, wo die Pflanzen ursprünglich wachsen, seine Beobachtungen anstellen. Dem Gedächtnisse aber einige Hülfe zu verschaffen, ist es nöthig, sich eine *Kräutersammlung* (Herbarium) anzulegen. Sie hat den Vortheil, dass man zu allen Zeiten Vergleichungen zwischen den Gewächsen anstellen, und sich die mancherley Bildungen um so leichter einprägen kann.

Eine *Kräutersammlung* (Herbarium) besteht aus einer Menge sorgfältig getrockneter Gewächse. Die Regeln, welche man dabey beobachten muss, sind folgende:

1) Muss man die Gewächse zwischen Papier legen, ihre Theile auseinanderbreiten, und in mäsiger Wärme mit Umänderung des Papiers trocknen.

2) Müssen die Theile nicht eine falsche Richtung erhalten, die der Natur zuwider ist; z. B.

muss nicht eine hängende Blume in die Höhe gerichtet werden, u. s. w.

3) Müssen die Pflanzen zu einer Zeit gepflückt werden, wo sie alle Kennzeichen, um sie von andern zu unterscheiden, besitzen.

4) Müssen sie nicht bey Regenwetter gesammelt werden, weil sie alsdann gewöhnlich schwarz trocknen.

5) Saftige Pflanzen müssen mit einem warmen Stein oder mit glühendem Eisen getrocknet werden.

6) Saftige und zugleich feine Blumen, z. B. Iris, müssen zwischen weissem Papier getrocknet werden, und man darf das Papier nicht eher öffnen, als bis sie vollkommen trocken sind.

7) Moose werden angefeuchtet und sehr stark gepresst, weil sie sonst verschrumpfen.

8) Pilze lassen sich nicht aufbewahren; nur einige wenige, die lederartig sind, können getrocknet werden.

Hat man auf diese Art sich eine Sammlung getrockneter Gewächse gemacht, so legt man sie zwischen einzelne Bogen weisses Papier, und ordnet sie nach jedem beliebigen Systeme. Einige Kräuterkenner, selbst Linné, empfehlen das Aufkleben der Pflanzen. Es hat aber diese Methode sehr grosse Unbequemlichkeiten. Man kann nur die eine Fläche des Blatts übersehn, und die Blume, wenn sie sehr klein ist, kann man gar nicht mehr beobachten. Für einen Botaniker ist es vortheilhafter, die Pflanzen nicht aufzukleben, weil er öfters genöthigt ist, mit Hülfe des warmen Wassers die Blüten aufzuweichen, und ihre Gestalt genauer zu beobachten; auch kann er bessere Exemplare an dessen Stelle legen, und verschwendet nicht so viele Zeit mit dem Aufkleben. Will man ja die getrockneten Pflanzen befestigen, so kann dies durch einen Streifen Papier oder Faden sehr leicht geschehen. Bey den Moosen ist es wegen ihrer geringen Größe allenfalls anzurathen; man muß aber doch einige unaufgeklebt bewahren, um das Maul der Büchse untersuchen zu können.

218.

Am Schlusse dieses Abschnitts muß ich noch erinnern, daß die bis dahin abgehandelten Materien sich auf die eigentliche Kenntniß des Gewächsreichs einschränken; ich kann ihn aber nicht beschliessen, ohne vorher noch etwas über das Aufsuchen der Gewächse im System zu erwähnen. Wenn unsere Systeme den Grad der Vollkommenheit besitzen werden, den sie möglichst erreichen können, so wird es keine Schwierigkeit haben, Pflanzen darin aufzufinden; aber da dies noch nicht der Fall ist und seyn kann, muss der Anfänger schon mit mehreren Schwierigkeiten kämpfen, ehe er zur Gewissheit gelangt.

Gesetzt, man findet eine unbekannte Pflanze, so muss man erst die Klasse und Ordnung auszumitteln suchen, wohin sie gehört; hat man diese, so müssen alle Gattungen mit derselben verglichen werden. Zeigt sich keine damit übereinstimmend, so muss man die andern Klassen durchsehn, worunter sie, durch Abweichung der Zahl oder des Geschlechts seyn könnte; findet man sie auch da nicht beschrieben, so ist die Pflanze eine neue Gattung, die man genau beschreiben, und deren wesentlichen und natürlichen Charakter man auseinandersetzen muss. Findet sich diese Pflanze schon von ältern Kräuterkennern bestimmt, so setzt man deren Namen und Beschreibung unter seine eigene Bestimmung. Solche Anführungen der Schriftsteller nennt man *Citate* (Synonyma).

Man muss bey den Citaten seinen eigenen Namen oder seine Bestimmung, und wenn man keine eigene davon gegeben hat, die beste zuerst anzeigen, dann die, welche nach dieser die beste ist, und mit der schlechtesten beschliessen. Zuletzt muss das Vaterland, der Standort und die Zeit der Blüte angegeben werden.

IV. Namen der Gewächse.

219.

Es scheint freylich von keiner grofsen Wichtigkeit zu seyn, eine Pflanze mit einem neuen Namen zu belegen; aber es ist doch jedem, den die Kenntnifs der Gewächse beschäftigt, angenehm, den Namen derselben wohlklingend, leicht und überall angenommen zu finden. Sobald die Namen unbestimmt und unsicher sind, hört auch die Kenntnifs der Dinge auf. Die ältern Botaniker waren nicht sehr darauf bedacht, die Namen der Pflanze zu erhalten. Jeder, der sich als Schriftsteller aufwarf, suchte ihnen neue zu geben; daher war zu den Zeiten kein unangenehmeres, unsicheres Studium, als die Botanik. Mit den barbarischen, trocknen, unbestimmten Namenregistern wurden die Menschen abgeschreckt, und mufsten um der Namen und Ungewifsheiten willen eine der schönsten Vergnügungen, die Erforschung der Natur, entbehren. Durch sichere überall angenommene

IV. Namen

Namen sind wir im Stande, uns unter allen cultivirten Nationen, wo sich nur Kräuterkenner finden, verständlich zu machen.

220.

Tournefort, der eine Reform mit der Kräuterkunde vornahm, bestimmte Gattungen und Namen für jede derselben; die Arten aber wurden durch kurze oft nicht einmal bestimmte Beschreibungen unterschieden. Man war zwar schon mehr als vormals im Stande, sich auf die Gattungsnamen zu verlassen, aber die Arten blieben oft undeutlich. Linné hat sich, so wie überall in der Kräuterkunde, auch hier durch die sichere Bestimmung eines *Gattungsnamens* (Nomen genericum) und eines *Trivialnamens* (Nomen triviale), die er jeder Pflanze beylegte, ein grosses Verdienst erworben. Die Regel, nach welcher diese Namen bestimmt werden, sind folgende:

221.

Jede Gattung muss bestimmt und gewiss benannt werden, so wie auch eine neue Gattung einen neuen Namen haben muss. Ein einmal festgesetzter Namen darf nie, wenn er gut ist, geändert werden. Eine Pflanze kann nur von einem Botaniker benannt werden, dem die Namen aller Gewächse bekannt sind, damit nicht zwey verschiedene Gattungen mit einem Namen belegt werden.

222.

Namen die allgemein angenommen sind, müssen beybehalten werden; und wenn neu entdeckte Pflanzen zwey Namen von verschiedenen Botanisten erhalten haben, muss der erste, wenn er gut ist, bleiben.

Da man dem Linné in allen Stücken folgt, so ist es auch Pflicht, seine Benennungen, wenn sie würklichen Gattungen zukommen, zu erhalten. Bey neuen Entdeckungen im Gewächsreiche trift es sich öfters, dass zwey Botanisten an verschiedenen Orten zu gleicher Zeit eine und dieselbe neue Gattung unter verschiedenen Namen benennen. Einer von diesen Namen kann nur der Gattung zukommen: man muss also den ältesten, wenn er gut und nach den Regeln gemacht ist, beybehalten; z. B. der Brodbaum wurde von Solander, Forster und Thunberg beschrieben. Solander nannte ihn Sitodium, Forster Artocarpus, Thunberg Rademacheta. Forsters Name war der erste und auch zugleich der beste, folglich wurde er von allen angenommen.

223.

Die Namen müssen nicht zu lang seyn.

Wenn der Name einer Gattung aus viel kleinen Wörtern zusammengesetzt ist, wird er zu lang und dem Gehör übeltönend. Einige Namen der ältern Kräuterkenner können hier zum Beweise dienen:

Calophyllodendron, Orbitochortus,
Cariotragematodendros, Hypophyllocarpodendron,
Acrochordodendros, Stachyarpogophora,
Leuconarciffolirion, Myrobatindum.

224.

Man muss keine Namen fremder Nationen, aber auch keine von europäischen nehmen, sondern wo möglich aus dem Griechischen zusammensetzen.

Benennungen aus fremden Sprachen, wenn sie auch mit einer lateinischen Endigung versehn sind, klingen nie so gut, als griechische, und lassen sich auch nicht füglich zusammensetzen. Selbst Namen, die aus dem Lateinischen gemacht sind, haben nicht den Wohlklang; noch weniger, wenn man sie aus dem Lateinischen und Griechischen zusammensetzt. Wenn es möglich ist, so muss man ihn aus zwey griechischen Wörtern machen, und eine lateinische Endigung geben. Beyspiele von fehlerhaften Namen sind:

aus der amerikanischen Sprache:

| Aberemoa, | Apeiba, | Apalotoa, |
| Bocoa, | Caraipa, | Caffipourea, |

Conceveiba, Coumarouna, Faramea,
Guapira, Heymassoli, Icacorea,
Matayba, Ocotea, Pachira,
Paypayrola, Quapoya, Saouari,
Tocoyena, Vouacapoua, Vatoirea.

aus der malabarischen Sprache:

Manjapumeram, Balam-pulli,
Cudu-Pariti, Cumbulu.

aus der lateinischen Sprache:

Corona solis, Crista galli, Dens leonis,
Tuberosa, Graminifolia, Odorata.

aus der deutschen Sprache:

Bovista, Beccabunga, Brunella.

*aus der spanischen, italienischen, französischen,
englischen und schwedischen Sprache:*

Belladonna, Sarsaparilla, Galega, Orvala,
Amberboi, Percepier, Crupina.

*aus der griechischen und lateinischen Sprache
zusammengesetzt:*

Linagrostis, Cardamindum, Chrysanthemindum, Sapindus.

Solche Benennungen sind immer fehlerhaft,
und dürfen, wenn auch gleich einige davon angenommen sind, nicht nachgemacht werden.

Besser sind folgende Namen, und verdienen
überall Nachahmung:

Glycyrrhiza von γλυκὺς süſs und ῥίζα Wurzel
Liriodendrum von λείριον lilienartig u. δένδρον Baum,

Ophioxylon von ὄφις Schlangen und ξύλον Holz,
Cephalanthus von κεφαλή Kopf und ἄνθος Blume,
Lithospermum von λίθος Stein und σπέρμα Saame,
Leontodon von λέων Löwe und ὀδούς Zahn,
Hippuris von ἵππος Pferd und οὐρά Schwanz.

225.

Man muſs uber nicht Pflanzen mit dem Namen eines Thieres oder Minerals belegen.

Die Namen der Pflanzen müssen nicht mit Namen von Thieren oder Mineralien einerley seyn, sondern jede Gattung aller drey Reiche muſs verschiedene Benennungen haben. Solche fehlerhafte Namen sind:

Taxus, Onagra, Elephas, Ampelis, Natrix, Delphinium, Ephemerum, Eruca, Locusta, Phalangium, Staphylinus, Granatum, Hiacynthus, Plumbago.

226.

Namen, die von religiösen, himmlischen, moralischen, anatomischen, pathologischen, geographischen und andern Dingen hergenommen sind, müssen auch nicht angenommen werden.

Wenn man eine Benennung wählt, welche auf irgend eine religiöse oder andere Sache Beziehung hat, die nicht unmittelbar verglichen werden kann, oder nicht jedermann bekannt ist, so taugt sie nichts. Fehlerhafte Namen der Art sind:

Reli-

der Gewächse. 273

Religiöse:

Pater noster,	Oculus Christi,
Morsus Diaboli,	Spina Christi,
Fuga Daemonum,	Palma Christi,
Calceus Mariae,	Labrum Veneris,
Barba Jovis,	Umbilicus Veneris,

Poetische:

Ambrosia, Cornucopiae, Protea,
Narcissus, Adonis, Cerbera,
Circaea, Phyllis, Andromeda,
Gramen Parnassi.

vom Standorte und Vaterlande:

Hortensia, China, Molucca, Ternatea.

Moralische:

Impatiens, Patientia, Concordia.

Anatomische:

Clitoris, Vulvaria, Priapus, Umbilicus.

Pathologische:

Paralysis, Sphacelus, Verruca.

Oekonomische:

Candela, Ferrum equinum, Serra, Bursa pastoris.

227.

Die Namen der Gattungen müssen nach Aehnlichkeiten oder Eigenschaften gemacht werden, die aber nicht an einer Art, sondern an mehreren derselben Gattung zu finden sind.

Wenn man die Namen nach dem wesent-

8

lichen Charakter der Gattungen oder von der
Geftalt des Saamens feiner Aehnlichkeit mit
andern Pflanzen oder überhaupt der Geftalt der
Blume geben kann, fo haben dergleichen den
Vorzug, dafs man fogleich einen Begriff von der
Geftalt bekommt. Die Eigenfchaften eines Gewächfes und die Farbe geben keine gute Benennungen, doch mufs man dazu bisweilen feine
Zuflucht nehmen. Wenn aber Gattungen Namen von fehr ungewiffen Dingen, z. B. einem wol-
ligen Blatte oder Stengel, der nur einer einzigen Art zukommt, gegeben werden, fo find fie
nicht empfehlenswerth.

*Namen, die nur nach einem Theile des Gewächfes
gemacht find, und keine Nachahmung verdienen:*

Cyanella, wegen der blauen Blume; es giebt
aber Arten mit gelben.

Argyrophyllum, wegen der filzigen weifsen
Blätter.

Gratiola, wegen der Güte der Arzeneykräfte.

Samolus, von der Infel Samos, wo die Pflanze
zuerft gefunden wurde.

228.

*Namen, die fich auf oides, aftrum, aftroides, ago,
ella, ana endigen, mufs man forgfältig vermeiden.*

Man drückt fonft durch diefe Endigungen die
Aehnlichkeiten der Pflanzen mit andern aus, und

deutet dadurch zugleich einen Zweifel an. Ueberhaupt müssen solche Endigungen, da sie nicht einmal wohlklingend sind, vermieden werden. Zum Beyspiel mögen folgende dienen.

Alsinoides,	Lycoperdastrum,
Alsinella,	Lycoperdoides,
Alsinastrum,	Juncago,
Alsinastroides,	Erucago,
Alsinastriformis,	Portulacaria,
Anagalloides,	Breyniana,
Anagallastrum,	Ruyschiana,
Clathroidastrum.	

229.

Man muſs auch gleichlautende Namen zu vermeiden suchen.

Ein Namen kann bisweilen sehr gut seyn, aber er hat den Fehler, daſs er mit andern fast gleichklingt; und dann muſs er, um nicht durch Druckfehler oder undeutliche Aussprache Verwirrung zu veranlassen, verändert werden. Solche Namen sind:

Conocarpus,	Ambrosia,	Gaura,
Gonocarpus,	Ambrosinia,	Guarea.

230.

Der Name einer Klasse oder Ordnung kann nie als Gattungsname gebraucht werden.

276   IV. Namen

Die Alten brauchen öfters die Benennung ganzer Familien für einzelne Gattungen; dies macht aber, daſs Anfänger dadurch leicht irre geführt werden, und man bisweilen nicht weiſs, ob von einer Gattung oder Klaſſe die Rede iſt. Solche Namen sind:

Lilium, Palma, Filix, Muſcus, Fungus u. d. m.

231.

Die gröſste Belohnung eines Botanikers iſt die Benennung einer Gattung nach seinem Namen, und solche Namen muſs man zu erhalten suchen.

Kein Denkmal von Marmor, oder in Erz gegraben, iſt so bleibend, als dieſes. Es iſt der einzige Lohn, auf den nur ein wahrer Botaniker oder Beförderer dieſer Wiſſenſchaft Anspruch machen kann.

Man muſs aber den Namen des Botanikers nicht verändern, sondern unverändert beybehalten, und ihm eine schickliche lateinische Endigung geben, z. B.

Linnaea, Royenia, Thunbergia, Sparmanna, Gleditſchia, Halleria, Buxbaumia, Retzia u. m. d.

232.

Um die Arten beſſer kennen zu lernen, gab Linné jeder Pflanze noch auſſer dem Gattungsnamen einen zweyten, welcher der Trivialname

(§. 220.) genannt wird. Durch dergleichen Namen wird die Kenntniss der Gewächse ungemein erleichtert. Man muss bey Trivialnamen Folgendes bemerken:

233.

Ein Trivialname muss kurz, nicht wie der Gattungsname, also nie Substantiv, sondern immer Adjectiv seyn.

Die Trivialnamen haben die Absicht, dem Gedächtnisse zur Hülfe zu kommen; sind sie also, wie Gattungsnamen, zusammengesetzt, so entsprechen sie ihrem Zwecke nicht. Es ist auch widersinnig, einen Gattungsnamen, der eigentlich ein Substantiv ist, wieder mit einem Substantivo zusammenzustellen. Aus dieser Ursache sind die Benennungen:

Carex Drymeia,   Juncus Tenageja,
Carex Chordorhiza,   Scirpus Beothryon,
Carex Heleonaster,   Lichen Aipolius u. m. d.

immer fehlerhaft. Der Trivialname soll ein Adjectiv seyn, und wo möglich die Eigenheiten der Art ausdrücken. Besser sind daher die Benennungen:

Carex paniculata,   Campanula patula.
Carex canescens,   Campanula persicifolia u. s. w.

234.

Die Gestalt, Bekleidung, und überhaupt das Un-

terscheidende geben, wenn es möglich ist, die besten Trivialnamen.

Wenn man das Unterscheidende, es bestehe nun worin es wolle, ganz kurz in einem Adjectivo zusammenfassen kann, so verdient dergleichen Namen vor vielen andern den Vorzug. Es muss aber das Adjectiv nie zu lang werden, auch niemals aus zwey Wortern bestehn. Wenn sich aber der Trivialname nicht so ausdrücken läfst, dann nur nimmt man zu Eigenschaften, Standort und dergleichen Dingen seine Zuflucht.

235.

Die Farbe und das Vaterland geben die unsichersten Trivialnamen.

Man kann es niemals einer Pflanze ansehn, ob sie in diesem oder jenem Lande allein wächst, und ob nicht noch eine entdeckt werden könnte. Eben so wenig weiss man, ob eine Pflanze in ihrer Farbe beständig seyn wird. Solche Trivialnamen sind also niemals anzurathen. Linné hat ein Polemonium coeruleum, es ändert aber mit weisser Blume ab. Evonymus europaeus ist nicht der einzige seiner Gattung in Europa; es giebt noch zwey, den Evonymus verrucosus und latifolius, die beyde in Europa wachsen. Noch mehrere Beyspiele könnte man hier anzeigen, die alle beweisen, dafs solche Namen nicht viel taugen.

236.

Die Abarten, wenn sie von Wichtigkeit sind, muss der Botaniker kennen, sie durch einen zweyten Namen anzeigen, und allezeit mit griechischen Buchstaben bezeichnen. Die Hauptart, von der sie abstammen, muss oben an stehn, z. B.

Der Kohl   Brassica oleracea.

grüner Kohl	—	—	α. viridis.
rother Kohl	—	—	β. rubra.
weisser Kohl	—	—	γ. capitata.
Wirsiegkohl	—	—	δ. sabauda.
Blaukohl	—	—	ε. laciniata.
Blumaschkohl	—	—	ζ. selenisia.
Buschkohl	—	—	η. sabellica.
Blumenkohl	—	—	θ. botrytis.
Kohlrüben	—	—	ι. napobrassica.
Kohlrabi	—	—	κ. gongylodes.

Auf diese Art kann man mit wenigen Worten Gattung, Art und Abart bezeichnen, wozu die altern Botaniker ganze weitläuftige Beschreibungen nöthig hatten, die man nicht so leicht behalten konnte.

237.

Der grosse Nutzen der Linnéschen Benennungen ist einigen Botanikern nicht so einleuchtend gewesen, deshalb haben sie darin einige Aenderungen treffen wollen. Hieher gehören die

IV. Namen

Vorschläge, welche *Ehrhart* und *Wolf* gethan haben. Ersterer hat, da doch in der Natur keine eigentliche Gattungen sind, und sie nur durch den Scharfsinn der Botaniker aufgestellt werden, jeder Pflanze nur einen Namen geben wollen, womit er in seinem Phytophylaceo den Anfang gemacht hat, z. B.

Polyglochin ist Carex dioica.
Psyllophora — — pulicaris.
Ammorrhiza — — arenaria.
Caricella — — capillaris.
Limonaetes — — pallescens.
Baeochortus — — humilis u. s. w.

Die Kräuterkunde würde durch solche Namen sehr erschwert werden. Werden aber die Gewächse in Gattungen abgetheilt, so sind höchstens nur 2000 Gattungsnamen zu behalten; da nach des Herrn Ehrharts Vorschlag 20000 Gewächse, die bis jetzt bekannt sind, mit eigenen Namen versehn werden müsten. Welches menschliche Gedächtniss ist im Stande, alle diese Namen zu fassen? Nimmt man nun noch an, dass auf unserm Erdball, nach einer mäsigen Berechnung, 80000 verschiedene Pflanzen sind, so sieht man leicht ein, dass diese Idee gar nicht auszuführen ist.

Der Vorschlag des Herrn Wolf ist von ganz anderer Art. Er glaubt, es würde für die Kräuterkunde ungleich vortheilhafter seyn, jede einzelne Verschiedenheit der Gewächse, die auf Figur der Blume, Staubfäden, Griffel, Frucht, Blätter, Wurzel, Stengel, Stützen, Blütenstand, Geruch, Farbe und Eigenschaften Bezug hätte, durch einen besondern Buchstaben anzudeuten, dass man bey allen Gewächsen nur aus diesen Buchstaben den Namen zusammensetzen dürfte, um sogleich den ganzen Bau und die Eigenschaften desselben vot Augen zu haben. So scharfsinnig auch dieser Vorschlag ist, so wenig kann er angewandt werden. Es läfst sich leicht denken, welche barbarische Namen daraus entstehen müssen, und dafs viele Consonanten dadurch gehäuft werden, die man nach gewissen Regeln aussprechen muss. Um sich nur einigermafsen Fertigkeit darin zu erwerben, würde ein halbes Menschenalter erfordert, und der Vortheil, den man dadurch erlangen könnte, würde wahrlich nicht so grofs seyn!

Der Herr Regierungsrath Medicus thut den Vorschlag, noch aufser den beyden Namen einen Familiennamen hinzuzufügen. Jede Pflanze würde auf diese Art ihrer drey haben. Es kann auch dieser Vorschlag nicht angenommen werden; denn wozu soll man das Gedächtniss mit mehreren Namen beschweren, da man schon aus der Klasse und Ordnung weiss, mit welchen Gewächsen die Pflanze verwandt ist?

V. Physiologie.

238.

Dafs die Gewächse leben, ist wohl keinem Zweifel unterworfen. Ihr Entwickeln vom Saamen bis zu einer beftimmten Geöfse, das Entstehen der Blume oder des frischen Saamens, der wieder in Pflanzen derselben Art, von der er abstammt, verwandelt wird. Diefer ewige Kreislauf des Bildens, Entstehens und Vergehens derselben beweifet gar deutlich, dafs sie leben. Leben im weitläuftigsten Sinne setzt Empfindung und Bewufstfeyn zum voraus. Zum Empfinden werden Nerven und zum Bewufstfeyn eine Seele erfordert, die man doch den Gewächsen nicht mit Gewifsheit zueignen kann. So wie es unter den Thieren vom Menschen bis zur Milbe allmählig abnehmende Stufen des Empfindens und Bewufstfeyns giebt, eben so finden wir Beyspiele unter den Gewächsen, die etwas Vollkommneres bey einigen vermuthen laffen.

Am thierischen Körper hat man folgende

V. Physiologie. 283

Kräfte: die Schnellkraft (Elasticitas), die Zusammenziehung (Contractilitas), die Reizbarkeit (Irritabilitas), die Empfindung (Sensilitas), die Lebenskraft (Vis vitalis), und den Bildungstrieb (Nisus formativus) bemerkt. Diese verschiedenen Kräfte, welche vom Leben des Thiers unzertrennlich sind, kann man auch den Gewächsen nicht absprechen, nur dafs sie bey diesen in geringerem Grade sich äufsern.

Die Schnellkraft ist das Bestreben eines biegsamen Körpers nach dem Ausdehnen oder Zusammendrücken, seine vorige Gestalt mit Gewalt wieder einzunehmen. Diese Kraft zeigt sich noch beym Holze und verschiedenen verdickten Pflanzensäften.

Die Zusammenziehung, die man auch eine todte Kraft (Vis mortua) zu nennen pflegt, ist den Fasern des Holzes eigen. Sie besteht in einer Ausdehnung und Zusammenziehung, welche durch Feuchtigkeit oder Hitze bewürkt wird. Nicht blofs bey frischen Gewächsen, sondern auch bey trocknen ist sie zu finden.

Die Reizbarkeit ist eine Kraft, die sich nur bey der lebenden Pflanze zeigt und mit dem Tode verschwindet. Sie äufsert sich bey einigen Gewächsen sehr deutlich; wenn man einen Theil derselben berührt, so zieht er sich schnell zusammen. Man kann diese Kraft nicht für blofses Zu-

sammenziehen (Contractilitas) halten, weil sie mit
dem Verschwinden des Theils, oder mit dem
Tode aufhört, und sich bey aufgetrockneten Gewächsen
nicht mehr zeigt. Beyspiele geben Mimosa
sensitiva, pudica, Dionaea Muscipula,
Smithia sensitiva, Oxalis sensitiva u. m. a. So
lange diese Gewächse leben, ziehn sie durch eine
schwache Berührunn ihre Blätter zusammen. Die
Staubgefäse einiger Gewächse, als Berberis vulgaris,
Parietaria u. a. m. legen sich, so lange sie
frisch sind, durch eine Berührung auch schnell
zusammen.

Die Empfindung wird bey den Thieren durch
die Nerven bewürkt. Ob nun Pflanzen würklich
empfinden, ist eine Frage, die noch lange
nicht mit Gewisheit entschieden ist. Herr *Percival*
hat zwar dies mit vielen Erfahrungen beweisen
wollen, die aber doch nichts Gewisses entscheiden.
Er geht von dem Gedanken aus, dafs
Instinkte bey den Gewächsen wären, und wo
Instinkt ist, musste auch Empfindung seyn. Seine
Beweise über den Instinkt der Gewächse scheinen
aber die Meynung nicht zu bestätigen. Empfindung
ist von der Reizbarkeit darin verschieden,
dafs der Körper, welcher empfindet, sich
dessen auch bewufst seyn mufs. Und dies mit
Gewifsheit bey den Gewächsen zu erweisen,
möchte wohl vielen Schwierigkeiten unterwor-

fen feyn. Könnte etwas Empfindung im Pflanzenreiche beweisen, so wären es folgende Dinge: der Schlaf, das Oeffnen und Schliessen verschiedener Blumen. Die meisten Pflanzen mit gefiederten Blättern, legen sie zu einer bestimmten Zeit zusammen. Mimosa Libbeck pflegt des Abends um 4 Uhr ihre Blätter zu schliessen. Tamarindus indica legt gegen Abend seine Blätter zusammen, und bedeckt ganz dicht die Blume und jungen Früchte. Die Blumen der Nymphaea alba schliessen sich nach Sonnenuntergang, und was merkwürdig ist, tauchen unter Wasser. Viele Blumen aus der Klasse Syngenesia, besonders Bellis perennis, Calendula pulvialis schliessen sich, wenn ein Regen kommen soll. Beweisen diese Thatsachen nicht, dass wirklich ein gewisser Grad des Empfindens bey den Gewächsen statt findet?

Die Lebenskraft (Vis vitalis s. vita propria) ist eine Kraft, die gewissen Theilen eigen ist, und die Verrichtung derselben befördert. Hieher gehört die Kraft, welche die Säfte im Pflanzenkörper forttreibt. Dass die Säfte durch eine gewisse Kraft fortgetrieben werden, lässt sich leicht beweisen. Wenn man eine Pflanze, welche in einen Topf gesetzt ist, allmählig durch Entziehung des Wassers welken lässt, so wird, wenn die Pflanze auch alle Theile behalten hat, sie nachher nicht wieder im Stande seyn, man mag sie noch so stark begiessen, fortzuwachsen; es fehlt hier die Lebenskraft, welche vorher den Saft in die Höhe trieb.

Der Bildungstrieb (Nisus formativus) ist eine Kraft, verlorne oder verlezte Theile wieder zu ersetzen oder zu ergänzen. Wenn man einen Baum aller Aeste beraubt, so wird er wieder neue hervorbringen. Wird die Rinde verlezt, so ersetzen die nächsten Gefäse des Bastes das Fehlende, und die Wunde heilt zu. Nicht alle Gewächse haben diese Kraft in gleichem Grade; einigen scheint sie ganz zu fehlen, da hingegen andere desto stärker sie äusern.

240.

Jene Kräfte, die man unleugbar bey den Thieren dargethan hat, sind auch, wie wir gesehn haben, den Gewächsen eigen. Man müste denn das Empfinden ausnehmen, was vielleicht einige nur für einen erhöhten Grad der Reizbarkeit halten. Es frägt sich aber, ob bey einigen Thieren, besonders aus der Familie der Würmer, das Empfinden deutlicher, als bey einigen Gewächsen ist, und ob man die Gränze festsetzen kann, wo diese Kraft aufhört. Man wird zwar einwenden, dass nur einige Gewächse etwas dem Empfinden Aehnliches äusern, aber bey weitem nicht alle, und dafs endlich noch keine Nerven wären entdeckt worden, worin doch nur allein bey den Thieren diese Kraft liegt. Sind aber immer Nerven, und zwar bey so ganz verschieden gebildeten Körpern, wie die Gewächse sind, nöthig, um ihnen Empfindung zuzueignen; und kennen wir den innern Bau derselben schon so genau, ihnen dergleichen ganz absprechen zu wollen; und wer bürgt uns endlich dafür, dafs die Gewächse, bey denen wir diese Kraft nicht bemerken können, sie würklich nicht haben? So lange wir noch nichts entscheidend Widersprechendes darüber wissen, sehe ich nicht ein, warum man bey den Pflanzen kein Empfinden annehmen will.

241.

In den frühsten Zeiten haben einige Naturforscher den Gewächsen eine Seele zueignen wollen. Nachher ist dies ganz in Vergessenheit gerathen, und nur erst im vorigen Jahrzehend hat *Percival* es zu beweisen gesucht. Seine Beweise sind diese: haben Pflanzen Empfindung, so müssen sie sich dessen, wenn auch nur ganz dunkel, bewufst seyn; und sind sie sich dessen bewufst, so haben sie auch eine Seele. Das Empfinden und Bewufstseyn der Gewächse, sagt er, liesse sich aus dem Saamen beweisen; legt man diesen verkehrt in die

Erde, so dreht er sich beym Keimen um, und kommt eben so gut, wie ordentlich gesäeter, zum Vorschein. Pflanzt man ferner eine Hopfenstaude, so werden ihre Stengel immer den nächsten Stock oder Stamm suchen, um in die Höhe zu ranken. Mehrere ähnliche Beyspiele übergehn wir, um nicht zu weitläuftig zu seyn. Selbst Hedwig, der gröfste Pflanzenphysiolog unsers Jahrhunderts versichert, bey starker Vergrösserung etwas gesehn zu haben, was ihn vermuthen läfst, ein τὸ ψυχεῖον (etwas Seelenartiges) anzunehmen. Sollte freylich Empfindung, was ich nicht mit Gewifsheit zu behaupten wage, den Gewächsen eigen seyn, so glaube ich, dafs man den geringsten Grad eines Bewufstseyns auch annehmen müsse.

242.

Zwischen den Pflanzen und Thieren haben in ihrer äussern Gestalt viele Naturforscher Aehnlichkeiten gesucht. Aristoteles hat schon die Pflanzen umgekehrte Thiere genannt. Linné führte diese Idee aus: er nannte die Wärme das Herz, die Erde den Magen, und die Blätter die Lunge der Gewächse. Es bedarf wohl keiner weitern Erklärung, dafs diese Vergleichungen ziemlich gesucht und unnatürlich sind. Am glücklichsten hat der unvergessliche Bonnet diese Materie ausgeführt. Mit dem gröfsten Scharfsinn und der glück-

glücklichsten Einbildungskraft macht er zwischen dem Eye, der Leibesfrucht, der Ernährung, dem Wachsthum, den Befruchtungsorganen, und andern Theilen der Thiere die treffendsten Vergleichungen. So vollständig auch dieser grosse Naturkündiger die Materie abgehandelt hat, so zeigen sich doch einige Umstände, die er übersehn zu haben scheint, und die wir im Zusammenhang mit einigen bekannten anführen wollen.

243.

Thiere und Pflanzen kommen darin überein, dass ihr Körper nach dem Leben zerstört wird. Alles, was organisch heifst, ist mehr oder weniger der Verwesung unterworfen. Im Mineralreiche finden wir zwar auch etwas Aehnliches, z. B. Porphir, Kies und andere Körper zerfallen in Staub, es ist aber keine Gährung, wie bey Thieren und Pflanzen, sondern ein Zertheilen, und die Stoffe bleiben dieselben; organische Körper aber werden dadurch ganz verwandelt.

Thiere athmen eine Menge Luft ein, und stofsen sie wieder von sich, eben so die Gewächse, nur mit dem Unterschiede, dafs die Thiere Lebensluft einathmen, aber phlogistische wieder ausstofsen; Pflanzen hingegen phlogistische Luft begierig an sich ziehn und unter gewissen Umständen Lebensluft aushauchen.

T

Thiere begatten sich, gebären, leben und sterben; die Pflanzen begatten sich, denn in der Blume sind die Werkzeuge der Befruchtung enthalten; sie gebären, das heifst, sie bringen ihre Früchte, sie leben, wie wir gezeigt haben, und endlich hören sie auf zu leben, das heifst, sie sterben.

Thiere, besonders die kleineren, wohin die Polypen, Eingeweidewürmer und andere gehören, vermehren sich auch durch Zertheilung ihres Körpers. Die meisten Gewächse können sich durch Zertheilung ihres Körpers vermehren, z. B. Weiden u. s. w. Thiere haben eine bestimmte Zeit der Begattung; Pflanzen tragen auch zu einer gewissen Zeit ihre Blumen, und machen davon keine Ausnahme. Alle Gewächse aus der südlichen Halbkugel, die, wenn wir Winter haben, in ihrem Vaterlande der Sonnenhitze ausgesetzt sind, blühen doch in unsern Glashäusern gerade im Winter, also zu der Zeit, wo sie in ihrem natürlichen Standorte Blumen bringen.

Thiere bewegen sich freywillig von einem Flecke zum andern, doch thun sie dies nicht alle; viele, z. E. die Auster, einige Eingeweidewürmer, die Polypen u. a. sind beständig an irgend einem Körper befestigt. Hierin kommen die Pflanzen mit den ebengenannten Würmern überein. Die meisten haben einen bestimmten

Ort, an dem sie festgewachsen sind; nur wenige Gewächse schwimmen auf der Oberfläche des Wassers umher. Die Orchisarten, welche hodenförmige und handförmige Wurzeln haben (§. 8. N. 12. 13.), verlieren alle Jahr eine Wurzel, und setzen auf der entgegengesetzten Seite eine neue an, dadurch verändern sie jährlich ihren Standort; so dafs sie nach vielen Jahren auf einen ganz andern Fleck zu stehn kommen. Eben so sind die kriechenden Wurzeln, die unter der Erde fortgehn, und auch die kriechenden Stengel als wandernde Gewächse zu betrachten. Die Blätter des Hedysarum gyrans bewegen sich freywillig auf und ab; dadurch ist dieses Gewächs sehr nahe mit dem Thierreiche verwandt. Verschiedene Blumen drehen sich nach der Sonne, so wie einige rankende Gewächse Bäume oder andere Gegenstände suchen, um in die Höhe zu klettern. Man kann wenigstens nicht leugnen, dafs diese Thatsachen einige Aehnlichkeiten mit den Thieren beweisen.

Das Leben der Thiere ist nach den Klassen und Arten sehr verschieden. Es giebt Thiere, die hundert und mehrere, oder ein einziges Jahr, wenige Monathe, Wochen, Tage, oder wohl gar nur einige Stunden zu leben haben. Die Insekten leben nur wenige Zeit, und einige ganz

kleine Würmer haben eine noch kürzere Periode
des Lebens; andere Thiere erstarren, und leben
zu einer festgesetzten Zeit wieder auf, z. B. der
Frosch. Einige andere scheinen todt zu seyn,
und erhalten doch wieder Leben, sobald ihnen
das fehlende Element, worin allein sie nur munter seyn können, mitgetheilt wird, dahin gehört
ein Insekt, Monoculus, das sich im Wasser aufhält, und wenn dies austrocknet, todt zu seyn
scheint, sobald aber ein Regen eintritt, wieder
auflebt. Man will in fremden Welttheilen noch
einige andere Thiere bemerkt haben, die ein
eben so zähes Leben besitzen. Unter den Pflanzen haben wir die Eiche, die fünf- bis sechshundert und mehrere Jahre alt wird. Der Affenbrodbaum (Adansonia digitata), welcher in Afrika sehr gemein ist, wird wenigstens tausend Jahr,
wo nicht noch einmal so alt. Alle Sommergewächse leben nur ein Jahr, bisweilen nur drey
bis vier Monathe. Die Pilze haben noch eine
kürzere Dauer, wenige werden ein oder mehrere
Jahre alt, aber die meisten existiren nur einige
Tage, die allerkleinsten haben vielleicht eine
noch kürzere Dauer, z. B. Mucor Lycogala. Die
Staudengewächse sterben im Herbste über der
Wurzel ab, leben aber mit dem Frühlinge wieder auf, und treiben neue Schößlinge. Die Moose
haben von allen Gewächsen das zäheste Leben.

Im Sommer scheinen sie todt zu seyn, im Herbste aber leben sie wieder auf und wachsen fort.

244.

Wenn gleich zwischen den Thieren und Gewächsen eine grosse Aehnlichkeit nicht zu leugnen ist, so zeigen sich doch auf der andern Seite viele Unterschiede an den Pflanzen, welche keine Aehnlichkeit mit den Thieren haben. Die Thiere sind mit Knochen, Muskeln, Schlag- und Pulsadern, lymphatischen Gefäßen, Drüsen und Nerven versehn. Pflanzen hingegen haben einen ganz verschiedenen Bau. Ihre Maschine ruht nicht auf Knochen, und Muskeln haben sie gar nicht. Sie sind ein Bündel von Gefäßen, mit einem Zellengewebe und einer Menge von Häuten bedeckt; daher kann man eigentlich im strengsten Verstande keine Faser (Fibra), woraus bey den Thieren die Muskeln bestehn, annehmen. Was man am Pflanzenkörper Fasern nennt, sind holzige Gefäße, und von den thierischen Fasern ganz verschieden gebildete Körper.

Die Thiere sind, einige Würmer ausgenommen, einfache Geschöpfe, die nicht ohne Schaden getheilt werden können. Pflanzen, allein die Sommergewächse ausgenommen, sind zusammengesetzte Körper. Jede Knospe eines Baums geht aus, sobald sie geblühet hat, und ist als eine einzelne Pflanze anzusehn, daher man jeden Baum oder Strauch mit Recht eine Sammlung mehrerer Pflanzen nennen kann. Die Palmen, welche niemals Aeste, sondern nur einen einfachen Strunk mit Blättern besetzt haben, können nur als eine einzige Pflanze angesehen werden.

Thiere wachsen nur eine bestimmte Zeit, dann hören sie auf grösser zu werden, und können nur in der Dicke, aber nicht in der Länge zunehmen. Die Fische und einige Amphibien machen allein eine Ausnahme von dieser Regel, weil sie bis zu ihrem Tode fortwachsen. Die Pflanzen hören niemals auf zu wachsen, als bis endlich der Tod ihren fernern Wachsthum begränzt.

Die chemischen Bestandtheile des Thieres im Allgemeinen sind Kalcherde, Phosphorsaure, flüchtiges Laugensalz, Fett oder Talg und Leim. Pflanzen im Allgemeinen bestehn aus Kalcherde, Pflanzensäure, fixem Laugensalze, Oel und Schleim. Dass hier viele Ausnahmen statt finden, versteht sich von selbst; die Bestandtheile des Bodens, worauf sie wachsen, und andere zufällige Dinge, können darauf Einfluss haben. Alle Gewächse am Meeresstrande haben andere Bestandtheile, als sie in fetter Gartenerde bey sich führen. Die Pflanzen aus der Klasse Tetradynamia haben flüchtiges Laugenſalz, einige Gräſer Phosphorſäure und thieriſchen Leim u. d. m.

245.

Es würde nicht ſchwer ſeyn, zwiſchen den Thieren und Gewächſen bis in den kleinſten Theil Aehnlichkeiten aufzufinden. Im Ganzen aber weicht doch der Bau der Gewächſe ſehr von den Thieren ab. Der Stamm derſelben beſteht aus der *äuſsern Rinde* (Epidermis), die ſich bey den ältern Gewächſen abſchält, aus der *Rinde* (Cortex), aus dem *Baſte* (Liber), dem *Splint* (Alburnum), dem *Holze* (Lignum), und aus dem *Marke* (Medulla). Nicht holzartige Gewächſe haben einen Stamm, der aus der *äuſsern Haut* (Epidermis), der *Rinde* (Cortex), dem *Splinte* (Alburnum), dem *Fleiſche* (Parenchyma), und dem *Marke* (Medulla) beſteht. Es giebt aber auch hierin noch verſchiedene Abſtufungen, indem die krautartigſten Gewächſe bisweilen bloſs aus Mark, Fleiſch und Rinde zuſammengeſetzt ſind.

Das Holz, der Splint und der Baſt ſind dicht zuſammengedrängte Gefäſse von verſchiedener Art. In der erſten Zeit ſind die Gefäſse noch weich und ſaftreich, alsdann nennt man ſie Baſt, ſobald ſie ſich aber mehr verhärten, nennt man ſie Splint; und ſind ſie ganz verhärtet, ſo führen sie den Namen des Holzes. Die Rinde, die man auch bey den krautartigen Gewächsen *Haut* (Cutis) nennt, ist mit eben solchen Gefäsen versehn, sie ist nur am Baume mehr verhärtet. Die äusere Rinde aber besteht aus ganz verschiedenen Gefäsen; das Mark und Fleisch aber sind aus Zellengeweben (§. 250.) zusammengesetzt.

246.

In dem Gewächskörper sind drey Arten von Gefäsen, *fasrige* oder *Fasergefässe* (Vasa fibrosa), *schraubenförmige* oder *Spiralgefässe* (Vasa spiralia), und *Markgefässe* (Vasa medullaria) entdeckt worden. Aus diesen Gefäsen, die vom *Marke* und einem feinen *Zellengewebe* (Contextus cellulosus s. Parenchyma) noch unterstützt werden, ist jedes Gewächs zusammengesetzt. Es ist aber wahrscheinlich, dass bey fernerem aufmerksamern Beobachten des innern Baues noch andere Gefäse entdeckt werden können.

247.

Die fasrigen Gefässe (Vasa fibrosa) sind hohle dünne Kanäle, welche aus einzelnen Gliedern bestehn. Jedes Glied ist an beyden Enden enger, und mit einem häutigen Rand versehn, der eine kleine Oefnung bildet. Die inneren Wände der

Gefäſse ſind mit ſehr zarten ſchlaffen Haaren beſetzt; wenn aber die Gefäſse ſchon holziger geworden ſind, legen ſich die Haare dicht an die Seitenwände, und machen ſie ganz rauh.

Die kleinen Blaſen oder Glieder, woraus die faſrigen Gefäſse zuſammengeſetzt ſind, haben an einer Pflanze, je nachdem das Zellengewebe auf ſie drückt, eine abweichende Geſtalt. Sie ſind länglicht, kugelrund, zuſammengedrückt, kegelförmig u. ſ. w. Da, wo ſich der Stengel endigt und die Wurzel anfängt, ſind die Gefäſse am ſtärkſten, nehmen aber nach oben und unten in ihrer Weite allmählig ab.

Einige Kräuterkenner haben behauptet, daſs die faſrigen Gefäſse von dem Zellengewebe gebildet würden. Es iſt aber nicht wahrſcheinlich, daſs ſie aus einer ſo unregelmäſsigen Haut entſtehn, weil man ſie ſchon im Keime des Saamens findet.

Die faſrigen Gefäſse gehn ſcheitelrecht durch alle Theile des Gewächſes, und ſtehn in dichten Bündeln, die allezeit ſchraubenförmige Gefäſse einſchlieſsen, und durch ein dichtes Zellengewebe verbunden ſind, zuſammen. Dieſe Bündel (Faſciculi) von Gefäſsen haben einen linienförmigen Zuſammenhang, der zirkelförmige, eyförmige oder dreyeckige Geſtalten, wenn man den Stengel horizontal durchſchneidet, beſchreibt. Bey den Sommergewächſen machen sie nur einen Kreis, bey den Bäumen und Sträuchern aber legt sich alle Jahr ein neuer Kreis oder Ring von fasrigten Gefäsen an, der von dem vorhergehenden durch ein dichtes Zellengewebe getrennt ist. Je älter nun ein Strauch oder baumartiges Gewächs wird, desto fester und härter werden die innern Ringe oder Gefäse, und dadurch entstehn Holz, Splint und Bast. Aus diesen concentrischen Ringen, welche die Gefäse bilden, läst sich sehr leicht, bey einem horizontal durchschnittenen Baum, das Alter desselben bestimmen. Die Gestalt der kleinen Bläschen, woraus jedes Gefäs zusammengesetzt ist, muss, nachdem es mehr oder weniger verholzt ist, ein verschiedenes Ansehn haben, und man würde eine grosse Menge von besondern Gefasen annehmen müssen, wenn man sie nach der Gestalt, welche sie jedesmal haben, als verschiedene Arten ansehn wollte.

248.

Die schraubenförmigen Gefäse (Vasa spiralia) sind wie eine Uhrfeder dichtgewundene sehr zarte dünne elastische Schläuche. Dieses Gefäs windet sich allezeit so dicht, dass in der Mitte ein hohler Zwischenraum bleibt. Gewöhnlich ist dergleichen Gefäs rund, zuweilen aber durch den gemeinschaftlichen Druck der nebenstehenden eckigt. Die Höhlung, welche die Spiralgefäfse bilden, ift innerhalb mit einer fehr feinen Haut bedeckt, die vorzüglich bey den weitläuftiger gewundenen zum Vorschein kommt. Der Raum, den sie umschreiben, ift in Rückficht der andern Gefäfse grofs, nach der Wurzel zu aber am gröfsten. So wie die fafrigen Gefäfse find auch diese in Bündel zusammengedrängt, aber von den fasrigen dicht umgeben. Grew will bemerkt haben, dafs die schraubenförmigen Gefäfse an der Wurzel von der rechten abwerts zur linken, an der Pflanze über der Erde von der linken abwerts zur rechten gedreht find.

249.

Die Markgefäfse (Vasa medullaria) kommen in ihrem Bau den fafrigen nahe, sie unterscheiden sich aber von diesen durch ihre Richtung und Lage. Sie machen niemals Bündel aus, sondern laufen ohne gewisse Ordnung, in schräger oder horizontaler Richtung durch das Mark und durch das Zellengewebe, vertheilen sich in den Häuten der Gefäfse, und bilden endlich in der äufsern Haut ein zartes Netz.

250.

Das Zellengewebe (Tela cellulosa f. Contextus cellulosus) besteht aus einer sehr feinen Haut, die in unendlich verschieden gestaltete Zellen oder kleine Räume abgetheilt ist, welche unter sich die genaueste Verbindung haben. Wie oben schon ist bemerkt worden, nennt man auch dasselbe, Fleisch (Parenchyma, Pars carnosa). Das Mark unterscheidet sich vom gewöhnlichen Zellengewebe durch ein blendendes Weiss, durch freyere kleinere mehr gedrängte Zellen, so dass es schwammartig ist.

251.

Alle Theile eines Gewächses sind mit diesen Gefässen versehn. Sie finden sich in der Wurzel, dem Stengel, Blättern, Blume, ja sogar im Griffel, in der Narbe und im Saamen. In der Wurzel sind die fasrigen Gefässe ziemlich in der Mitte, besonders bey den kleinern; von ihnen werden die Spiralgefässe eingeschlossen, indess die Markgefässe durch das Zellengewebe laufen, sich auf die Häute der Gefässe und der äussern Haut der Wurzel ausbreiten. Es würde zu langweilig seyn, hier jeden einzelnen Theil der Pflanzen zu erwähnen, da er sich nicht im Bau der Gefässe von den übrigen unterscheidet. Abweichungen mancher Art finden zwar hier und dort statt, aber im Ganzen ist doch der Bau derselbe. Alle diese Gefässe entstehn auf dem Punkte, wo Wurzel und Stamm sich scheiden; sie sind dort in grossen Bündeln verbunden, die sich nach oben und unten in kleinere vertheilen. Sie verbinden sich durch kleinere Bündel, die aus einem grossen in den andern sich hinüberbeugen und mit ihm verwachsen. Auf diese Art entsteht eine Anastomose, die am stärksten, wo neue Aeste oder Knoten treiben, in die Augen fällt, und da eine netzartige feste Verbindung macht. Auf der Haut endigen sich alle diese Gefäse in Löcher, Stacheln, Haare oder Drüsen, um entweder Nahrung einzusaugen, oder Feuchtigkeiten auszudünsten. Bey der Wurzel endigen sich alle Gefässe auf der äusern Haut in einfache Löcher die Nahrung an sich ziehn; auf der Haut der jungen Zweige und Blätter, zeigen sich eine Menge Oeffnungen die zur Einsaugung und Ausdünstung bestimmt sind, diese sind zweyklappig und in grosser Menge vorhanden.

Die Blätter weichen von dem Stengel und der Wurzel darin ab, dass ein grosser Bündel von Gefässen sich auf der ganzen Fläche in viele kleinere Bündel theilt, einzelne Gefässe die sich von einem grössern Bündel trennen und mit einem andern verbinden, bilden auf diese Art Anastomosen. Dergleichen Anastomosen machen ein sehr zartes Netz aus, was bey jeder Pflanze anders gebildet ist. Wenn die Anastomosen der Gefäse besonders am Rande häufig und stark sind, so wird das Blatt ein ganzes (folium integerrinum), find aber keine Anastomosen am Rande und laufen kleine Gefäsbündel gerade aus, so wird nach den verschiedenen Graden wie diese Bündel sich verlängen, das Blatt gezähnt gesägt u. s. w. (folium dentatum, serratum etc.). Eben so entstehen die stachlichen, eingeschnittenen und zusammengesetzten Blätter. Das Netz welches die Gefäse im Blatte bilden wird mit einem Zellengewebe bedeckt, was auf beyden Seiten mit einer Haut übergezogen ist, nur in der Hauptrippe des Blatts zeigt sich bisweilen etwas Mark, aber niemals in der Fläche. Der Stengel aber hat bey den meisten Gewächsen eine Markröhre. Der Kelch und die Blumenkrone find wie das Blatt, die Staubgefäse und der Stempel, wie der Stengel zusammengesetzt.

252.

Dass die drey verschiedenen Arten der Gefäse zum Leben der Gewächse nothwendig sind, und dass in ihnen Saft zugeführt wird, ist wohl ausser allem Zweifel. Die safrigen Gefäse führen von der Wurzel den Saft bis durch die kleinsten Theile in die Höhe. Sie scheinen also zu eben den Verrichtungen wie die Arterien im menschlichen Körper bestimmt zu seyn.

Dafs die Spiralgefäfse Flüffigkeit führten, hat man ehemals beftritten. Die erften Entdecker derfelben, Grew und Malpigh hielten fie für Luftgefäfse, und Moldenhawer glaubte dafs fie gar keine Luft sondern nur Flüffigkeit enthielten. Durch die mikroscopifchen Unterfuchungen des Prof. Hedwig ift es aber ausgemacht, dafs fie Luft und Saft zugleich führen. Der hohle Raum den diefe äufserft zarten Gefäfse befchreiben, enthält Luft, die feinen Röhren aber Saft.

Die Markgefäfse fcheinen wegen ihrer Freiheit grobe flüffige Waffertheile zu enthalten nicht fähig zu feyn, da fie niemals sich durch eine gefärbte Flüffigkeit anfüllen laffen. Einige haben fie für zurückführende Gefäfse erklärt, aber man hat noch zu wenig beftimmtes darüber, um es mit Gewifsheit beurtheilen zu können.

Das Zellengewebe und Mark ift zur Aufnahme der überflüffigen Feuchtigkeit beftimmt, um durch die Ruhe worin fich der Saft befindet, ihn vermittelft der Wärme noch ferner zu bearbeiten.

253.

Man nimmt bey den Gewächfen keinen Umlauf der Säfte, wie im Thierreiche, an. Einftimmig behaupten alle Naturforfcher, es fey ein blofses Auffteigen derfelben. Einige wenige weichen nur darin ab, dafs fie bey kaltem Wetter ein

Rückwertssteigen der Säfte annehmen. Die wenigen Erfahrungen, die über diesen Punkt angestellt sind, beweisen noch nicht deutlich, ob nicht vielleicht einige zurückführende Gefäse im Pflanzenkörper sich zeigen. So viel kann man aber mit Gewissheit behaupten, dass die grösern, nemlich die Faser- und Spiralgefäse, sowohl auf- als abwerts Säfte führen. Im Sommer steigen in denselben die Säfte aufwerts nach der Spitze zu, treiben Blätter, saugen durch diese Nahrung ein, und treiben immer weiter, steigen aber niemals rückwerts nach der Wurzel zu. Bäume und Sträucher, die im Winter ihrer Blätter beraubt werden, treiben ihre Säfte durch eben diese Gefäse nach der Wurzel hin. Die Wurzel wächst bey gelindem Wetter und die kleinen Würzelchen vergehn; statt der alten wachsen alsdann durch den Trieb der Säfte nach unten neue. Eben dies geschieht bey immergrünen Bäumen und Sträuchern, die in warmen Klimaten wachsen, zur Regenzeit. Alle Staudengewächse verhalten sich in diesen Jahreszeiten auf eben die Art.

Dass sie Arterien und Venen zugleich sind, beweisen noch deutlicher folgende Versuche. Wenn man zur Herbstzeit einen Pflaumen- oder Kirschbaum mit dem Stamm umlegt, die Hälfte der Wurzel entblöst und die Hälfte der Krone mit Erde

Erde bedeckt, die entblöste Wurzel sorgfältig
mit Moos bewickelt, und den Baum bis zum folgenden Herbst so läfst; alsdann mit dem übrigen
Theil der Wurzel und Krone eben so verfahrt, so
wird die Krone Wurzeln und die Wurzel Blätter treiben. Was Wurzel war, ist auf diese Art
Krone geworden, und im Sommer steigen die
Säfte nach oben. Man sieht hieraus deutlich,
dafs die Faser- und Spiralgefäse auf- und abwerts Säfte führen können. Mit einem Weiden-
baum läfst sich im Frühjahr dieser Versuch viel
leichter machen. Er läfst sich sogleich ganz um-
kehren, und man kann sehr leicht bemerken, dafs
die Krone Wurzeln, die Wurzel Blätter hervorbringt.

254.

So wie das Leben aller Thiere von der äufsern Wärme abhängt, eben so verlangen auch
die Gewächse einen bestimmten Grad derselben.
Pflanzen aus wärmern Gegenden verlangen mehr
Wärme, als diejenigen, welche in kältern zu
Hause sind. Diese gewöhnlichen längst bekannten Thatsachen dürfen nicht erst erwiesen werden.
Ob aber die Pflanzen, wie jedes Thier, einen
bestimmten eigenthümlichen Grad der Wärme
haben, ist eine Frage, die wir erst beantworten
müssen. Wir bemerken, dafs Bäume und Sträucher in kalten Himmelsstrichen, wenn sie daselbst

ursprünglich wild wachsen, die größte Kälte ohne Schaden aushalten. Sobald die Frühlingswärme eintritt, entwickeln sie ihre Knospen, und zeigen keine Spuren einer ausgestandenen Kälte; gleichwohl waren doch ihr Stamm und ihre Zweige voller Feuchtigkeit. Setzt man neben einem Baum bey der stärksten Kälte ein wohlverschlossenes Gefäs mit Wasser, so wird das Wasser in Eis verwandelt, aber der Baum wird seine Säfte flüssig behalten und unversehrt bleiben. Anders ist es mit Pflanzen und Bäumen warmer und heisser Klimaten. Die Säfte dieser Gewächse erstarren bey der geringsten Kälte, und die Pflanzen sterben. Es zeigt sich also hier ein merkwürdiger Unterschied zwischen Gewächsen kalter und warmer Gegenden. So lange die Pflanzen leben, und ihre Lebenskraft hinreicht, der Kälte zu widerstehen, so werden ihre Säfte nicht gerinnen und vor Kälte erstarren. Wenn aber im Frühjahr durch warmes Wetter die Knospen derselben ausgetrieben sind, so wird man, wenn kalte Nächte einfallen, ein Gefrieren der jungen Triebe bemerken. Wir finden auch, dafs nichtlebende und kranke Zweige eher, als lebende und gesunde, dem Gefrieren ausgesetzt sind, und dafs Zweige, deren Säfte einmal gefroren sind, auch dadurch ihr Leben eingebüfst haben. Von der Birke und einigen andern Gewächsen ist es bekannt, dass ihre Wurzeln öfters mit dickem Eise bedeckt sind, und sie dennoch keinen Schaden leiden. In der nördlichen Halbkugel unserer Erde sind viele und grosse Wälder von Nadelhölzern, die noch da, wo kein anderer Strauch vor Kälte wachsen kann, mit ihren immergrünen Zweigen die härtesten Winter aushalten. Schon aus diesen einfachen Erfahrungen ergiebt sich, dass eine eigenthümliche Wärme jedem Gewächs nach seiner Art mitgetheilt ist, die ihn gegen das Ungemach des Wetters schützt.

Die Wärme in den Gewächsen ist aber nicht von der Art, dass unser eigenes Gefühl uns davon belehren könnte. Es ist bekannt, dass jedes Thier einen eigenen Grad derselben hat, und dennoch werden wir eine Eidexe oder einen Frosch kalt finden, obgleich diese und viele andere Geschöpfe einen ihnen von der Natur angewiesenen Grad der Wärme besitzen. Die Wärme oder Temperatur der Gewächse ist von der Beschaffenheit, dass sie der Kälte und Hitze widerstehen können. Wenn man bey heissen Sommertagen ein von Gewächsen entblösstes der Sonne ausgesetztes Land berührt, und gleich darauf die Hand auf ein Stück frischen gleichfalls den Sonnenstrahlen ausgesetzten Rasen legt, so wird man die Erde viel heisser als den Rasen finden. Früchte, die der Sonne ausgesetzt am Baume hangen, werden sehr kühl seyn, da doch ein Glas Wasser in weit kürzerer Zeit warm seyn wird.

Sonnerat fand auf der Insel Luçon einen Bach, worin das Wasser so heiss war, dass ein Thermometer darin getaugt 174 Fahrenheit zeigte. Wenn Schwalben 7 Fuss hoch darüber wegflogen, fielen sie sogleich ohne Bewegung nieder; dessen ungeachtet bemerkte er an den Ufern desselben zwey Aspalatusarten und den Vitex Agnus Castus, die mit ihren Wurzeln in den Bach reichten. Auf der Insel Tanna fanden die Herren Forster den Boden in der Gegend eines feuerspeyenden Berges auf 210 Grad Fahrenheit erwärmt, und doch war dieser mit blühenden Gewächsen besetzt.

Hieraus fliesst also ganz natürlich, dass den Gewächsen, wie den Thieren, nach Mafsgabe ihres Vaterlandes eine eigene Temperatur ihrer Säfte vorgeschrieben ist, die sie nicht ohne Schaden überschreiten können.

Die Hunterschen und Schöpfschen Versuche beweisen eben dasselbe. Ersterer brachte eine dreyjährige Fichte unter Wasser in einer künstlichen Kälte von 15 bis 17 Grad Fahrenheit. Der jüngste Trieb erfror. Die Fichte wurde in die Erde gesetzt, der jüngste Trieb blieb aber welk, der erste und zweyte hingegen war frisch. Von einer jungen Haberpflanze, die erst drey Blät-

'ter hatte, wurde ein Blatt in eine künstliche Kälte von 22 Graden gehalten, was sogleich erfror; die Wurzel wurde in eben diese kalte Mischung gebracht, blieb aber unverfehrt. Er pflanzte darauf diefes Gewächs, und es wuchfen alle Theile, nur das erfrorne Blatt nicht. Eben diefer Verfuch wurde an einer Bohne wiederholt.

Das Blatt einer jungen Bohnenpflanze wurde in einer kalten Mifchung zum Gefrieren gebracht, ein anderes frifches Blatt wurde in ein bleyernes Gefäfs aufgerollt gelegt, nebenbey legte er das erfrorne Blatt, was vorher aufgethaut war, und fetzte dies Gefäfs in eine kalte Mifchung. Der Rand des frifchen Blattes fror, fo weit er mit dem bleyernen Gefäfs in Berührung ftand, zwifchen 17 und 15 Graden, die Atmofphäre war 22 Grad. Das gefrorne Blatt fror weit ehr. Der Verfuch wurde wiederholt, und es zeigte fich derfelbe Erfolg.

Der ausgepresfte Saft des Spinats und Kohls fror bey 29 Grad, und thauete zwifchen den 29. und 30 wieder auf. Der gefrorne Saft wurde in ein bleyernes Gefäfs gethan, und in ein anderes mit kalter Mifchung von 28 Graden gefetzt. Die Blätter einer wachfenden Fichte und Bohne wurden auf die gefrorne Flüfsigkeit gelegt, die auf dem Orte nach einigen Minuten aufthauete. Eben diefe Würkung zeigten die Blätter, wenn sie auf eine andere gefrorne Stelle gerückt wurden.

Der D. Schöpf hat in Nordamerika folgende Versuche angestellt: Er bohrte in verschiedene Stämme Löcher, die er verstopfte; in dergleichen Loch steckte er dann bey kaltem Wetter einen Thermometer, um die innere Wärme mit der der Atmosphäre zu vergleichen. Der Erfolg war aber zu verschiedenen Zeiten und nach Verhältniss der Dicke des Baums nicht derselbe. Einige andere Versuche stellte er mit dem Thermometer an, indem er die Temperatur der äusern Luft mit der der Blätter verglich.

Die oben angeführten Versuche des Herrn Hunter bestätigen deutlich die Meynung, dass den Gewächsen eine bestimmte Temperatur der Säfte eigen ist. Die Schöpffchen aber können, wie er auch selbst vermuthet, nichts Bestimmtes entscheiden, weil der holzige Stamm eines Gewächses schon weniger Lebenskraft hat, und, wie wir in der Folge sehn werden, der Bast allein an jedem Baum oder Strauch der Sitz desselben ist. Die Wärme leitende Kraft, die freylich beym Holze nicht so stark, wie bey andern Körpern ist, verursacht schon eine verschiedene Temperatur, und macht die Schöpfischen Versuche sehr ungewiss.

Gräser, Wurzeln und Nadelhölzer, überhaupt alle diejenigen Gewächse, welche zähere Safte führen,

V. Physiologie. 311

können der Kälte weit eher, als andere, widerstehn. Bäume aber, die ihre Blätter abwerfen, sind, sobald diese noch gegenwärtig sind, äusserst empfindlich gegen dieselbe. Die Ursach scheint darin zu liegen, dafs alle Säfte, sobald Blätter am Stamm sind, schnell nach oben steigen, und weit mehr verdunnt seyn müssen, also auch um so ehr leiden können. Bey früh eintretenden Wintern findet man, dafs Bäume, die entblättert wurden, nicht Schaden litten.

255.

Die Erfahrungen der Physiker haben gezeigt, dafs die Pflanzen eine Menge Stickluft (azote) einsaugen, und im Sonnenlichte Lebensluft (oxigene) aushauchen. Wenn die Pflanzen des Lichts beraubt werden, hauchen sie keine Lebensluft mehr aus, und werden bleich. Eben so werden auch die dem Sonnenlichte ausgesetzte, in Lebensluft eingeschlossene Pflanzen, weifs. Bey der Nacht geben die Pflanzen auch keine Lebensluft, sondern Stickluft. Die meiste Lebensluft im Sonnenscheine geben die Nadelhölzer, Gräser und viele saftige Gewächse. Stickluft hauchen selbst im Sonnenlichte Ilex aquifolium, Prunus Laurocerasus, Acer foliis variegatis und Mimosa sensitiva aus. Die Baumblätter geben nicht so viel Lebensluft, als die der Kräuter. Keine Lebensluft geben Blumenblätter, reife Früchte, Rinde der Bäume, Blattstiele und Rippen der Blätter. Die Blätter kann man gar wohl mit dem Lungen der Thiere vergleichen, sie ziehen Luft in Menge ein, und stofsen sie auch wieder aus. Der Herr von Humboldt fand in den Gruben bey Freyberg in einer Teife von 2 bis 300 Ellen, wo kein Sonnenstrahl hindringt Rasenstücke grün, und blühend. Er sezte Goldenenlak (Cheiranthus cheri) und Levcoyen (Cheiranthus incanus) in diese Tiefe, die auch ihre muntere Farbe behielten. Sogar Saamen von Kohl und Erbsen wuchsen, wie diese genannten Pflanzen sehr üppig. Das Sonnenlicht allein scheint also nicht Ursache der grünen Farbe und Entwickelung der Lebensluft zu seyn.

256.

Nicht allein Luft wird von den Blättern, sondern auch Feuchtigkeit eingesogen, und eben so wieder eine grofser Qualität ausgedunstet. Nach Hales Versuchen ist die Feuchtigkeit, die eine Pflanze durch blofses Ausdünsten verliert, nicht unbeträchtlich. Eine drey Fufs hohe Sonnenblume verlohr in zwölf Stunden im Durchschnitte ein Pfund und acht Loth. Sobald Thau fiel hörte alle Ausdünstung auf, und die Blätter sogen vier bis sechs Loth davon ein, war aber kein Thau gefallen so zeigt sich nur während der Nacht ein Verlust von sechs Loth an Ausdünstungen.

Er stellte Mehrere dergleichen Versuch an, und die Ausdünstung zeigte sich am Tage immer sehr beträchtlich. Herr Watson stellte ein Trinkglas von 20 Quadratzoll Inhalt bey sehr warmen Sonnenschein, nachdem es seit vielen Monathen nicht geregnet hatte, umgekehrt auf einen abgemähten Grasplatz, nach zwey Minuten zeigte es sich voll Wassertropfen, die überall herunter liefen. Er sammelte dieselben durch ein genau abgewogenes Stück Musselin, und wiederholte die Versuche mehrere Tage zwischen 12 und 3 Uhr. Hieraus berechnete er, daſs ein Morgen Feldes in 24 Stunden 6400 Quart Wasser ausdunstet.

257.

Aus den bis jetzt angezeigten Erfahrungen der Naturforscher, läſst sich im Allgemeinen auf die ganze Vegetation schlieſsen. Die Wurzel ist der unentbehrlichste Theil eines Gewächses, durch die feinen Fasern saugen die Gefäse alle in der Erde befindliche Feuchtigkeit ein, die Markgefäse, welche sich auf der Oberfläche derselben zertheilen, ziehn auch viel Nahrung nach sich. Die Fasergefäse die an den Spitzen der Wurzelchen sich verlängern und einsaugen, führen das Wasser so roh, wie sie es eingenommen haben, in den Stengel. Die Markgefäse bringen die eingesogene Flüssigkeit durch Seitenöffnungen in das Zellengewebe und in die Spiralgefäße, durch diese letztern steigt sie erst schon etwas zubereitet in den Stengel. Wenn aber die Athmosphäre kalt ist, und die Feuchtigkeit nicht vermittelst der Wärme nach oben steigen kann, dann treibt die Lebenskraft den Saft nach unten. Die Säfte der Wurzel sind allezeit weit roher und unbearbeiteter als die der Blätter, des Stengels und anderer Theile.

Der Stengel empfängt durch die Faser- und Spiralgefäße den eingezogenen Saft der Wurzel: Die Fasergefäße führen ihn ganz roh, die Spiralgefäße schon mehr bearbeitet zu. Diese letzteren scheiden, durch ihren schneckenförmigen Gang, den sie beschreiben, schon mehr die Flüssigkeit, und können sie also deshalb nicht ganz roh zu führen. So lange der Stengel eine grüne Farbe hat und noch nichts holziges oder rindenartiges verräth, saugt er auf seiner Oberfläche die aufgelösten Dünste ein, führt diese den übrigen Gefäßen zu, die sie durch die eigene Kraft des Lebens und die äußere Wärme höher nach den Blättern treiben. In dem Zellengewebe werden die Säfte abgesetzt, durch die Ruhe, Wärme, und den von den Blättern aus der Luft geschiedenen Theilen macht dieses den eigenthümlichen Saft der Pflanze.

V. Physiologie. 315

Jährlich wird im Stengel ein neuer Kreis von Gefäfsen um den alten gebildet, dieser drängt den innern näher zusammen. Die Gefäfse des innern Zirkels können nicht mehr so lebhaft, wie im Anfange die Säfte führen, weil die jungen dünnen Gefäfse ihnen aus dem Zellengewebe einen Theil der Nahrung entziehn, und die von aufsen zugeführte Flüssigkeit von ihnen zuerst aufgenommen werden. Durch die mehrere Ruhe und das langsamere Steigen des Safts scheiden sich viel erdige Theile ab, und machen den innern Gefäfszirkel holzig. Die Markgefäfse erhalten durch die in ihnen enthaltene Flüssigkeit noch, so lange der Baum jung ist, den innern Kreis weich; mit der Zeit aber legen sich mehrere Kreise von Gefäfsen an, und drängen den innern Zirkel immer näher zusammen, bis endlich die Markröhre ganz verschwindet, und der Mittelpunkt mit dichten Holzfasern besetzt ist. Je holziger der Stamm wird je weniger sind die holzigen Gefäfse im Stande, wie vorher, Saft nach oben zu treiben. Das wenige kaum bemerkbare Zellengewebe, und die noch immer offene Kanäle der holzigen Gefäfse nehmen noch Feuchtigkeit auf, aber treiben nur sehr langsam nach oben, und werden allein durch den Saft weich erhalten. Das eigentliche Leben hört also im Mittelpunkte des Stammes auf, und die Gefäsringe sind nur zur Hältniss des Ganzen und Aufbewahrung der Säfte noch nöthig.

Wenn die Gefäszirkel die innern so feste zusammengedrängt haben, dass der Kern ganz dicht geworden ist, so gehn sie nach aussen, und machen den Umkreis des Stamms weiter. Der letzte Zirkel von Gefassen ist weich, und unter dem Namen des Bastes (§. 245.) bekannt. Die Gefässe, woraus der Bast besteht, sind die lebhaftesten an der ganzen Pflanze; sie theilen sich gewöhnlich in zwey Bündel, aus dem innern wird der neue Holzring und aus dem äusern die Rinde. Die Rinde geht nach und nach entweder durch Witterung oder andere Zufälle ab, aber doch so allmählig, dass es nie in die Augen fällt. Platanus und Potentilla fruticosa machen hiervon eine Ausnahme; bey diesen Sträuchern schält sich die Rinde ganz ab, und wird alsdann mit neuer überzogen. Ohne Schaden des Baums oder Strauchs kann der Bast nicht verletzt werden. Er besteht aus Faser- und Spiralgefässen, und ist das eigentliche Bildende. Bey harten Wintern hat man gefunden, dass Bäume und Sträucher, deren Mark erfroren war, sehr gut fortwachsen konnten, hatte aber der Bast gelitten, so starben die Pflanzen. Die Spiralgefässe des Bastes befördern ganz allein den Wachsthum;

entsteht ein neuer Trieb oder Knospe, so verlängert sich ein Bündel derselben, dringt durch die Rinde, und bildet eine Knospe. Man findet im Frühjahr an den neuen Trieben der Pflanzen bloſs Spiralgefäſse, die sich durch ihre blendend weiſse Farbe auszeichnen, und wenn der Trieb sich zum Theil ausgebildet hat, wird erst eine Markröhre sichtbar. Alles, was an der Pflanze entsteht, selbst Blume und Frucht, wird allein durch diese Gefäſse, nicht aber durch das Mark gebildet. Der einzige Nutzen des Marks im Stengel und andern Theilen ist, die in seine Zellen abgesetzte Feuchtigkeit durch Ruhe und Wärme in den eigentlichen Pflanzensaft umzuwandeln, und den jungen Stamm bey eintretender Dürre mit Säften zum fernern Wachsthum versehn zu können. Er erhält die umhergelegenen Theile weich, hat aber nach allen Beobachtungen weiter keinen Einfluſs auf die Vegetation. Man hat Sträucher und Bäume dieses Theils beraubt, und sie dennoch gut wachsen sehen. Wie oft bemerkt man nicht, daſs bey alten Bäumen, z. B. Weiden und Eichen, der Mittelpunkt ganz ausgehöhlt ist, und dennoch wachsen sie, ohne krank zu seyn, fort, und bringen, wie andere, Blätter, Blumen und Saamen hervor. Selbst Sträucher, die eine starke Markröhre haben, welche sich niemals verliert, wie der Hollunder (Sambucus nigra), wachsen, wenn sie ihnen fehlt, sehr gut fort. Verletzt man aber den Bast aller angeführten Pflanzen rund um den Stamm, so werden sie, wenn ihr Mark auch noch so gesund ist, nicht weiter wachsen können. Noch einen stärkeren Beweis, dafs das Mark blofs zur Aufbewahrung der Feuchtigkeit dient, um bey einer eintretenden Dürre die Pflanze zu ernähren, geben die Wasserpflanzen; diese haben fast alle keine Markröhre. Sie können sie auch füglich entbehren, weil ihr Standort ihnen den Mangel an Feuchtigkeit nie empfinden läfst.

258.

Linné hielt das Mark aller Gewächse für den eigentlichen Sitz des Lebens, und glaubt, dafs blofs durch dasselbe alles gebildet würde. Er will bemerkt haben, dafs jede Knospe sich fünffach, jedes Jahr einmal, also in einem Zeitraum von fünf Jahr in gerader Linie entwickeln könne, alsdann könne die Pflanze nicht mehr gerade fortwachsen, sondern der Wachsthum ginge seitwerts. Pflanzen gäben unter gewissen Umständen Blumen oder Blätter; wenn aber Pflanzen blühen, so wäre dies eine sehr schnelle Entwickelung aller Theile, und der Wachsthum hört in diesem Auge auf. Bey einer jeden Knospe, die alle nur fünf Jahr zur Entwickelung brauchen, würden im ersten Jahr die Schuppen, im zweyten der Kelch, im dritten die Blumenkrone, im vierten die Staubgefäße, und im letzten der Stempel gebildet; in dem Jahre zeigten sich auch dann die vorhergebildeten Theile auf einmal. Er geht noch weiter, bestimmt sogar, woraus alle Theile der Blume entstanden sind. Aus der Rinde entsteht der Kelch, aus dem Baste die Blumenkrone, aus dem Holze die Staubfäden, und endlich aus dem Marke der Stempel; der Saame sey nichts weiter, als ein Stück des Marks, was nun besonders einen neuen Wachsthum beginnt.

Im vorhergehenden Paragraph haben wir gezeigt, was eigentlich vom Marke zu halten sey. So scharfsinnig auch Linné's Theorie ausgedacht ist, so wenig besteht sie mit den Erfahrungen eines Hedwigs und anderer Pflanzenphysiologen. Dieser grosse Botaniker hat auch deutlich dargethan, dass die Blume nur allein von den Spiralgefäßen gebildet wird; und nur darin hat Linné recht, dass erst ein gewisses Alter und eine Menge Entwickelungen verschiedener Theile der Blume vorhergehen müssen.

259.

Die Blätter sind aus einem feinen Netze von Gefäßen und vielen Zellengeweben (§. 251.) zusammengesetzt. Sie sind zum Fortkommen des Ganzen unentbehrlich. Auf der Unterfläche derselben wird Stickluft (azote, aër phlogisticatus) eingesogen. Diese geht durch die Kanäle, welche die Spiralgefäse bilden. Das Sonnenlicht, oder auch der Grundstoff der entzündbaren Luft (hydrogene, aër inflammabilis) zieht die Lebensluft (oxigene, aër diphlogisticatus) heraus, die aus den Oeffnungen der Röhre, welche die Spiralgefäse bilden, auf der Oberfläche des Blatts ausgestofsen wird. Auch scheidet das Sonnenlicht oder der Grundstoff der entzündbaren Luft aus dem eingesogenen Wasser die Lebensluft, und führt sie auf eben die Art aus. Sennebier meynte, dafs nur das Sonnenlicht allein den Blättern die Lebensluft entlocken könnte. Die Erfahrungen aber, welche der Herr von Humboldt (§. 255.) in den Gruben zu Freyberg gemacht hat, beweisen offenbar, dafs nicht blofs das Sonnenlicht, sondern auch der Grundstoff der entzündbaren Luft es bewirken kann. Sennebiers Versuch, dafs eine Pflanze in entzündbarer Luft eingesperrt grün bleibt, und nicht wie in andern Luftarten bleich wird, beweisen eben dies.

Wenn die Blätter des Lichts beraubt werden, stofsen sie Stickluft aus (§. 255.) und werden weifs. Das Weifswerden der Blätter beweiset eine Anhäufung der Lebensluft, die der Vegetation in der Folge nachtheilig wird.

Die

V. Physiologie. 321

Die Spiralgefässe nehmen also die aus der Stickluft durch das Sonnenlicht getrennte fixe Luft auf, welche nach den Erfahrungen der Chemiker den Grundstoff der Kohle in sich enthält. Diese macht, vermischt mit der Lebensluft, Oel, Harz und mancherley andere Mischungen, die an die gehörigen Theile abgesetzt werden. Durch diese mancherley Absonderungen aus der Luft, aus den Säften und erdigen Theilen, welche die Wurzel zuführte, entstehn nach der verschiedenen Lebenskraft der Theile und dem eigenthümlichen Anziehungsvermögen jene mannigfaltige Säfte, die in jedem Gewächse verschieden sind. Auch die Farbe hängt, wie wir gesehn haben, von der fixen Luft ab; wie sie aber eigentlich entsteht, ist bis jetzt noch ein Geheimniss. Es haben sie zwar einige Naturforscher den Eisentheilen, die man in Gewächsen findet, verbunden mit Phosphorsäure und Luft, zuschreiben wollen, aber die Gegenwart dieser Körper ist noch nicht bey allen Gewächsen deutlich erwiesen. Andere haben die grüne Farbe der Lichtmaterie zugeschrieben, und noch andere ein blaues Mehl, wie die Indigopflanze (Indigofera) enthält, vermischt mit dem gelblichen Safte der Pflanze, für die Ursache davon ansehen wollen. Herr Bartholet hält sie für keine aus Gelb und Blau gemischte Farbe, weil das Prisma sie nicht, wie andere grüne zusammengesetzte, in mehrere Strahlen zerlegt, sondern wieder ganz rein darstellt. Welche Meynung die wahre sey, lassen wir an seinem Ort gestellt seyn.

Die für das ganze Thierreich so wohlthätige Veränderung der Luft, welche die Blätter bewürken, hat für die Gewächse noch aufser der Zunahme der Säfte und der Entstehung der grünen Farbe, einen andern Nutzen. Bekanntlich hat die Lebensluft eine weit gröfsere Menge gebundener Wärme, als die Stickluft. Das Ausstofsen der Lebensluft erhält also im Sonnenscheine, wo den Gewächsen eine warme Mischung ihrer Säfte nachtheilig wäre, dieselben kühl, so wie bey der Nacht, wo ihnen eine wärmere Mischung vortheilhafter ist, sie durch das Ausstofsen der Stickluft mehr erwärmt werden. Zur eigenthümlichen Temperatur der Gewächse, scheint auch das Verdünnen und Verdicken der Säfte nicht wenig beyzutragen. Bekanntlich schlucken Körper, die sich auflösen, eine Menge Wärme ein, so wie sie dieselbe beym Verdicken von sich geben. Am Tage lockt die Sonne den Saft nach oben, alle erdig salzigen Theile bleiben aufgelöset und schlucken die Wärme stark ein, dafs dadurch ihre Atmosphäre kälter werden mufs. In der Nacht, wo sie die Säfte verdicken, strömt die Wärme aus, und mufs dadurch die Atmosphäre der Pflanze wärmer erhalten.

Die Markgefäse auf der Haut der Blätter erhalten feine nahrhafte Säfte, die durch das Einsaugen der Luft und der Feuchtigkeit, in den Blättern abgeschieden sind, und führen sie den andern Gefässen an der Basis des Blatts zu, wodurch der junge Trieb ernährt wird.

Die Blätter sind, wie man deutlich sieht, wahre Lungen, die die nöthige Luft nach sich ziehn, wieder ausstosen, und die Ausdünstung, wie wir (§. 256.) gesehn haben, in so grosser Menge bewürken.

Weil nun die Blätter den flüssigsten Saft im ganzen Pflanzenkörper enthalten, so sind sie auch weit empfindlicher gegen eine grosse Kälte. Die Kälte zieht alle Körper zusammen, so auch die Säfte der Pflanzen. Im Herbst, wenn kalte Nächte eintreten, ziehn sich die Säfte in den Blättern zusammen, die kleinen Gefässe, welche aus dem Stengel die Nahrung zuführen, leiden darunter, die Hauptnahrung wird ihnen also entzogen, und sie werden gelb. Ein warmer Herbsttag treibt die Säfte in die Höhe, sie stossen an die verschrumpften Gefässe, und die Blätter fallen ab. Sind aber die Gefässe von zäherer Substanz, wie bey der Eiche, so bleiben die Blätter, bis sie von neuen im Frühjahr ersetzt werden, am Baume trocken sitzen. Pflanzen, die mehr ölige, harzige oder schleimige Säfte führen, können die Kälte eher vertragen, und behalten ihre Blätter den Winter hindurch, z. B. Pinus, Ilex, Taxus, und die meisten Gräser. Bey einigen Gewächsen scheint wohl nicht Kälte die Ursache des Abfallens der Blätter zu seyn. Es giebt einige Gewächse in Ostindien, die zur Regenzeit ihre Blätter verlieren; auch unsere Eiche wird derselben in diesem warmen Klima zur nämlichen Zeit, als bey uns, beraubt. Hier ist doch keine Kälte, es muſs also noch einen andern Grund geben, der vielleicht in der Entwickelung des Blattes selbst liegt.

260.

Hat das Gewächs eine hinlängliche Menge von Nahrung eingesogen, und haben die Säfte den gehörigen Grad der Vollkommenheit erreicht, so bilden sich Theile, die wir Blume nennen. Eine Pflanze kann nie aus dem Saamen gleich Blumen entwickeln, es müssen erst Blätter da gewesen seyn. Sommergewächse und zweyjährige Pflanzen zeigen sehr bald ihre Blumen, da hingegen Sträucher und Bäume nach Verhältniſs ihrer Dauer eine kürzere oder längere Zeit wachsen müssen, ehe sie dieselben hervorbringen können. Einige zufällige Umstände verhindern oder beschleunigen bisweilen die Entwickelung der Blume. Ein magerer

Boden, die Beraubung vieler Aeste, eine grofse Hitze und andere Dinge können Pflanzen früher, als man es erwarten sollte, zum Blühen bringen. Dagegen können ein zu fetter Boden, eine zu grofse Menge von Aesten, Mangel der atmosphärischen Wärme, und eine zu harte Rinde die Blüte verhindern. Ein zu fetter Boden macht die Pflanzen üppig wachsend, das Steigen der Säfte lebhafter, und dadurch werden zu viel Blätter gebildet, alles entwickelt sich als Blatt, aber Blumen können bey einem zu schnellen Triebe nicht entstehn, denn diese verlangen ein gemäfsigtes Steigen des Saftes. Eben so entziehn zu viele Aeste allen übrigen Theilen die Nahrung, so dafs keine Blume zur Vollkommenheit gedeihen kann. Ist die Rinde zu hart, so legen sich nur jährlich dünne Holzringe an, und der Saft drängt nach oben, wo er durch sein schnelles Steigen das Blühen gänzlich verhindert. Pflanzen aus warmen Himmelsgegenden blühen öfters aus Mangel der nöthigen Wärme in unserer kältern Zone nicht. Giebt aber der Gärtner der Pflanze in fettem Boden einen schlechteren, nimmt er dem Baume seine überflüsigen Aeste, schröpft er den Strauch, der eine zu harte Rinde hat, und sucht er durch Kunst den Gewächsen aus warmen Himmelsstrichen eine wärmere Atmosphäre zu verschaffen, so werden sie zu seiner Freude mit einer Menge von Blumen prangen.

261.

Die Blume besteht aus dem dem Kelch, Blumenkrone, Honiggefäss, den Staubgefässen und dem Stempel (§. 62). Die Gefässe des Kelchs und der Blumenkrone, auch die des Stempels und der Staubfäden, stimmen ganz mit den übrigen Theilen der Pflanze.

Der Kelch kommt in Rücksicht der Vertheilung der Gefässe mit den Blättern überein. So lange derselbe grün ist, sind auch seine Verrichtungen nicht von denselben verschieden; färbt er sich aber, oder hat er gleich vom Anfange eine weisse oder rothe Farbe, so unterscheidet er sich wie die Blumenblätter bloss darin, dass er keine Lebensluft ausstösst. Er zieht aber aus der Luft viele Feuchtigkeit ein, und führt durch seine Hautgefässe alles dem Behältnisse zu, worauf die ganze Blume steht.

Die Blume ist, wie bekannt, der Theil, welcher die zur Begattung nöthigen Organe enthält. Hierzu sind nur der Stempel und die Staubgefässe nöthig, daher diese auch die wesentlichen Theile genannt werden, und eigentlich allein die Blume ausmachen. Blumenkrone, Kelch und Honiggefässe, in so fern sie unmittelbar zur Begattung nichts beytragen, können, wie wir dieſes an vielen Gewächſen bemerken, fehlen. Es haben die genannten Theile, wenn ſie gegenwärtig ſind, keinen andern Nutzen, als durch Abſcheidung gewiſſer Feuchtigkeit, Zuführung der nahrhaften Säfte, und durch ihren beſondern Bau und Entwickelung der Frucht die Begattung zu befördern.

Die Honiggefäſe haben wir (§. 77.) als ſolche beſtimmt, die Honig abſondern, aufbewahren, oder zur Begattung dienen. Die erſtere Art beſteht aus Drüſen, welche aus einer Menge von Gefäſsen zuſammengeſetzt ſind, die alle Feuchtigkeiten ausſchwitzen. Der Zweck der zweyten Art iſt, den abgeſchiedenen ſüſen Saft aufzunehmen, und mit der übrigen Fläche die unnöthigen Feuchtigkeiten zu verdunſten und Nahrung zuzuführen. Die letzte Art der ſogenannten Honiggefäſe verrichtet eben das, was die Blumenkrone thun ſoll.

262.

De männlichen Begattungswerkzeuge, oder die Staubgefäſse (§. 82-84.), beſtehen aus dem Staubfaden und dem Staubbeutel. Der Staubfaden iſt mit der Blumenkrone in der Vertheilung der Gefäſse von gleicher Beſchaffenheit. Der Staubbeutel beſteht aus einer dünnen gefäſreichen Haut, die mit dem Blumenstaube (Pollen) angefüllt ist.

Der Blumenstaub oder Saamenstaub kommt unter mancherley Gestalt vor; er ist eigentlich dasjenige Gefäss, was den befruchtenden männlichen Saamen enthält. Er besteht aus einer doppelten Haut, einer äussern dicken knorpelartigen elastischen, die mit feinen Gefäsen besetzt ist, zwischen welchen kleine ausführende Oeffnungen sich befinden, die beym stachlichen Saamenstaub sich auf der Spitze des Stachels zeigen; und aus einer innern, die sehr zart ist. Der innere Raum ist durch eine feine elastische Haut in Zellen abgetheilt, worin die befruchtende Masse enthalten ist.

263.

Das weibliche Zeugungsorgan, oder der Stempel (§. 87-90.), besteht aus dem Fruchtknoten, dem Griffel und der Narbe. Die Narbe ist aus kleinen Wärzchen zusammengesetzt, die alle Oeffnungen mehrerer kleiner Röhren sind, welche sich in grösere vereinigen, und durch den Griffel bis zum Fruchtknoten gehn.' Der Fruchtknoten besteht nach Maafsgabe der Pflanze aus einer Haut, die den Saamen umschliefst. Dieser kleine Saame ist noch ohne Keim; er ist mit einer dünnen Flüssigkeit ganz ausgefüllt, und hat durch eine kleine Oeffnung mit den Röhren des Griffels Gemeinschaft. So zeigen sich alle Theile bey einer Blume, die sich eben eröffnet.

264.

Wenn die Staubbeutel platzen, den Blumenstaub von sich lassen, und die Narbe des Stempels mit einer Feuchtigkeit bedeckt ist, dies ist die Periode, wo Gewächse zur Begattung fähig sind. Diese geschieht nun auf verschiedene Art.

Die meisten Gewächse haben Zwitterblumen, und aus dieser Ursache scheint es, daß bey ihnen die Begattung ohne viele Schwierigkeiten vor sich gehn könnte. Verschiedene Zwitterblumen begatten sich auch würklich auf eine sehr einfache Art: ein Staubgefäfs nach dem andern, sobald es zu seiner Reife gediehen ist, legt sich auf den Stempel, und streut seinen befruchtenden Staub über demselben aus, der auch von der feuchten Narbe begierig angezogen wird. Dies kann aber nur bey solchen Blumen geschehn, wo der Stempel kürzer als die Staubgefäfse ist; zeigt sich dieser aber länger, so hängt gewöhnlich die Blume, weil der nach unten fallende Saamenstaub von der Narbe um so eher kann aufgefangen werden. Steht aber eine Blume, deren Stempel länger als die Staubgefäfse ist, aufrecht, so neigt sich entweder die Narbe nach unten, oder die Staubbeutel springen elastisch auf, und schleu-

dern den Blumenstaub weit umher, so daſs er
leicht von der Narbe aufgenommen wird.
Da aber auf diesen mannigfaltigen Wegen
zufällige Umstände die Befruchtung verhindern
könnten, so sind eine Menge verschiedener Insekten bestimmt, dieses Geschäft zu vollziehen.
Diese Thierchen suchen begierig den süfsen Saft
der Blume, und können besonders bey solchen,
wo Klappen, Haare, Faden, Schuppen, oder
ein Kranz die Blumen verschliefsen, den Honigsaft nicht anders erhalten, als sich mit Blumenstaub zu beschmutzen, der auf ihrem rauhen Körper haftet, und indem sie bey der Narbe vorbey
gehn, von dieser aufgenommen wird. Sehr viele
Zwitterblumen sind ganz so gebaut, dafs ohne
Zuthun der Insekten keine Befruchtung geschehen kann; und noch andere erfordern sogar bestimmte eigenthümliche Arten von Insekten, welche dies Geschäft verrichten sollen. Hierin scheint
es zu liegen, dafs viele ausländische Gewächse,
die bey uns sehr häufig blühen, dennoch keinen
reifen Saamen tragen können.

Bey den Blumen mit getrennten Geschlechtern geschieht gewöhnlich die Befruchtung durch
Insekten, welche den süfsen Saft beyder Blumen
aufsuchen. Wenige Pflanzen machen hiervon
nur dann eine Ausnahme, wenn die männliche
Blume dicht über der weiblichen steht.

265.

Needham und andere Naturforscher glaubten, dafs der Saamenstaub mit einer Gewalt aufspränge, und die Saamenfeuchtigkeit austriebe. Die Versuche des Herrn Kölreuter haben aber gezeigt, dafs nur unreifer Blumenstaub, wenn er unter dem Microscop mit Wasser befeuchtet wird, die Flüssigkeit begierig einzieht, und dadurch so sehr angeschwellt wird, dafs er mit der gröfsten Gewalt aufspringt; da hingegen der reife sich ganz anders zeigt.

Im unreifen Blumenstaube ist die Saamenfeuchtigkeit undurchsichtig und körnigt; je mehr derselbe reif wird, desto mehrere Durchsichtigkeit erlangt er. Der völlig reife Blumenstaub enthält in seinen Zellen eine feine Flüssigkeit, die ölichter Natur ist. Es haben einige Naturforscher, die nie den reifen Blumenstaub bemerkt haben, besonders der Herr von Gleichen, ihm die ölichte Beschaffenheit gänzlich abgesprochen. Nichts ist aber wohl leichter zu widerlegen: man darf nur eine der gemeinsten Erfahrungen, dafs die Bienen aus dem Blumenstaube Wachs bereiten, anführen, so sieht man gleich, dafs der Stoff, woraus sie Wachs machen, ölichter Natur seyn mufs. Hat der Blumenstaub seine vollkommene Reife erlangt, so drückt das innere Zellengewebe, vermöge seiner Schnellkraft, die ölichte Flüssigkeit durch die beschriebenen Löcher oder Stacheln heraus. Dies geschieht aber nicht mit Gewalt oder auf einmal, sondern nur allmählig.

Alle Staubbeutel des Hibiscus syriacus enthielten, nach den Köhlerschen Erfahrungen, 4863 Körner Blumenstaub, von denen nicht mehr als 50 bis 60 zu einer vollkommenen Begattung nöthig waren. Nahm er aber weniger als 50, so kamen nicht alle Körner zur Reife, aber die Saamen, welche gebildet wurden, waren ganz vollkommen. Zehn Körnchen Blumenstaub war das wenigste, was er bey dieser Blume brauchen konnte, unter dieser Zahl geschah keine Begattung mehr. Die Mirabilis Jalappa hatte in einer Blume 293 Körner Blumenstaub, die Mirabilis longiflora 321., und beyden Pflanzen waren nur zwey bis drey Körner zur Begattung nöthig. Streuete man mehreren Blumenstaub auf die Narbe, so wurden deswegen die Saamen nicht vollkommener.

Um zu erfahren, ob bey den Blumen, die mehrere Griffel haben, jeder besonders befruchtet werden müsse, schnitt Herr Kölreuter sie bey mehreren alle bis auf einen ab, und die Befruchtung geschah so vollkommen, wie sie bey allen Griffeln zu erwarten war. Sogar bey Blumen, deren Griffel ganz getrennt waren, ging durch einen die Befruchtung vor sich. Aus diesem Versuch sieht man, daſs die Röhren eines Griffels mit allen andern Gemeinschaft haben müssen, und daſs die Natur nur darum mehrere Griffel und mehreren Blumenstaub gebildet hat, damit der Zweck derselben auf keine Weise verloren gehen soll.

Nehmen wir nun mit Hert Kölreuter an, daſs der Blumenstaub eine ölichte Masse enthält, so wird es uns auch begreiflich werden, warum eine honigsüſse Feuchtigkeit in der Blume abgesondert wird. Wir wissen, daſs die Säfte der Pflanzen Zucker und Oel enthalten, beyde aber vermischt machen eine schleimigte Feuchtigkeit aus. Diese schleimigte Mischung führen die feinen Gefäſse in den Blumenstaub, durch Wärme und andere Umstände werden aber beyde Flüssigkeiten getrennt; der Zucker wird durch die Gefäſse abwerts den Honigdrüsen zugeführt, und das Oel bleibt im Blumenstaube; daher kommt es, daſs dieser immer klarer und durchsichtiger wird, je nachdem er sich der Reife nähert. Der süſse Honigsaft würde aber bald durch die Sonnenhitze in eine geistige oder saure Gährung übergehn und der jungen Frucht nachtheilig werden, wenn nicht eine Menge Insekten durch die weise Einrichtung der Natur ihn zu ihrer Nahrung bedürften, und dadurch noch oben drein die Begattung beförderten. Wer kann wohl, ohne von Bewunderung und Staunen hingerissen zu werden, jene sehr weisen Einrichtungen mit gleichgültigen Augen betrachten? —

266.

Das grosse bewundrungswürdige Geschäft der Zeugung hat verschiedene Naturkündiger zu ganz besondern Meynungen geführt, die jeder durch Beweise und Gründe zu erhärten sich bemühete. Eine weitläuftige Anzeige aller dieser Theorien liegt zu weit ausser den Gränzen unserer Betrachtungen, und es mag genug seyn, nur die wichtigsten anzuführen.

Die ersten Naturkündiger glaubten, dafs eine zufällige Mischung von festen und flüssigen Theilen, nach Maafsgabe der Umstände, Thiere oder Gewächse bilden könnte. Diese Theorie nennt man generatio aequivoca. Andere glaubten, dafs die kleinen Thierchen, welche man im männlichen Saamen bemerkte (animalcula spermatica), in den Eyerstock der Mutter übergehn, und so das künftige Geschöpf bilden. Noch andere nahmen in der Mutter einen Entwurf des künftigen Thieres an, und glaubten, dafs der Saame des Männchen ihm nur Leben gäbe, um sich zu entwickeln. Diese Theorie heifst das Präformations-, Prädeliniations- oder Einschachtlungs-System. Eigentlich unterscheiden sich zwar noch diese drey angeführten Namen, dass sich jeder die Sache etwas verschieden dachte; im Grunde kamen sie aber alle dahin überein, dass sie einen Entwurf des Geschöpfes in der Mutter annehmen. Endlich nehmen noch andere Naturforscher eine Vermischung von verschiedenen Feuchtigkeiten des Männchens und Weibchens an, aus dem das künftige Geschöpf entsteht. Diese Theorie heisst die Epigenesis.

Die Generatio aequivoca wurde in alten Zeiten bey Insekten, Würmern und Pflanzen angenommen, jetzt ist sie höchstens noch beym Spinnrocken der Gegenstand des Gesprächs unserer alten triefäugigen Mütterchen. Man kennt nun zu gut den Ausspruch des Harvey, dass alles, was lebt, aus Eyern entstände; und die immer weiter gehenden Beobachtungen der Naturforscher bestätigen täglich diesen Satz durch neue wichtige Erfahrungen. Ich würde nicht länger bey dieser Theorie verweilen, wenn nicht einige Botaniker die Entstehung der Pilze durch blosse Gährung faulender vegetabilischer Stoffe erklärten. Ihre schnelle Entstehung, und der Standort einiger Arten derselben haben sie auf die Idee gebracht. Es giebt aber auch Thiere, die nur eine sehr kurze Dauer haben, eben so finden sich einige nur an einem bestimmten Orte, und werden nirgend anders bemerkt. Aus solchen

Umständen zu schliessen, ist sehr trügerisch. Es wird auch so leicht keiner diese Meynung annehmen, da schon die Blumen und Saamen derselben entdeckt sind. Kein organischer Körper also entsteht auf eine andere Art, als durch Eyer, folglich findet nirgends Generatio aequivoca statt.

Die Theorie, dass die Thierchen im männlichen Saamen der Thiere in die Mutter übergehn, und das künftige Geschöpf bilden, hat der Entdecker derselben, Herr Löwenhoek, zuerst angenommen. Im Gewächsreiche nahmen einige an, dass der Blumenstaub Keimchen enthalte, und diese im Eyerstocke der Mutter das künftige Gewächs bilden. Der eifrigste Vertheidiger dieser Theorie war der Herr von Gleichen. Einige sind darin so weit gegangen, dass sie unterm Microscop im männlichen Saamen des Esels schon kleine Eselchen, und im Blumenstaube der Linde kleine Lindenbäume gesehn haben. Was kann man nicht alles sehn, wenn man nur will! — Die Erfahrungen des Herrn Kölreuters, die wir in der Folge anführen werden, widerlegen ganz offenbar diese Theorie.

Das Präformations-System, was ehemals sehr allgemein angenommen wurde, wird jetzt selbst von den grösten Anhängern desselben, im Gewächsreiche bezweifelt. Spallanzani, der im Thierreiche durch mühsame Untersuchungen die

Ge-

V. Physiologie. 337

Gegenwart des Geschöpfs vor der Begattung im Eyerstocke zu beweisen sucht, gesteht ganz frey, dass dergleichen vor der Befruchtung im Gewächsreiche nicht zu finden sey.

Die Epigenesis oder Zeugung durch Vermischung der männlichen und weiblichen Flüssigkeiten wird von den meisten Physiologen im Thier- und Gewächsreiche als die einzig wahre angenommen. Kölreuter bestätigte sie durch viele Versuche, von denen wir nur einen anführen wollen. Er nahm den gewöhnlichen Bauertobak (Nicotiana rustica) und den virginischen (Nicotiana paniculata). Der ersten Art nahm er alle Staubgefäsfe, und befruchtete den Stempel derselben mit Blumenstaub der letztern. Nicotiana rustica hat eyförmige Blätter und eine kurze grünlichgelbe Blumenkrone; Nicotiana paniculata einen beynah noch halbmal längern Stengel, lanzettenförmige Blätter, und viel längere gelbgrüne Blumenkrone. Der Bastard, welcher aus beyden entstand, hielt in allen Theilen das Mittel zwischen beyden genannten Arten. Mit mehreren Gewächsen versuchte er dasselbe, und der Erfolg war mit diesem vollkommen übereinstimmend. Die Bastarde waren alle wie der Maulesel unfruchtbar; der Stempel war zwar vollkommen und fruchtbar, aber der Blumenstaub war unvollkommen. Wenn nun die Bastardpflanze das Mittel hält, so fliefst von selbst daraus, dafs der Entwurf der Pflanze nicht im Fruchtknoten liegt, weil sie sonst ganz wie die Mutterpflanze aussehn müsste; eben so wenig kann der Entwurf der Pflanze im Blumenstaub gelegen haben, sonst hätte der Bastard das Ansehn des Vaters haben müssen.

Es geht also nach dieser Theorie eine Vermischung der öligen Feuchtigkeit des Blumenstaubs mit der Feuchtigkeit der Narbe vor, von der Kölreuter auch behauptet, dafs sie ölig sey. Diese Mischung geht durch die Röhre des Griffels in die Eyerstöcke oder in den Fruchtknoten. Hier entsteht nun aus dieser Flüssigkeit der Keim der künftigen Pflanze.

Die Bastardpflanzen können nur durch die Vermischung zweyer sich ähnlicher Pflanzen entstehn. Gewächse von ganz verschiedenem Bau können sich nicht vermischen. Durch diese weise Vorkehrungen können ohne Hülfe der Kunst schwerlich Bastardpflanzen hervorgebracht werden. Bey den Gewächsen, die getrennte Geschlechter haben, sind dergleichen Vermischung möglich. Einige dahin gehörige Gattungen, als: Salix. Amaranthus, scheinen dies zu bestätigen.

V. Physiologie.

267.

Es hat einige Botanisten gegeben, die den Gewächsen das Geschlecht ganz abgesprochen haben, und nur eine einfache Entwickelung des Samens annehmen. Der Versuch des Hofrath Gleditsch, welcher den Palmenbaum (Chamaerops humilis L.) mit dem Blumenstaube derselben Art befruchtete, und reife Früchte erhielt, die vorher niemals daran bemerkt wurden, beweiset deutlich genug das Geschlecht der Pflanzen. Mehrere gemeine Erfahrungen, die allen Gartenliebhabern bekannt sind, dürfen nicht erst zum Beweise angeführt werden; denn die angezeigten Kölreuterschen Versuche zeigen von der Wahrheit dieses Satzes. Wenn aber gleich, einige Versuche des Herrn Spallanzani und anderer Naturforscher zu beweisen scheinen, dass eine weibliche Blume ohne Zuthun des Männchen guten Saamen hervorbringt, so würde es sehr übereilt geschlossen seyn, mit Herrn Smellie das Geschlecht der Pflanzen in Zweifel zu ziehen. Herr Spallanzani hat aus einer weiblichen Hanfpflanze, die sorgfältig vor allen Insekten verschlossen wurde, reifen Saamen erhalten. Der Versuch mag aber mit noch so vieler Genauigkeit gemacht werden, so kann man vor Erscheinung der ersten Blumen nicht wissen, ob die Pflanze männlich oder weib-

lich ist, und es kann also dieselbe schon beym
Oeffnen befruchtet werde. Wollte man auch
zugeben, dass jede Pflanze gleich in der Jugend von der andern entfernt worden sey, so
wird es doch schwer halten, sie vor allen Insekten zu bewahren; und gäbe man auch dies zu,
so ist es doch bekannt, dass in den weiblichen
Blumen des Hanfs, Bangelkrauts, türkschen
Korns und der Gurken, einzelne kaum merk-
bare Staubgefässe bisweilen gefunden werden.
Wären aber auch würklich in den weiblichen
Pflanzen der genannten Gewächse keine Staubfäden gewesen, so darf man einiger Ausnahmen
wegen nicht gleich allen Gewächsen das Geschlecht absprechen. Wir haben an der Blattlaus
ein ähnliches Beyspiel, und wer wird wohl dieser
einzigen Ausnahme wegen bey allen Thieren
das Geschlecht leugnen?

268.

Die Vermischung der beyden Flüssigkeiten
geht, wie gesagt (§. 266.), durch den Griffel in
das mit einer Flüssigkeit angefüllte Saamenkorn
(§. 263.) des Fruchtknotens. Die vermischte Flüssigkeit bleibt an der Oeffnung im künftigen Saamen liegen, und bildet eine kleine Blase. Im
Mittelpunkt dieser Blase zeigt sich nach Verschiedenheit der Pflanze bald früher, bald später ein

fester Punkt, der sich nachher in den Keim (Corculum) und seine Theile (§. 110.) verwandelt. Die Blase, worin der kleine Keim schwimmt, erweitert sich immer mehr und mehr, bis sie endlich den ganz innern Raum ausfüllt, und die vorher darin enthaltene Flüssigkeiz absorbirt hat. Die Haut der Blase wird nun die innere Haut des Saamens, die Flüssigkeit, welche sie enthält, erhärtet sich, und wird in Saamenklappen (§. 110.) verwandelt.

269.

Dies ist der gewöhnliche Weg, wie die Gewächse sich vermehren; es giebt aber noch andere Arten der Vermehrung ohne vorhergegangene Befruchtung, die alle Aufmerksamkeit verdienen. Die kleinen Zwiebeln, welche sich an verschiedenen Lilienarten in den Winkeln der Blätter erzeugen, sind vollkommene Pflanzen, die nur an der Spitze Blätter, und wo sie festsaßen, Wurzeln treiben dürfen, um weiter fortwachsen zu können. Sie werden, wie alle Theile der Pflanze, durch die Spiralgefässe gebildet, und können sich, wenn diese ihnen Nahrung genug zugebracht haben, von der Mutterpflanze trennen. Bey den Laub- und Lebermoosen kommen ähnliche Erscheinungen vor, die wir alle (§. 38. 39. 40.) schon bestimmt haben. Die Gärtner wissen durch gewisse Kunst

griffe Sträucher und Bäume auf eine ähnliche
Weife, durch abgefchnittene Reifer, Abfenker,
copuliren, pfropfen und oculiren zu vermehren.
Agricola und Barnes find noch glücklicher gewe-
fen, fie haben verfchiedene Sträucher durch die
Knofpen vermehrt.

Wenn der Saamen feine vollkommene Reife
erlangt hat, ift er ein neues Leben anzufangen
fähig. Durch die atmofphärifche Wärme und
Waffer entfteht in den kleinen Gefäfsen des Saamens eine Anfchwellung, die das Zerplatzen
der äufsern Haut befördert. Das aufgetriebene
Keimchen theilt fich in zwey Körper, von denen der eine feine Richtung nach oben, der andere nach unten nimmt. Die beyden Hälften
des Saamens gehn aus der Erde, hängen fie aber
zufammen, fo bleiben fie unterhalb, der zwifchen ihnen befindliche Keim zieht begierig die
Nahrung an, und dehnt fich weiter aus. Durch
die Saamenhälften oder Blätter (§. 110.) erhält die
junge Pflanze ihre erfte Nahrung. Der fich allmählig verdickende Saft fetzt, durch die Wärme
in die Höhe getrieben, neue Gefäfse an, und
die Pflanze fteht am Ende da. Der eingezoge-
ne Saft dehnt die Theile immer mehr und mehr
aus, bis endlich die Periode eintritt, wo fie fich
begatten foll; dann ziehen fich die Theile wieder allmählig zufammen, um den Saft nicht zu

sehr zu verdünnen, bis endlich die Begattung geschieht. Mit dieser hört jede Knospe und jedes zwey- oder einjährige Gewächs auf zu wachsen und stirbt. Das Leben der Pflanze ist also, wie Herr Göthe ganz artig sagt, ein Ausdehnen und Zusammenziehn, und jene Abwechselungen machen die verschiedenen Perioden des Lebens aus.

Jedes Gewächs erfordert einen bestimmten Boden, in welchem allein es nur zu einiger Vollkommenheit gedeihen kann. Der Saame geht also nicht in allem Erdreiche auf; Pflanzen, die nur im Wasser wachsen können, werden nie im Trocknen fortkommen, z. B. Nymphaea, Trapa, Ceratophyllum, Myriophyllum u. m. a. Man hat verschiedene Stoffe gewählt, um zu sehn, worin Vegetabilien keimen könnten. In gepulverten Flufsspat und Schwerspat hat Herr Professor Suckow Salatpflanzen wachsen lassen. Bonnet hat verschiedene Pflanzen in Baumwolle, Papierspähne und Sagespähne keimen und wachsen sehen. In reiner Kohle wachsen die Pflanzen am üppigsten. Der Herr von Humboldt hat Erbsen und Hanf mit gutem Erfolg in Bleyglätte und Menge keimen lassen. In vegetabilischem Laugensalze wollte kein Saame aufgehn.

Zum Keimen des Saamens wird atmosphärische oder Stickluft erfordert. In verdünnter

Luft und im luftleeren Raum kann kein Saame dazu gelangen.

Die Elektricität hat auf das Keimen, wie überhaupt auf den ganzen Wachsthum einer Pflanze vielen Einfluss. Das elektrische Fluidum befödert, wie die neuesten Versuche deutlich beweisen, sehr stark das Aufgehn und Wachsen der Saamen. Man hat zwar viel dafür und dawider gesagt, jetzt aber ist die Sache völlig entschieden.

271.

Hat ein Baum oder Strauch mehrere Jahre mit Blättern, Blumen und Früchten geprangt, so verdicken sich endlich nach und nach die inneren Gefässe des Holzes, das Leben hörte zwar schon lange im Holze selbst auf, aber die zum Theil offenen Kanäle konnten noch Feuchtigkeiten fassen, jetzt aber verstopfen sich auch diese. Mehreren Knospen wird dadurch die Nahrung entzogen, sie vertrocknen; einzelne Knospen, die noch durch wenige offene Gefässe Nahrung erhalten, treiben Blätter; dem neuen Holzringe fehlt aber die grosse Menge Feuchtigkeit, die sonst zuströmte, auch er kann sich nicht ganz ausbilden; die Knospen hören auf zu wachsen, und das allgemeine gewisse Loos aller organischen Körper, der Tod, setzt dem endlichen Wachsthum unübersteigbare Gränzen.

VI. Geschichte der Pflanzen.

272.

Unter Geschichte der Pflanzen verstehn wir den Einfluss des Klima's auf die Vegetation, die Veränderungen, welche die Gewächse wahrscheinlich erlitten haben, wie die Natur für die Erhaltung derselben sorgt, die Wanderungen der Gewächse, und endlich ihre Verbreitung über den Erdball.

273.

Die Geographen haben unsern Erdball wegen der abwechselnden Temperatur, die durch seine schiefe Lage gegen die Sonne entsteht, in verschiedene Grade und Kreise abgetheilt. Die beyden äussersten Enden des Erdballs, welche niemals die Sonne im Scheitelpunkt haben, werden Pole genannt. Ein Kreis 24 Grad in Gedanken um den Mittelpunkt der Pole gezogen macht den Polarkreis aus. Ein anderer um die Mitte des Erdballs gezogen heisst die Linie oder der Aequator; und wenn man in 24 Graden auf jeder Seite sich einen Kreis denkt, so hat man die Wendezirkel. Die Geographen denken sich unter dem Aequator das heifseste Klima, weil die Sonne dort scheitelrecht steht; unter den Wendezirkeln auch heifs, aber etwas gemäfsigter, und zwischen den Wendezirkeln und dem Polarkreis nehmen sie das gemäfsigte mit Käite abwechselnde Klima an; unter dem Polarkreise endlich die gröfste Kälte. Vom Mittelpunkte des Pols bis unter die Linie rechnet man 90 Grade, auf einen Grad 15 deutsche Meilen. Von dem Aequator bis zum Pol eine gerade Linie gezogen heifst die Mittagslinie; von Oertern, die unter einer Mittagslinie liegen, sagt man, sie haben eine Länge, und die unter einem Grade vom Aequator nach dem Pol gerechnet liegen, haben eine Breite.

274.

Wenn unser Erdball eine ganz ebene Fläche hätte, würde das Klima sich ganz nach den Abtheilungen der Geographen richten; aber so machen Berge, Thäler, Flüsse, Sümpfe, Wälder, Meere und Boden einen grofsen Unterschied in der Temperatur. Man mufs also das physische und geographische Klima gar wohl unterscheiden. Amerika und Asien sind in gleicher nördlichen

Breite mit unserer Gegend ungleich kälter. Pflanzen, die in Amerika unter dem 42 Grade nördlicher Breite wachsen, vertragen unser Klima von 52 Graden sehr gut. Die Ursache dieser grossen Verschiedenheit scheint bey Amerika in den ungeheuern Sümpfen und Wäldern, bey Asien in der weit gebürgigtern erhabenern Lage der Länder zu liegen. Afrika ist unter den Wendezirkeln ungleich heisser, als Asien und Amerika. Die Gebürgketten in Asien und Amerika und der feuchtere Boden mindern die grosse Hitze, so wie der brennende Sand, aus dem fast ganz Afrika besteht, die Wärme befördert. Die Länder des Nordpols sind viel gemäsigter, als die des Südpols. Das Feuerland liegt unter dem 55. Grade südlicher Breite, und hat ein viel rauheres Klima, als in Europa unter dem 60. herrscht. Gebürge, die mit ihren Gipfeln über die Wolkenregion hinaus sehn, haben in allen Breiten der Erde auf der äusersten Spitze perennirendes Eis. Kook fand einen solchen Berg auf den Sandwichs-Inseln, und in Amerika haben die bekannten Anden unter den Wendezirkeln und dem Aequator ewiges Eis, da doch im Thale ein beständiger Sommer herrscht.

275.

Boden, Lage, Kälte, Hitze, Dürre und Nässe haben auf die ganze Vegetation einen großen Einfluß. Es darf daher keinen befremden, in jeder Gegend des Erdballs eigene nur für diese Lage bestimmte Gewächse zu finden. Wenn man also die Pflanzen der Polarländer wieder auf den Gipfeln hoher Gebürge bemerkt; so sieht man, daß diese Gewächse nur für kalte Länder bestimmt sind. Eben so wenig ist es zu verwundern, unter einer Breite in Asien, Afrika und Amerika auf ebenem Boden viele Gewächse zu finden, die allen dreyen Welttheilen eigen sind.

In einer Breite können auf unserm Erdballe, wenn keine Gebürge und andere Umstände die Temperatur verändern, in verschiedenen Welttheilen eben die Pflanzen wachsen; aber Gegenden, die in einer Länge liegen, müssen immer verschiedene Produkte des Gewächsreichs erzeugen. Die Mark Brandenburg, die Küste Labrador und Kamtschatka liegen ziemlich in einer Breite, und haben auch viele Pflanzen mit einander gemein. Berlin, Venedig, Tripolis und Angola haben fast gleiche Länge, aber die Gewächse sind sehr verschieden.

276.

Wir wissen aus der Physiologie (§. 254.), daß Wärme ein nöthiges Erforderniß der Vegetation ist. Daraus folgt also ganz natürlich, daß je wärmer das Klima ist, je größer die Zahl der wildwachsenden Pflanzen seyn muß. Die Verzeichnisse der Botanisten über verschiedene Gegenden unsers Erdballs zeigen uns, daß die Vegetation nach den Graden der Wärme vermehrt wird. In Süd-Georgien sind nach sicheren Nachrichten nur zwey wildwachsende Pflanzen; in Spitzbergen 30; in Lappland 534; in Island 553; in Schweden 1296; in der Mark Brandenburg 2000; im Piemontesischen 2800; an der Küste Coromandel ungefähr 4000; auf der Insel Jamaika eben so. viel; auf Madagaskar über 5000. Fast überall finden sich Gewächse, nur die mit beständigem Eise bedeckten Polarländer, die höchsten beeiseten Gebürgsgipfel und die dürren Sandwüsten Afrika's ausgenommen. Auf kahlen nakten, durch vulkanisches Feuer verheerten Gegenden, wie z. B. die Insel Ascension und Kerguelens-Land, sprossen nur kümmerlich wenige Pflänzchen empor.

277.

Das Klima hat sowohl auf den Wachsthum, als auf die Gestalt des ganzen Gewächses vielen Einfluß. Die Pflanzen der Polarländer und der Gebürge sind niedrig, mit sehr kleinen gedrungenen Blättern und nach Verhältniß großen Blumen. Die Gewächse Europens haben wenig schöne Blumen, und viele blühen mit Kätzchen, die asiatischen prangen mit vorzüglich schönen; die afrikanischen haben meistens sehr fette saftige Blätter und bunte Blumen. Amerikanische Pflanzen zeichnen sich durch die sonderbare Gestalt derselben aus. Es findet sich in keinem Welttheile eine so grosse Zahl sonderbar gestalteter Blumen und Früchte. Die Pflanzen des Archipelagus im mittelländischen Meere sind meistentheils strauchartig und stachlicht. Die Pflanzen Arabiens haben fast alle einen niedrigen verkrüpelten Wuchs. Auf den kanarischen Inseln sind die meisten Pflanzen, sogar Gattungen, die in andern Klimaten krautartige Arten haben, Sträucher oder Bäume.

Im kalten Klima finden sich mehrere Cryptogamisten, besonders Pilze, Flechten und Moose, Tetradynamisten, Schirmpflanzen, Syngenesisten, und überhaupt wenige Bäume und Sträucher.

Im warmen Klima finden sich mehrere Bäume und Sträucher, viele Farrenkräuter, Schlingstauden Schmarotzerpflanzen, saftige Pflanzen, lilienartige Gewächse, Bananengewächse (p. 179), Palmen. Kräuter und Sommergewächse vegetiren nur zur Regenzeit. Gefiederte und gerippte Blätter sind am häufigsten in warmen Himmelsstrichen.

Die Wasserpflanzen haben, so lange sie unter Wasser stehn, feine fadenförmig zertheilte Blätter; kommen sie aber mit ihren Blättern über die Fläche des Wassers, so werden sie breit, mehr rund und an der Basis bald mehr, bald weniger ausgeschnitten.

Einig Länder sind bisweilen mit zahlreichen ihnen allein eigenthümlichen Gewächsen versehn. Besonders zeichnen sich die Pflanzen des Vorgebürges der guten Hoffnung vor andern aus. Es ist kein Land, was so viele Pflanzengattungen eigenthümlich besitzt, und von denen jede eine zahlreiche Menge Arten hat; z. B. Protea, Ixia, Iris, Gladiolus, Moraea, Erica, Aloë, Mesembryanthemum, Cacalia, Sophora, Struthiola, Pteronia, Diosma, Clutia, Ciffortia, Geranium, Gnaphalium, Xeranthemum, Restio u. m. a.

278.

Pflanzen in ihrem wilden Zustande pflegen sich immer gleich zu bleiben; sie ändern zwar zuweilen ab, indess sind doch die Abänderungen nicht so häufig, als wenn sie der Kultur unterworfen werden. Es ist sonderbar, dass Thiere und Pflanzen, sobald sie sich im zahmen Zustande befinden, in ihrer Gestalt, Farbe und Geschmack abändern (§. 196). Alpen- oder Polarpflanzen werden im Thale oder einem gemäsigten Klima grösser, sie bekommen weit mehrere grössere Blätter, einen höheren Stengel und kleinere Blumen. Pflanzen warmer Himmelsstriche verlieren bey uns in den Gewächshäusern viel von ihrem gewöhnlichen Ansehn, dass ungeübte Botaniker sie kaum in ihrem Vaterlande wieder erkennen.

279.

Einige Botanisten haben die besondere Grille gehegt, dass bey Erschaffung unseres Erdballs weit weniger Gewächse gewesen wären, als wir gegenwärtig finden. Sie glaubten, dass durch die Vermischung des Blumenstaubes neue Arten entstanden sind. Wir kennen aber das strenge Gesetz der Natur, dass unähnliche Pflanzen keine Mischung mit andern eingehn können, und wo sich Pflanzen vermischt haben, die Bastarde stets unfruchtbar (§. 266.) bleiben. Bey Pflanzen von getrenntem Geschlechte scheint aber die Natur eine Ausnahme dieser Regel gemacht zu haben. Wir finden bey ihnen, dass die Bastarden sich fortpflanzen können, aber sie gehn zuletzt wieder in die Arten über, aus denen sie entstanden sind.

So viel verschiedene Gestalten durch die mancherley Mischungen und Verhältnisse der Elementarstoffe dem Urheber des Weltalls bey der Her-

Hervorbringung möglich waren, hiefs er werden. Um unnatürliche Verbindungen zu verhindern, bestimmte er Gesetze, nach welchen es unmöglich ist, dafs neue Arten fernerhin entstehen können.

280.

Die Geschichte unseres Erdballs hängt auf das genaueste mit der Geschichte des Gewächsreichs zusammen. Der Zustand unsers Planeten ist gewifs vor Zeiten ganz anders gewesen. Grofse Revolutionen, die mehrmals eingetreten sind, haben ihn ganz verändert. Die darauf befindlichen Thiere und Pflanzen müssen bey diesen Veränderungen mit gelitten haben. Die verschiedenen Erdschichten, deren Entstehung bis ins graue Alterthum reicht, die Vulkane, und die Grundlage derselben, die Steinkohlen, welche bekanntermafsen vegetabilischen Ursprungs sind, geben die deutlichsten Beweise ab. Vom Nordbis zum Südpol, ja sogar in einigen nördlichen Gegenden, wo jetzt keine Spur eines Baumes ist, und vor Kälte kaum einige Fingerlange Sträucher kümmerlich hervorschiefsen, noch in jenen Gegenden hat man Steinkohlen-Flötze gefunden. Was aber am deutlichsten grofse Veränderungen in den natürlichen Produkten unserer Erde anzeigt, sind die Knochen verschiedener Thiere, Versteinerungen und Abdrücke einiger Pflanzen.

VI. Geschichte

In unserer Gegend hat man Knochen von Thieren ausgegraben, die jetzt hier vor Kälte nicht ausdauern können. In der Gegend von Wettin bey Halle sind viele Abdrücke von Farrenkräutern gefunden worden, die man jetzt nur in Westindien an..ift. Wie in einer so hohen nördlichen Breite jene Thiere heifser Klimaten und Gewächse des warmen Amerika's gekommen sind, wird für uns ein unauflösliches Räthsel bleiben. Die Menschen sind zwar so kek gewesen, Theorien mancher Art über die Veränderungen des Erdballs zu schreiben; aber diese Theorien beweisen weiter nichts, als dafs grofse Revolutionen gewesen sind, die über alle Traditionen hinausreichen.

Ganze Länder voll der gröfsten Bäume wurden verheert, und vielleicht mit verschiedenen Gewächsen, die wir jetzt nicht mehr kennen, gänzlich zerstört. Alle Gewächse, die wir kennen, sprossen an irgend einem Orte unsrer Erde aus freyen Stücken empor. Sie sind in jenen Gegenden nicht selten, und sind, wie wir in der Folge sehn werden, bisweilen sehr weit verbreitet. Einige Gewächse machen aber davon eine Ausnahme, besonders die man auf der Insel Candia, am Vorgebürge der guten Hoffnung, auf den molukkischen Inseln und auf den Inseln des stillen Oceans gefunden hat. Die Gewürznelken (Eugenia caryophyllata) sind jetzt nur noch auf der kleinen Insel Bande und wenigen dabey liegenden vorhanden. In den genannten Ländern haben die Reisenden öfters nur einige Pflanzen einer Art gesehn, und alles Suchens ungeachtet nicht mehrere finden können. Sollte man bey einer so schwachen Verbreitung einiger Pflanzen nicht auf den Gedanken gerathen, dass Länder untergegangen sind, wo diese Gewächse häufiger darauf verbreitet waren? Können auch nicht ganze Gattungen des Gewächsreichs verloren gegangen seyn? Man hat ja Spuren eines grossen Thiers, was verschwunden ist, gefunden.

281.

Wenn gleich durch den Untergang ganzer Länder auch vielleicht Gewächse verloren gegangen sind, so ist auf der andern Seite die Natur stets geschäftig, ein Pflanze zum Vortheil der andern zu benutzen; auch sorgt sie auf die mannigfaltigste Weise sie weiter auszubreiten. Ihre Absicht zu erreichen, sind in kälteren Gegenden die Flechten und Moose bestimmt, in wärmern nutzte sie die Regenzeit, Stürme und dergleichen Veränderungen des Dunstkreises. In unserm Klima treffen gewöhnlich drey Hauptstürme ein, nemlich im Frühjahr, in der Mitte des Sommers, und im Herbste. Aufser dem Nutzen, die Atmosphäre zu reinigen, haben sie für das Gewächsreich noch einen besondern. Im Frühjahr treiben sie Saamen, welche an den Stengeln der Pflanzen den Winter über hängen blieben, in der Mitte des Sommers den eben reif gewordenen der Frühlingspflanzen, und im Herbste denjenigen, der im Sommer und am Ende desselben seine Vollkommenheit erreicht hat, weit umher. Maulwürfe, Reitwürmer und Regenwürmer haben den Boden aufgelockert und zur Aufnahme derselben bequem gemacht, ein scharfer Regen schlägt sie in die Erde ein, und durch die wohlthätigen Strahlen der Sonne können sie zu dem bestimmten Zeitpunkte keimen. Wie leicht durch diesen Weg Saamen an Oerter gebracht werden können, die zur Aufnahme derselben gar nicht geschickt sind, und viele ganz verloren gehn, ist leicht einzusehn; deshalb scheint der weise Urheber der Natur den Sommergewächsen eine verhältnismäfsige gröfsere Menge von Saamen gegeben zu haben, als eigentlich nöthig zu seyn scheint. So trägt z. B. eine Pflanze des türkschen Korns (Zea Mays) 3000, der Sonnenblume (Helianthus annuus) 4000, des Mohns (Papaver somniferum) 32000, des Tabacks (Nicotiana Tabacum) 40320 Saamen. Von einer so grofsen Menge müssen doch einige auf den ihnen nöthigen Boden gerathen, und die Art weiter fortpflanzen.

Nackte Felsenwände, auf denen nichts wachsen kann, werden durch die Winde mit dem Saamen der Flechten bedeckt, der im Herbste und Frühjahr, wo er zur Reife gedeiht, durch die, zu der Zeit gewöhnlichen Staubregen, zum Keimen gebracht wird. Er wächst aus und bekleidet mit seinem farbigen Laube den Stein. Mit der Zeit treiben Wind und Wetter feinen Staub in die rauhen Zwischenräume, auch setzen die vergangenen Flechten selbst eine dünne Rinde. Auf dieser kärglich ausgestreuten Erde können schon die durch Zufall dahin getriebenen Saamen der Moose keimen. Sie dehnen sich aus, und machen eine angenehme grüne Schicht, die schon zur Aufnahme kleinerer Gewächse geschickt ist. Durch das Vermodern der Moose und kleineren Pflanzen entsteht allmählig eine dünne Erdschicht, die sich mit den Jahren vermehrt, und zuletzt zum Wachsthum verschiedener Sträucher und Bäume bequem wird, bis endlich nach einer langen Reihe von Jahren da, wo ehemals nackter Felsen war, ganze Wälder mit den prächtigsten Bäumen besetzt, das Auge des Wanderers ergötzen. So verfährt die Natur! Allmählig, gross, bleibend, und für das Ganze wohlthätig sind ihre Würkungen. Die Moose und Flechten verbessern auf ähnliche Weise den unfruchtbaren dürren Sand. Die eigenthümlichen Gewächse dieses Bodens sind fast alle mit kriechenden sich weit

ausbreitenden Wurzeln versehn, oder sie sind
saftig, und ziehn bloss aus der Luft Feuchtigkeit an. Durch solche Gewächse wird der Boden zur Aufnahme der Flechten und Moose geschickt gemacht, um dadurch endlich in gute tragbare Erde verwandelt zu werden.

Die Flechten und Moose überziehn die Stämme und Wurzeln der Bäume; sie haben die sonderbare Eigenschaft, dass sie bey warmem Wetter
vertrocknen, und durch Nässe wieder aufleben.
Alle Feuchtigkeit ziehn sie begierig an sich, und
halten sie in ihren Zwischenräumen fest. Aus
dem Baume nehmen sie keine Nahrung, diese
giebt ihnen allein nur die Luft. Im Winter schützen sie den Baum vor der Kälte, bey feuchtem
Wetter vor Fäulniss, und bey eintretender Dürre geben sie ihm ihre Feuchtigkeit, und schützen
den Stamm und die Wurzeln gegen die sengen-
den Strahlen der Sonne.

Noch weit grösser ist der Nutzen der Moose.
In ihrem Schoosse wachsen Pflanzen und Bäume
eben so gut, wie in der besten Gartenerde. Gleditsch hat verschiedene Obstarten in blossem
Moose zur Vollkommenheit gebracht. Einige
Arten der Moose leben vorzüglich an feuchten
sumpfigen Oertern, z. B. das Torfmoos (Sphagnum palustre). Stehende Gewässer und Seen
werden von ihnen ganz überzogen, und durch
die an solchen Oertern wachsende Sumpfpflanzen

zuletzt in Wiesen, und mit der Zeit in Triften und Aecker verwandelt. Nach Tacitus Zeugniss war vormals der ganze hercynische Wald ein Sumpf, jetzt zeigen sich auf den von ihm beschriebenen Distrikten fruchtbare Wiesen und Aecker. Alte Landleute in unserer Gegend können sich vieler Oerter erinnern, wo ehemals stehende Wässer waren, die nun in tragbare Aecker und fette Wiesen verwandelt sind.

Die Eigenschaft der Moose, viele Feuchtigkeiten an sich zu ziehen, macht, dass sie an feuchten Orten am häufigsten wachsen. Die Berggipfel sind mit einer zahlreichen Menge von Moosen bedeckt, die alle Feuchtigkeit der Wolken begierig an sich ziehn. Die Menge von Wolken, in die sie beständig eingehüllt werden, macht, dass sie nicht alles Wasser fassen können, sondern unter sich in Klüfte und Felsenritzen ansammeln, wo es von allen Seiten dem niedrigsten Orte zufliesst, und endlich in Gestalt einer Quelle zum Vorschein kommt. Mehrere kleine Quellen vereinigen sich zum Bache, und mehrere Bäche schwellen endlich zu einem ansehnlichen Strom an. Wir danken also fast ganz allein den so unbedeutend scheinenden Moosen die mächtigsten Flüsse, sind ihnen ferner die Austrocknung grosser Sümpfe und Urbarmachung des unfruchtbarsten Bodens schuldig.

Das Aussäen der Gewächse, was gewöhnlich die Winde zu besorgen haben, kann bey einigen Saamen durch die leichten Federchen, Flügel oder aufgeblasenen Kapseln geschehen. Das Federchen der Syngenesisten macht den Saamen ausserordentlich leicht, dass er durch deren Hülfe weit umherseegeln kann. Die elastische Kraft, womit verschiedene Kapseln aufspringen, schleudert sie weit weg. Die Beeren verschiedener Sträucher befördern das Keimen der Saamen, sie geben ihm durch ihre Säfte gleich Feuchtigkeit zum Keimen, und machen, dass sie am Boden festkleben müssen.

Die Vögel geniessen verschiedene Früchte und lassen die Saamenkörner unverdaut wieder von sich, wodurch einige Sträucher viel leichter verbreitet werden. Die Beere des Mistels (Viscum album) wird von einem Vogel verzehrt, der die Saamen durch seinen Koth am Baume aussäet, und ihren Wachsthum befördert. Die Wacholderbeeren werden auf ähnliche Weise fortgepflanzt. Es giebt einige wenige Gewächse, als: Arachis hypogaea, Glycine subterranea, Trifolium subterraneum, Lathyrus aphicarpos, Vicia subterranea, die nach dem Verblühen ihre Früchte unter der Erde verbergen, unterhalb derselben zur Reife bringen, und sich so vermehren.

282.

Die Erhaltung einzelner Gewächse, so wie die Benutzung jedes vergehenden vegetabilischen und animalischen Stoffes ist die Absicht der Natur. Der kleinste Raum ist zum Aufenthalt irgend eines Thiers und Gewächses bestimmt. Modernde Thiere werden von Schimmelarten und kleinen Pilzen besetzt, die ihre Auflösung noch mehr befördern und sie in Erde umwandeln, um andern Pflanzen Dünger und Nahrung zu ertheilen. Eben so haben Blätter, Stengel, Holz, und andere Theile einer Pflanze eine unzählige Menge verschiedener für sie besonders bestimmter Pilze oder Schimmelarten, die ihre Zerstörung befördern müssen. Was offenbar Verheerung und Tod anzukündigen scheint, ist der Schauplatz einer kleinen Welt. Alles, alles was geschaffen ist, zweckt zum Nutzen des Ganzen ab.

283.

Wenn die Natur nur bloss für die Erhaltung einer Pflanze an ihrem Standorte gesorgt hätte, könnten durch kleine Umstände viele verloren gehn, aber so müssen mehrere zufällig scheinende Dinge eine weitere Ausbreitung befördern, und Pflanzen in entlegenere Oerter führen. Man nennt dies das Wandern der Gewächse. Die Vögel tragen öfters den Saamen einer Pflanze

mehrere Meilen weit. An dem Gefieder der
Wasservögel kleben die Saamen verschiedener
Wassergewächse an, und spülen sich von denselben, wenn sie in andern Gewässern sich aufhalten, wieder ab.

Der Saame der meisten Gewächse sinkt, wenn
er seine vollkommene Reife erlangt hat, im Wasser zu Boden. Ist er in einer harten Schale
eingeschlossen, so erhält er sich lange Zeit frisch.
Einige Fuss tief in der Erde und auf dem Grunde
des Meers bleibt jeder Saame lange zum Aufgehn geschickt. Es kann in solche Tiefe keine
Luft kommen, und ohne diese wird er nicht
zerstört.

Daher kommt es, dass Flüsse und Meere
Pflanzen aus weit entlegenen Gegenden führen
können. An den Ufern von Norwegen werden
gewöhnlich reife noch ganz frische Saamen aus
Westindien ausgeworfen. Wäre ein für diese
Gewächse taugliches Klima daselbst, so würden
bald Cocosnüsse und andere Gewächse heisser
Zonen keimen und zur Vollkommenheit gedei-
hen. Der Saame der Else wird durch unsere
Flüsse weit umher getrieben. Viele deutsche
Pflanzen werden am schwedischen Meerstrande,
verschiedene spanische und französische an den
Ufern von Grossbrittanien; viele afrikanische
und asiatische an Italiens Gestaden bemerkt.

der Pflanzen.

Mehr aber noch als Wind, Wetter, Meere, Flüsse und Thiere, die Ausbreitung der Gewächse befördern, thut dies der Mensch. Er, dem die ganze Natur zu Gebote steht, der Wüsteneyen in prächtige Gegenden verwandelt, ganze Länder verwüstet, und wieder aus ihrem vorigen Nichts hervorruft, hat durch mancherley Umstände die Ausbreitung vieler Pflanzen begünstigt.

Die Kriege, welche verschiedene Nationen mit einander geführt haben; die Völkerwanderungen, die Ritterzüge nach Palästina, die Reisen verschiedener Kaufleute, der Handel selbst haben eine grofse Menge von Gewächsen zu uns gebracht, so wie sie unsere Pflanzen in andere Gegenden verbreitet haben. Fast alle unsere Gartengewächse stammen aus Italien und dem Orient, so wie auch die meisten Getraidearten denselben Weg zu uns genommen haben. Durch die Entdeckung von Amerika haben wir auch verschiedene Pflanzen erhalten, die vormals gar nicht bekannt waren, jetzt aber allgemein ausgebreitet sind.

Der Stechapfel (Datura Stramonium), der jetzt fast durch ganz Europa, das kältere Schweden, Lappland und Rufsland ausgenommen, als ein schädliches Unkraut bekannt ist, wurde aus Ostindien und Abissinien zu uns gebracht, und durch die Zigeuner so allgemein ver-

breitet, die den Saamen dieses Gewächses als
Brech- und Purgirmittel überall mit sich führten.

Die Schminkbohnen (Phaseolus vulgaris), die
Brechbohne (Phaseolus nanus), die Balsamine
(Impatiens Balsamina) und die Hirse (Panicum
miliaceum) sind aus Ostindien zu uns gekommen.

Der Buchweizen, die meisten Getreidearten,
und Erbsen haben wir über Italien aus dem Orient
erhalten.

Aepfel, Birnen, Pflaumen, süfse Kirschen
(Prunus avium), Mespeln (Mespilus germanica),
Elsbeeren (Crataegus torminalis), und Haselnüsse
sind ursprünglich deutsche Pflanzen. In wärmern
Gegenden aber findet man sie weit schmackhafter.
Die verschiedenen Abarten derselben,
nebst den übrigen Obstsorten, haben wir auch
aus Italien, Griechenland und der Levante bekommen.

Die Rofskastanie (Aesculus Hippocastanum),
kam durch des Clusius Veranstaltungen im Jahr
1550 aus dem nordlichen Asien zuerst nach Europa.
Die Kaiserkrone (Fritillaria imperialis) erhielten
wir 1570 zuerst aus Konstantinopel.

Nach der Entdeckung von Amerika wurden
viele Pflanzen von dorther in unserm Himmelsstriche
einheimisch gemacht. Die Kartoffel wurde
zuerst 1590 von Kaspar Bauhin beschrieben,
und Walter Raleigh theilte im Jahre 1623 die er-

ten aus Virginien mitgebrachten in Irland aus,
von wo sie über ganz Europa verbreitet sind.

Die Nachtkerze (Oenothera biennis) führten
wegen ihrer essbaren Wurzel 1674 die Franzosen ein. Seit der Zeit ist sie so gemein geworden,
dass sie fast durch ganz Europa wildwachsend
an Hecken, Zäunen und um die Dörfer gefunden wird.

Den Tabak (Nicotiana Tabacum) beschrieb
1584 Conrad Gesner zuerst. Im Jahre 1560 wurde er nach Spanien, und 1564 von Herr Nicot,
französischen Gesandten, nach Frankreich gebracht.

Die Kohl- und übrigen Gemüsekräuter brachten die Griechen nach Rom, wo sie sich durch
ganz Italien verbreiteten, und endlich zu uns
gekommen sind. Es würde zu weitläuftig seyn,
die Wanderung aller jetzt kultivirten Pflanzen
zu bestimmen. Wir begnügen uns, nur einige
derselben angezeigt zu haben.

Mit den Getreidearten wurden auch viele
Pflanzen zu uns gebracht, die jetzt als einheimisch angesehn werden. Solche sind die Kornblume (Centaurea Cyanus), die Rahde (Agrostemma Githago), der Hederich (Raphanus Raphanistrum), Leindotter (Myagrum sativum),
u. m. a. Diese Gewächse zeigen sich nur allein
zwischen dem Getreide, und kommen niemals

an wüste liegenden Ländereyen, wo kein Acker
gewesen ist, zum Vorschein. Auf eben die Art
sind durch den Anbau des Reisses (Oryza sativa)
in Italien viele Pflanzen aus Ostindien einheimisch geworden, die sich nur zwischen dem Reiss
zeigen. Der Reiss wird erst seit 1696 in Italien
gebaut.

Die Europäer haben bey ihren Anpflanzungen in fremden Welttheilen alle unsere Küchenkräuter mit sich genommen. Durch diese sind
viele europäische Pflanzen nach Asien, Afrika
und Amerika gekommen, und haben sich, wenn
es das Klima zuliefs, weiter verbreitet.

§ 84.

Die Verbreitung der Gewächse über den Erdball ist auf besondern Regeln gegründet. Wir
finden einige unter allen Breiten, andere nur
auf gewisse Grade eingeschränkt, wieder andere
bewohnen nur ganz bestimmte Oerter, und zeigen sich nirgend anders. Unter der Dauer einer
Pflanze verstehn wir, dass sie nicht allein das
Klima verträgt, sondern auch wie in ihrem Vaterlande blüht, reifen Saamen trägt, und sich
durch denselben vermehrt.

Die Gewächse sind nicht, wie die Thiere,
so strenge an gewisse Breiten gebunden. Verschiedene aus warmen Himmelsstrichen können

sich allmählig an das kalte Klima gewöhnen und
daselbst ausdauern. Besonders können Staudengewächse warmer Klimaten das kalte eher, als
das gemäfsigte vertragen. Im kalten Himmelsstriche fällt mit Eintritt des Winters hoher
Schnee, der alles bedeckt, nicht mehr als einen
Grad über den natürlichen Frostpunkt annimmt,
und mit dem Frühling aufthaut; da es denn
auch nicht wieder friert. Im gemäfsigten Klima ist der Winter unbeständig, mit Regen, trocknem Frost und Schnee abwechselnd; und im
Frühjahr friert es öfters noch nach warmen Tagen, dadurch gehn viele Pflanzen aus. Aus
eben der Ursache erfrieren in einem gemäfsigten
Himmelsstriche die Polar- und Alpenpflanzen.
Diese sind im Winter mit einer Menge Schnee
bedeckt, und haben keinen trocknen Frost auszustehn. Nur diejenigen Stauden- und Sommergewächse können im kalten Klima nicht fortkommen, die längere Zeit zur Entwickelung aller
ihrer Theile bedürfen, als die Dauer des Sommers zuläfst. Mit Sträuchern und Bäumen verhält es sich anders; sie erheben sich mit ihrem
dauernden Stengel hoch über den Schnee, und
find aus dieser Ursache an bestimmten Graden
gebunden.

285.

Die nutzbarsten Gewächse haben, wie im Thierreiche, die Eigenschaft, mehrere Klimaten vertragen zu können. Wenn aber einige nur auf gewisse Striche eingeschränkt sind, so ersetzt die Natur den Verlust auf eine andere Art. Unter dem Aequator und den Wendezirkeln von Afrika, Asien und Amerika kann unser Getreide nicht fortkommen; dafür aber besitzen sie den Reiss (Oryza sativa), Holcus Sarghum, saccharatus und türksches Korn (Zea Mays). In Island und Grönland, wo wegen der Kürze des Sommers alle Getreidearten nicht zur Vollkommenheit gelangen, wird dieser Mangel durch Arundo arenaria, deren Samen geniessbar sind, ersetzt. So sorgte die Natur überall für die Erhaltung des Menschen.

286.

Die im Grunde des Meers wachsende Pflanzen können, weil dasselbe nie bis auf den Grund friert oder erwärmt wird, und also fast allenthalben dieselbe Temperatur hat, in allen Zonen wachsen. Fucus natans, ein gewöhnliches Meergewächs, was allgemein unter dem Namen des Seetangs oder Seegrases bekannt ist, findet sich sowohl unter dem Aequator, als beyden Polen. Obgleich eine zahllose Menge ver-

verschiedener Seegewächse sich zeigen, so sind doch viele überall zu finden, und es herrscht nur der Unterschied, dass einige ein mehr concentrirtes Seewasser, oder einen abwechselnden Boden verlangen. Die an den Ufern des Meeres wachsende machen nur allein eine Ausnahme des obigen Satzes.

287.

Die Pflanzen des süfsen Wassers haben eine stärkere Ausbreitung, als die des festen Landes. Das Wasser mildert die Kälte und Hitze des Klimas, daher viele europäische Wasserpflanzen auch im warmen Klima bemerkt werden. Die gewöhnliche Entengrütze (Lemma minor) wächst nicht allein durch ganz Europa und das nördliche Amerika, sondern kommt auch in Asien vor. Man hat sie in Sibirien, der Tartarey, Bucharey, China, Cochinchina und Japan bemerkt. Die Bumbskeule (Typha latifolia) wächst durch Europa, Nordamerika, in Westindien z. B. auf Jamaika, in Asien, z. B. in Sibirien, China und Bengalen.

288.

Die Gebürgs- oder Alpenpflanzen sind fast auf der ganzen Erde dieselben. Viele Pflanzen, die in Grönland, Lappland, Island und Kamtschatka auf ebenem Felde wachsen, finden sich auch auf den Gebürgen von Norwegen, der Schweiz, den Pyrenäen, Apeninen, Carpaten und den Gebürgen in Amerika. Tournefort fand auf dem Berge Ararat am Fuße die Pflanzen Armeniens, etwas höher die in Frankreich gewöhnlichen, noch höher welche, die in Schweden einheimisch sind, und auf der Spitze die gewöhnlichen Polar- oder Alpenpflanzen. Eben diese Bemerkung machten andere auf dem Caucasus. Die Herren Forsters fanden auf dem Feuerlande einige nordische Gewächse, als: Piguicula alpina, Galium Aparine, Statice Armenia, und Ranunculus lapponicus. Auf den Gebürgen von Jamaika fand Swartz die gewöhnlichen Moose des nördlichen Europa, als: Kölreutera hygrometrica, Mnium serpillifolium, caespiticium, Sphagnum palustre, Dicranum glaucum u. m. a. Die Zwergbirke (Betula nana), welche in Lappland, Island, Grönland, Finnland und Ingermannland sehr häufig wächst, findet man auf den Gebürgen in Norwegen, der Schweiz, Bayern, Böhmen, Schlesien, Oestreich, Krain, Kärnthen, Frankreich, Schottland, auf den Apenninen, Pyrenäen, auf dem Brocken am Harz, und und auf dem Inselberg im Thüringer Wald. In denen zwischen diesen Gebürgen liegenden Ebenen, Thälern und Sümpfen ist sie aber niemals bemerkt worden. Eigenthümliche Pflanzen hat

zwar nach der Verschiedenheit des Bodens jedes
Gebürge, aber es ist sonderbar, dass diese nur
zu Gattungen, welche sich auf dem Gebürge zeigen, gehören, und ihre Zahl ist immer gegen
die gewöhnlichen Alpenpflanzen sehr gering.

289.

Ein anderer Unterschied der Pflanzen, der
nicht wenig zu ihrer allgemeinen Verbreitung
beyträgt, ist, dass einige Gewächse immer einzeln, andere in grosser Menge beysammen bemerkt werden. Die gesellschaftlichen Pflanzen
nehmen bisweilen ganze Strecken unsers Erdballs ein. Die Heide (Erica vulgaris) ist ein Gewächs dieser Art; sie überziehn ganze Ländereyen, z. B. die lüneburgsche Heide u. a. O. Die
Heidelbeere (Vaccinium Myrtillus), die Erdbeere
(Fragaria vesca), Pyrola, verschiedene Binsen-
arten (Junci) und einige Bäume gehören hierher.
Wenn die Gegenden stark bevölkert sind, hat der
Mensch schon viele Aenderungen gemacht, und
es läst sich dies nur da bemerken, wo die Natur
ungestört hat würken können; daher der Unterschied zwischen einsamen und gesellschaftlichen
Gewächsen bey den Moosen um so mehr auffällt,
weil diese nicht so sehr die Aufmerksamkeit desselben auf sich ziehn. Dicranum glaucum, Weissia Dicksonii, Polytrichum commune, Cladonia

uncialis rangiferina sind gesellschaftliche Gewächse. Alle Phascum - Arten, Weissia paludosa, Polytrichum piliferum, Cladonia aculeata sind einzeln wachsende, und kommen nie in dichten Rasen vor.

290.

Merkwürdig ist es, dass die Gewächse Europens die gemeinsten des Erdballs sind. Sie haben sich am weitesten von allen ausgebreitet; sie sind aber am meisten in der alten Welt, und nicht so häufig in Amerika zu finden. Das nördliche Amerika macht allein hiervon eine Ausnahme. Die Ausbreitung der europäischen Pflanzen sind vermuthlich durch die grossen Veränderungen, die wir oben (§. 283.) angezeigt haben, bewürkt. Wenn sich aber in Amerika und Südindien einige europäische Pflanzen zeigen, so scheinen hier Flüsse und Meer die Ursach davon zu seyn. Die Gewächse am Meeresstrande eines jeden Landes sind allezeit gemischt, und nur im Innern desselben finden sich die eigenthümlichen Produkte. Anders ist es aber mit den Moosen, Flechten und Pilzen. Es scheint als wenn die Natur nur wenige Arten gebraucht hätte. Im warmen und heissen Klima sind sie nur Bewohner der feuchtesten Oerter oder höchsten Gebürge; es herrscht aber eine so geringe Abwechslung gegen die andern Pflanzen, dafs man faft überall dieselben antrifft.

291.

Wenige Gewächse vertragen jedes Klima auf der ganzen Erde. Ueberall verbreitete find folgende:

Portulaca oleracea findet sich durch ganz Europa am Meeresstrande und um die Dörfer. Er wird an den Küften von Afrika, Afien, Amerika und auf den Inseln des ftillen Oceans gefunden.

Sonchus oleraceus findet fich nicht blofs in Europa, fondern auch in Afrika, Weftindien, und den Inseln der Südsee.

Aufser diesen beyden ift mir kein Gewächs bekannt, das vom 60 Grad bis unter dem Aequator ausdauern könnte. Von der Vogelmiere (Alfine media) sagt man zwar, dafs fie fich auch in heifsen Himmelsstrichen fände; ich finde fie aber in den Floren folcher Himmelsgegenden nicht angeführt. Der gewöhnliche Nachtschatten (Solanum nigrum) foll nach des Linné Zeugnifs über unsere ganze Erde ausgebreitet seyn. Was dieser grofse Kräuterkenner für Abarten des gewöhnlichen Nachtschattens hielt, sind verschiedene fehr beftändige Arten, die nur in ihrem Bau viel Uebereinstimmendes mit dem Solano

VI. Geschichte

nigro haben, keinesweges aber als Abarten angesehn werden dürfen.

Aufser den beyden allgemein über den Erdboden ausgebreiteten, finden sich noch einige, die in heifsen und gemäfsigten Himmelsstrichen zu finden sind. Hieher gehören: der Wein, die Erdbeeren, der Salat, die Hirse, Waffernufs, Hanf, Sellery und der türksche Weizen u. v. a.

Der Wein (Vitis vinifera) gedeihet im heifsen Klima am besten. Er wird in allen vier Welttheilen bemerkt, trägt aber, je näher er dem Pole ist, herbere Früchte. Unser Klima von 52 Graden nördlicher Breite verträgt er zwar sehr gut, aber seine Saamen werden nicht mehr, oder nur selten vollkommen, und gehn äufserst selten auf. In der Gegend von Wien unter dem 48 Grade werden seine Saamen völlig reif.

Die Erdbeere (Fragaria vesca) scheint die Natur wegen ihrer gesunden geniefsbaren Frucht allen Zonen zugedacht zu haben. Sie wächst in Europa bis an das Nordcap, in Asien bis in Kamschatka, im nördlichen Amerika, und auf Island. In Afrika kommt sie nur nicht unter dem Aequator, wo brennender Sand ist, sonst aber überall fort. In Brasilien, Peru, Chili und Gujane ist sie wildwachsend und kultivirt zu treffen. In China, Japan und Cochinchina wird sie gepflanzt, und kommt an allen genannten Orten sehr gut fort.

der Pflanzen.

Der Salat (Lactuca sativa) kommt sowohl unter dem Aequator, als im kalten Klima von 64 Graden nördlicher Breite in Island sehr gut fort. Nur wo ein heifses Klima mit sandigem Boden, wie in Senegal ist, gedeiht er nicht anders als im Schatten.

Die Hirse (Panicum miliaceum) hat fast gleiche Dauer mit dem Salat, nur kann sie in Island wegen der späten Entwickelung der Blume keinen reifen Saamen tragen.

Die Wassernuss (Trapa natans) bewohnt die stehenden Sümpfe und Gewässer von Europa. Sie wächst durch den gröfsten Theil desselben, nur nicht in Rufsland, Dänemark, Norwegen, Schweden, die Provinz Schonen ausgenommen, England, Spanien, Portugall und Italien. In Griechenland aber im nördlichen Asien wächst sie häufig. In wärmeren Gegenden von Asien, als bey Astrachan, in China, Cochinchina und an der malabarischen Küste hat man sie auch bemerkt.

Der Hanf (Cannabis sativa) ist eine in Persien und Ostindien wildwachsende Pflanze, die durch ihren Anbau in unserm Klima einheimisch geworden ist, und sich häufig vermehrt hat. Sogar in Island geräth nach Olaffens Zeugnifs der Hanf ziemlich gut.

Die Sellery (Apium graveolens) ist eine gewöhnliche Meerstrandpflanze. Sie liebt mehr die

die kalten als warmen Gegenden, und wird an beyden Polen und unter den Wendezirkeln bemerkt.

Der türkſche Weizen (Zea Mays) iſt ein urſprünglich amerikaniſches Gewächs. Jetzt wird er durch ganz Amerika, Afrika und Aſien gebaut. Unſer europäiſches Klima verträgt dieſe Grasart fehr gut. Die Hitze des Aequators und die Kälte der gemäſigten Länder ſcheinen keinen Einfluſs auf die Dauer derſelben zu haben. Im nördlichen Amerika kommt ſie bis zum 45, in Europa bis zum 60 Grad gut fort. Höher nach Norden wird der Saatne nicht mehr reif.

Ueberhaupt haben unſere Küchenkräuter die Eigenſchaft, mehr als andere Pflanzen eine groſse Abwechſelung der Kälte und Wärme vertragen zu können.

> Unter den kleineren Cryptogamiſten möchten ſich noch viele finden, die überall zu Hauſe ſind. So weiſs ich zum Beyſpiel gewiſs, daſs Lepra candelaris und antiquitatis, die bis nach dem Nordpol hinauf ſind bemerkt worden, auch in Oſtindien gefunden werden.

292.

Eine ausführliche Geographie der Pflanzen zu liefern, würde zu weitläuftig ſeyn. Nur einige Beyſpiele mögen hier genug ſeyn.

Auf der nördlichen Halbkugel unſers Erdballs

sind viele Gewächse sehr allgemein ausgebreitet, von denen wir nur einige, die am meisten nördlich wachsen, anführen wollen. Diese sind: die Birke, Else, Eberesche, der Wacholder, die Berberitze, die Lorberweide und Tanne.

Die Birke (Betula alba) bewohnt die ganze nördliche Halbkugel der Erde. Sie wächst durch ganz Europa; in den wärmern Theilen desselben, als in Spanien, Italien und der Türkey kommt sie nur auf Bergen vor. Pflanzt man sie aber, so wächst sie zwar, kommt aber nicht so gut, als in kälteren Gegenden, fort. Am gröfsten wächst sie in Europa zwischen dem 40 und 60 Grad nördlicher Breite, und in Amerika unter dem 40 und 50 Grad. Durch ganz Sibirien und der nordöstlichen Küste von Asien, auf den Berings-Eylanden, auf Japan wird sie bemerkt. Im nördlichen Amerika findet sie sich vom 34 bis zum 68 Grad. In Grönland und Island wird sie gewöhnlich nicht viel über 10 Fufs hoch. In Kamtschatka wird sie in der Gegend von Lapatka noch am höchsten, weiter nördlich aber immer kleiner.

Die Else (Betula Alnus) findet sich durch ganz Europa, im nördlichen Afrika (Poiret fand sie in der Barbarey), durch das nördliche Asien bis zum 40 Grad der Breite, in Amerika aber bis zum 34. Sie kann aber nicht, wie die Birke, so weit dem Pole zuwachsen, und hört schon einige Grade vor dem Polarkreise auf. Linné bemerkte in ganz Lappland keine, sondern fand nur die weiße Else (Betula incana); auf der Rückreise sah er bey der Stadt Gambla, Carlby in Osthothnien zuerst wieder die gewöhnliche Else.

Die Eberesche (Sorbus aucuparia) wächst nach der Birke am weitesten nach Norden. In Lappland ist sie sehr gemein; auf Island wird sie nur 3 bis 4 Ellen, selten 6 bis 8 hoch. In ganz Europa ist übrigens dieser Baum sehr gemein, so auch durch das nördliche Asien, sogar auf einigen Inseln des Baikals. Auf diesen Inseln wächst er im Sande, und liegt mit seinen Stengeln über der Erde ausgestreckt. In Kamtschatka, auf den Inseln zwischen Amerika und Japan, selbst an der Nordwestküste des festen Landes von Amerika ist er sehr niedrig und strauchartig bemerkt worden. So viel ich aber weiss, hat man denselben in den nordöstlichen Ländern von Amerika nicht gefunden.

Der Wacholder (Juniperus communis) wächst in ganz Europa und dem nördlichen Asien. In kälteren Ländern ist er ein kleiner Strauch; in Grönland, Island und Lappland wird er allezeit niedrig gefunden. In Amerika wächst, so viel mir bekannt ist, der Wacholder nicht.

Die Berberitze (Berberis vulgaris) findet sich
durch ganz Europa, das nördliche Asien und
Amerika. Auf Grönland wird sie nicht bemerkt,
in Island und Kamtschatka ist sie nicht selten.

Die Lorbeerweide (Salix pentandra) wird
durch den gröfsten Theil von Europa wild ange-
troffen; nur in den südlichen Provinzen ist sie
eine Bergpflanze. In Island ist sie nicht hoch,
in Lappland aber 6 bis 8 Fufs und baumartig.
In Amerika wird sie bis in Carolina gefunden,
auch durch das ganze nördliche Asien ist nichts
gemeiner, als dieser baumartige Strauch.

Die Tanne (Pinus Abies), der gemeine Bewohner nördlicher Provinzen, wächst bis unter
dem Polarkreise. Auf Island hat man Spuren,
dafs sie ehemals daselbst gewesen ist; durch die
Eruptionen des Hecla aber ist sie ganz verschwunden. Man hat sie von neuem anbauen wollen,
aber im dritten Jahre erfroren sie alle. In den
nördlichsten Gegenden bleibt die Tanne stets
klein. In Amerika soll sie gleichfalls seyn, und
durch das nördliche Asien wächst sie nach Pallas
häufig. In den südlichen Theilen Europens
kommt sie auf Bergen vor.

Aufser diesen angeführten Bäumen und Sträuchern findet sich noch eine grofse Menge anderer Gewächse, die Europa mit dem nördlichen
Asien und Amerika gemein hat.

293.

In den warmen Himmelsstrichen, sind viele Bäume, Sträucher und Pflanzen, die in allen drey Welttheilen unter den Wendezirkeln zu finden sind. Dahin gehören der Pisang (Musa paradesiaca), die Ananas (Bromelia Ananas), die Kokosnuss (Cocos nucifera), Ingwer (Amomum Zingiber), falscher Ingwer (Amomum Zerumbet.) u. v. a.

294.

Eigenthümliche Gewächse hat jeder Erdstrich, diese findet sich aber nur auf geringe Distrikte eingeschränkt. Unter den Wendezirkeln, wo die Vegetation so gross und mannigfaltig ist, findet man deren viele; so dass das Gewächsreich mit jeder Meile, die man tiefer ins Land hineinmacht, neue Produkte zeigt. Am meisten zeichnet sich das Vorgebürge der guten Hoffnung aus. Die Pflanzen dieses Landes finden sich allein nur dort, und nirgend anders verbreitet.

VII. Geschichte der Wissenschaft.

295.

Die Botanik, als ein Zweig der Naturgeschichte, ist erst in neuern Zeiten zu der Vollkommenheit gediehen, wie wir sie jetzt sehn. Man mag die Kenntnisse der Alten noch so sehr erheben, so waren sie doch in der Naturgeschichte am weitesten zurück. Ein Kräuterkenner in jener Zeit zu seyn, wollte nicht viel sagen. Die ganze Kenntniss bestand in wenigen sehr ungewissen durch Tradition erhaltenen Namen. Wie in der Folge die Menschen einsahen, dass Kenntniss der Natur sehr nützlich sey, wandten sie auch mehreren Fleiss darauf. Man gab sich Mühe, durch bestimmtere Wörter die Verschiedenheit des Baues auszudrücken, und Nichtkenner darauf aufmerksam zu machen. Nach der für alle Wissenschaften so vortheilhaften Entdeckung der Buchdruckerkunst war man auch darauf bedacht, Zeichnungen von Gewächsen auf eine wohlfeile Art zu verfertigen. Die ersten Pflanzenabbildungen waren Holzschnitte. Gewächse, die sich in der Gestalt sehr vor andern auszeichnen, sind leicht in Holzschnitten zu erkennen; nur feinere Pflanzen, die mit mehreren Aehnlichkeit haben, sind schwieriger in dergleichen Figuren auszudrücken. Die besten haben Rudbeck, Clusius, C. Bauhin und Dodonaeus gegeben. Die Kunst, natürliche Gegenstände in Kupfer zu graben, war für die Kräuterkunde von grossem Nutzen. Nun war man im Stande, durch feine Kupferstiche die Kenntniss der Gewächse gemeinnütziger zu machen. Die besten Kupfer haben Linné im Hortus cliffortianus, Cavanilles, Smith und l'Heritier gegeben. Einige Botanisten liessen Kupferstiche nach Art der Holzschnitte verfertigen, die bloss den Umriss der ganzen Pflanze vorstellen. Solche sind in Plumier und des jüngern von Linné Werken. Um wohlfeilere Abbildungen von Pflanzen zu geben, bestrichen einige Botanisten Gewächse, die aufgetrocknet waren, mit Buchdrucker-Schwärze, und drückten sie auf Papier. Solche Pflanzenabdrücke müssen zwar sehr genau werden, aber die feineren Theile der Blume gehn völlig verloren. Die besten haben wir von Junghans. Unter den mit Farben erleuchteten Kupferstichen sind die des Trew und Jacquin die vorzüglichsten.

der Wissenschaft.

Von einem Botaniker verlangt man jetzt eine richtige und genaue Kenntniss aller wildwachsenden Pflanzen, von der grössten bis aufs kleinste Moos; eine richtige Kenntniss aller Ausdrücke und Theile derselben; eine genaue Bekanntschaft mit den natürlichen Familien des Gewächsreichs, und endlich eine richtige Kenntniss der Eigenschaften, Sonderbarkeiten und Kräfte aller Gewächse. Man belegt im gemeinen Leben den, der gute Abbildungen von Gewächsen giebt, und der nach der äussern Gestalt einige Gewächse zu unterscheiden weiss, mit dem Namen eines Botanikers. Jener hat gar kein Verdienst, und sein Werk kann nur, wenn die Gewächse gut vorgestellt find, als Kunstwerk Beyfall verdienen. Dieser kann auch nicht als Kräuterkenner gelten, weil ihm nicht die kleinsten Gewächse, als Moose, Flechten und Pilze bekannt sind. Nicht trockene Kenntniss des Namens macht den Botaniker aus. Er vergleicht jedes Gewächs mit allen entdeckten, sucht Unterschiede, und beobachtet die Natur genau. Blosse Nomenklatur kann nie wahres Vergnügen gewähren, da hingegen sorgfältig angestellte Beobachtungen den reichhaltigsten Stoff zum Nachdenken geben. Der Botaniker zeigt dem Arzt, Oekonomen, Forstmann und Technologen die brauchbaren Gewächse an; ohne ihn können sie keine richtige und gewisse Versuche anstellen.

Die Geschichte der Botanik zeigt uns die allmähligen Fortschritte, welche der Mensch in Erforschung d's Gewächsreichs gemacht hat. Zur bequemern Uebersicht wollen wir sie in verschiedene Epochen abtheilen.

296.

ERSTE EPOCHE.
Von Entstehung der Wissenschaft bis auf Brunfels.

Die ersten Bewohner unserer Erde mussten gleich Anfangs sich mit den Früchten, die zur Befriedigung ihrer wenigen Bedürfnisse hinreichten, bekannt machen. Die Erfahrung zeigte ihnen aber bald, dass viele dieser Gewächse für den Menschen schädlich waren. Diese nebst denen zur Nahrung tauglichen waren ihnen nur bekannt. Wie sie sich aber mehr ausgebreitet hatten, und die Bedürfnisse des Lebens sich vermehrten, mussten sie schon auf mehrere Nahrungsmittel denken. Verschiedene Krankheiten, die gewöhnlichen Folgen, wenn der Mensch die Gesetze der Natur verlezt, zwangen sie, sich nach Hülfsmitteln umzusehn, die sie im Gewächsreiche durch ein glückliches Ungefähr gefahr oder von den Thieren kennen lernten. Auf diese Art lernten die Bewohner von Zeylon den Nutzen der Ophiorhiza. Ein kleines Thier, (Viverra Ichnevmon), was sich von giftigen Schlangen nährt, frisst, sobald es von ihnen gebissen wird, aus Instinkt die Wurzel der genannten Pflanze. Die Zeylaner versuchten die Kräfte derselben, und fanden ein treffliches Mittel, den Schlangenbiss unschädlich zu machen. Auf ähnliche Art lernten die Amerikaner in gleichen Fällen den Nutzen der Aristolochia anguicida und Serpentaria kennen. So entstand die Kenntniss einiger Arzeneypflanzen. Der Vater lehrte sie den Sohn, dieser den Enkel und so weiter kennen. Durch Tradition, damals das einzige Mittel, Dinge der Vergessenheit zu entreissen, kamen die Namen derselben auf die spätere Nachkommenschaft.

Im Orient, wo Anfangs allein der Sitz der Gelehrsamkeit war, gab man sich auch die meiste Mühe, das Nützliche und Schädliche verschiedener Naturprodukte kennen zu lernen. Die Chaldäer theilten ihre Kenntnisse den Aegyptiern, diese den Griechen mit.

Unter den Griechen fingen endlich alle Wissenschaften an, und *Aesculap* suchte durch Mittel aus dem Pflanzenreiche verschiedene Krankheiten zu heben. Die Arzeneykunde wurde aber bald ein Gegenstand der Religion. In Tettipeln, die der Verehrung der Götter gewidmet waren, hing man die Vorschriften des Aesculaps auf. Die Priester allein gaben sich mit Aufsuchen der Arzeneypflanzen und Heilung der Kranken ab. Man nannte sie als Nachkömmlinge des Aesculaps: Asclepiaden.

Der Vater der Arzeneykunde, *Hippocrates*, erweiterte die Erfahrungen des Aesculaps, und hinterliefs verschiedene medicinische Werke. In diesen Schriften ist der kranke und gesunde Zustand des Menschen ausführlich abgehandelt; bey den Heilungsarten hat er 234 Pflanzen erwähnt. Es sind aber blofse Namen. Hippocrates wurde 459 Jahre vor Christi Geburt auf der Insel Cos geboren. Er ist sehr alt geworden, nur sind die Nachrichten über sein Alter ziemlich ungewifs; denn einige behaupten, er sey 89, andere 90, noch andere 104, und endlich einige 109 Jahr alt geworden. Die Namen der Gewächse, welche er angeführt hat, sind schwer zu errathen, denn die gröfsten Naturforscher und Philologen sind seit langer Zeit damit beschäftigt gewesen, sie richtig zu bestimmen; aber alles Forschens ungeachtet werden wohl immer noch Zweifel übrig bleiben.

Cratevas oder *Cratejas* lebte zu gleicher Zeit mit dem Hippocrates. Er soll eine grofse Kenntnifs der Kräuter und Wurzeln Griechenlands beſeſſen haben. Sein Werk, ῥιζοτομικόν genannt, iſt gröſstentheils verloren gegangen, ein Verluſt, der unerſetzlich iſt, weil vermuthlich die von Hippocrates in verſchiedenen Krankheiten gerühmten Gewächſe darin genauer beſchrieben waren. Auf der kaiſerlichen Bibliothek ſollen noch einzelne Bruchſtücke von des Cratevas Werken vorhanden ſeyn.

Ariſtoteles unternahm es, zuerſt auf Koſten Alexanders des Groſsen eine vollſtändige Naturgeſchichte zu entwerfen. Mehr aber widmete ſich dieſer groſse Philoſoph den übrigen Naturreichen, als der Kräuterkunde. Er lebte kurz nach dem Hippocrates.

Theophraſtus lebte ungefähr 300 Jahre vor Chriſti Geburt, und wurde zu Ereſus auf der Inſel Lesbos geboren. Sein Alter ſoll er auf 85 Jahr gebracht, und dennoch die Kürze des menſchlichen Lebens ſehr bedauert haben. Er war ein Schüler des Plato und Ariſtoteles; letzterer gewann ihn ſo lieb, daſs er ihn zum Erben ſeiner Bibliothek und Nachfolger bey der peripatetiſchen Schule einſetzte. Unter allen genannten war er der erſte Kräuterkenner. In ſeinem Werke *) hat er mehr als 500 Gewächſe be-

---

*) Περὶ φυτῶν ἱστορίας. Von dieſem Werke hat man viele Ausgaben ins Lateiniſche überſetzt; die vorzüglichſte iſt: Theophraſti Ereſii Hiſtoria Plantarum Lib. IX cum

schrieben. Die Beschreibungen gehn aber bloſs auf Arzeneypflanzen, deren Nutzen er genau angezeigt hat.

Die Römer fingen nach dem Siege über den Mithridates an, sich mehr mit der Kenntniſs der Gewächse zu beschäftigen.

Marcus Cato schrieb 149 Jahre vor Christi Geburt über die Arzeneykunde und ihre Heilmittel.

Marcus Terentius Varro lebte vor Christi Geburt unter dem Kaiser Augustus. Er hat über die Landwirthschaft geschrieben.

Pedanius oder *Pedacius Dioscorides*, aus Asien zu Anazarba in Cilicien gebürtig, wandte ausserordentlich vielen Fleiſs auf die Erforschung der Heilkräfte des Gewächsreichs an. Sein Werk*) enthält die Beschreibungen von mehr als 600 Gewächsen. Er hat viele und weitläuftige Reisen durch verschiedene Gegenden Asiens gemacht, und lebte unter dem Kaiser Nero 64 Jahre vor Christi Geburt.

commentariis J. L. Scaligeri et J. Bodaei a Stapel. Amstelod. 1644. Fol.

*) Περὶ ὕλης ἰατρικῆς, oder de Materia medica Lib. VI. wurde zuerst von A Manuee zu Venedig 1499. in Fol. herausgegeben. Eine andere Ausgabe mit Noten von J. A. Saracenus kam zu Frankfurt 1598 in Fol. heraus; eine andere sehr schöne mit Kupfern haben wir vom Freyherrn von Swieten zu Wien. 1770.

Cajus Plinius secundus lebte ziemlich zu derselben Zeit. Er sammelte über alle Theile der Naturgeschichte aus allen Schriften seiner Vorgänger das Merkwürdigste, und hat bey den Pflanzen vorzüglich den Dioscorides benutzt. Neue Entdeckungen hat er selbst nicht gemacht. Vom 11ten bis 19ten Buche seiner Naturgeschichte handelt er über das Gewächsreich. Er sagt unter andern; es gäbe noch wohl mehrere Pflanzen, die an Zäunen, auf Wegen und dem Felde wüchsen; sie hätten aber keine Namen und wären ohne Nutzen. Im 56sten Jahre ward er das Opfer seiner naturhistorischen Untersuchungen, da er des Aetna Feuerausbrüche erforschen wollte.

Verschiedene Römer schrieben noch Einiges über die Pflanzen; allein was diese Männer anführten, war schon von ihren Vorgängern gesagt worden.

Aufser einigen Asiaten, dem Galenus, Oribasius, Paulus Aegineta und einigen andern Aerzten, ist gar nichts über die Produkte des Gewächsreichs geschrieben worden, und was diese erwähnten, sind trockene Namenverzeichnisse, aus denen nichts zu nehmen ist.

Gleich nach Christi Geburt machten sich viele Aerzte, als Mesue, Serapio, Razis, Avicenna und mehrere andere in Arabien berühmt. Von den Arzeneygewächsen haben sie aber nur die, von ältern Schriftstellern angezeigten, genannt.

Jetzt folgt ein grosser Zeitraum, worin beynahe alle Wissenschaften schliefen. Was noch hie und da über medicinische und naturhistorische Gegenstände geschrieben wurde, war blosse Compilation der ältern Schriftsteller mit mönchischer Gelehrsamkeit ausgeschmückt. So ging es der Botanik bis ins sechzehnte Jahrhundert, wo sie Brunfels, ein Deutscher, aus dem lethargischen Schlaf weckte.

297.

ZWEYTE EPOCHE.

Von Brunfels bis auf Cäsalpin, vom Jahre 1530 bis 1583.

In der vorigen Epoche ist in einem Zeitraum von einigen Jahrtausenden wenig oder gar nichts für die Kräuterkunde gethan. Mit Verzeichnissen von höchstens 600 Pflanzen war der Grund gelegt, aber zum Gebäude selbst noch keine Aussicht vorhanden.

Diese zweyte Epoche eröffnet schon frohere Aussichten. Alle Wissenschaften fingen an neues Leben zu bekommen, und die Klöster waren nicht mehr einzig der Sitz des menschlichen Wissens. Brunfels, Gesner, Fuchs, Dodonäus, Lobel, der unvergessliche Clusius und der grosse Caesalpin brachen die Bahn.

Otto Brunfels, eines Böttchers Sohn, wurde zu Maynz am Ende des funfzehnten Jahrhunderts geboren. Er war erstlich Carthäuser Mönch, wurde nachmals Cantor in Strasburg, und nach einem neunjährigen Aufenthalt daselbst widmete er sich mit so vielem Beyfall der ausübenden Arzeneykunde, dass er nach Bern berufen wurde, wo er anderthalb Jahr mit vielem Lob die Heilkunde ausübte, und endlich den 23sten November 1534 daselbst von allen beweint starb. In seinem Werke *) hat er die ersten Holzschnitte geliefert, wie er überhaupt der erste Botanist in Deutschland war. Die Zeichnungen sind aber sehr schlecht, und stimmen gar nicht mit den gegebenen Beschreibungen.

*) Otto Brunfelsii Historia plantarum Argentorati, Tom. I & II. 1530. Tom. III. 1536. Im Jahre 1537 und 1539 sind neue Ausgaben davon herausgekommen. Eben dieses Werk hat er in deutscher Sprache unter dem Titel: Contrafayt Kräuterbuch vormals in teutscher Sprach dermasen nye gesehen noch im Truck aufgangen. Strasburg 1532 Fol. herausgegeben, der zweyte Theil erschien 1537. Man hat eine Frankfurter Ausgabe in Fol. von 1546, und eine Strasburger in 4to von 1534. Seine Werke sind sehr selten. Er hat noch einiges Medicinisches und über des Dioscorides Pflanzen geschrieben.

VII. Geschichte

Hieronymus Bock von Heidesbach wurde 1498 in Heidesbach im Zweybrückschen geboren. Er lebte verschiedene Jahre in Zweybrück, und kam zuletzt nach Hornbach, wo er Arzt und Prediger zugleich war. Im 56ſten Jahre ſeines Alters ſtarb er am 21. Hornung 1554. Nach der Sitte des Jahrhunderts änderte er ſeinen Namen Bock in die gleichbedeutende griechiſche Benennung Tragus. In drey Büchern*) handelte er mit ziemlicher Genauigkeit die in Deutſchland wachſenden Pflanzen ab, und ſtellte in 567 Figuren, die nicht ganz ſchlecht ſind, die abgehandelten Gewächſe vor. Man macht ihm den Vorwurf, daſs er auf die Kräfte der Gewächſe wenig geachtet hat, da ſie ihm doch nicht unbekannt waren, und tadelt vorzüglich, daſs er die alten Schriftſteller wenig benutzte.

Euricus Cordus wurde in einem heſſiſchen Flecken geboren und ſtarb 1538. Er lehrte und übte die Arzeneykunde in Erfurt, Marpurg und Bremen aus. Nach aller Zeugniſs war er einer der gelehrteſten Männer ſeiner Zeit. Er hat Ver-

*) Hieronymus Boak oder Bock genannt Trajus Kräuterbuch von den vier Elementen, Thieren, Vögeln und Fiſchen, Strasburg 1546. Fol. Man hat eine lateiniſche, eine umgeänderte deutſche, und noch verſchiedene Ausgaben der erſten Edition. Seine Werke fangen an ſelten zu werden.

schiedenes über die Pflanzen vorzüglich der Alten geschrieben*).

Sein Sohn *Valerius Cordus* wurde 1515 geboren, und hatte das Unglück, auf der Reise, zu Rom 1544 von einem Pferde erschlagen zu werden. Er trat in seines Vaters Fufsstapfen. Sein Werk über die Pflanzen ist sehr selten **), und die Ausgabe des Dioscorides, welche er besorgte, wird noch geschätzt.

Conrad Gesner, der gröfste Polyhistor seiner Zeit, wurde in Zürch 1516 geboren, und starb daselbst 1565. Er hat über verschiedene Theile der Botanik und Arzeneykunde geschrieben. Seine vorzüglichsten Werke sind: ***)

*) Eurici Cordi Botanologicon, sive Colloquium de herbis Coloniae. 1534. in 8vo. Eine zweyte Ausgabe davon besorgte sein Sohn zu Paris 1551. in 16mo.

**) Valerii Cordi Historia stirpium Argentorat 1561. Fol. Der berühmte Conrad Gesner hat dies Werk nach seinem Tode herausgegeben. Die Figuren sind von Bock entlehnt, und nur 60 neu. Die Zurcher Ausgabe ist ganz dieselbe.

***) Conradi Gesneri Enchiridion historiae plantarum. Basileae 1541. 8vo. De plantis antehaec ignotis, ohne Jahrzahl und Druckort in 12mo. Historia plantarum. Basileae 1541. 12mo. De raris et admirandis herbis, quae, sive quod noctu luceant, sive alias ob causas, Lunariae nominantur. Tiguri 1555. 4to. Ein äufserst seltenes Werk.

VII. Geschichte

Leonard Fuchs ward 1501 in Bayern geboren. Er studirte zu Heilbrun, Erfurt, Ingolstadt, und kam durch mancherley Schicksale als Lehrer nach Tübingen, wo er den 10. May 1566 starb. Der Kaiser Carl der Fünfte schätzte ihn sehr, und hat ihm viele Ehrenbezeigungen erwiesen. Er hat eine eigene Geschichte der Pflanzen geschrieben, von der man viele Ausgaben im Deutschen, Französischen und Lateinischen hat *). Die Alten, den Dioscorides, Galen, Hippocrates u. e. a. hat er durch Noten zu erläutern gesucht, und gerieth darüber mit dem berühmtesten Arzt und Philologen Johann Haynbut oder Hagenbut, der sich auch Cornarus nannte, in Streit. Cornarus schrieb gegen ihn in einer kleinen Schrift, Vulpecula excoriata betitelt. Fuchs antwortete in einer andern Schrift, deren Titel Cornarus furiens ist; worauf jener den Streit mit einem Werke, Nitra s. Brabyla pro vulpecula excoriata asseryanda benannt, beschloss.

Peter Andreas Matthiolus, Arzt zu Siena, wurde 1550 geboren, und starb zu Trident 1577 an

---

*) Leonardi Fuchsii de Historia stirpium commentarii insignes, Basileae 1542. Fol. Es sind 512 Figuren, von denen viele aus Brunfels vergrößert sind. Alle Bäume und die kleinsten Kräuter sind von gleicher Größe. Man hat eine Ausgabe in 8vo, dies ist die erste.

der Pest. Ein sehr berühmter Arzt, dem man auch verschiedene neue Arzeneyen zu danken hat. Die Alten, vorzüglich den Dioscorides, hat er am meisten studirt. Sein Kräuterbuch ist in italienischer Sprache geschrieben, man hat auch französische und deutsche Ausgaben davon*).

Rembert Dodonaeus wurde zu Mecheln 1517 geboren. Er war kaiserlicher Leibarzt, und der Ruf seiner Geschicklichkeit in Deutschland, Frankreich und Italien bekannt. Im Jahre 1583 wurde er als Professor nach Leyden berufen, wo er auch 1585 starb. Sein vornehmstes Werk**) übertrifft alle seine Vorgänger, sowohl an Genauigkeit der Holzschnitte, als an guten Beschreibungen. Es sind 1330 gute Figuren darin, von denen viele aus dem Fuchs, Clusius und Matthiolus genommen sind.

Matthias von Lobel, Arzt des König Jacob des ersten in England, war zu Lilla 1538 geboren, und starb in London 1616. Durch einen Arzt, Namens Peter Pena, in der Provence, der auch einiges in die Botanik Einschlagendes geschrie-

---

*) Peter Andreas Matthiolus Kräuterbuch durch Joachim Camerarium. Frankfurt 1590. Fol. mit 1069 Figuren. Die erste italienische Ausgabe war ohne Figuren, und kam 1548 zu Venedig heraus.

**) Remberti Dodonaei stirpium historiae pemptades VI. Antwerp. 1616. Fol.

ben hat, bekam er viele seltene Gewächse. In seinen Werken*) ist er nicht sehr gewissenhaft gewesen. Verschiedene Figuren hat er erdichtet, und einige Pflanzen als in England wildwachsend angezeigt, die keiner nach ihm gefunden hat.

Carl Clusius oder *Charles de l'Ecluse* wurde 1526 zu Artois oder Atrecht in den Niederlanden geboren. Nach dem Willen seiner Aeltern sollte er Jurist werden, und ging deshalb nach Löwen. Er änderte aber bald seinen Vorsatz, und von Liebe zur Botanik hingerissen, unternahm er die mühsamsten und beschwerlichsten Reisen durch Spanien, Portugall, Frankreich, England, die Niederlande, Deutschland und Ungarn. Schon im 24sten Jahr bekam er die Wassersucht, die ihm aber der berühmte Arzt Rondeletius durch den Gebrauch der Cichorien heilte. Im 39sten

---

*) Matth. de Lobelii (de l'Obel) Plantarum seu stirpium historia et adversaria. Antwerp. 1576. Fol. ist schon selten. Die Zahl der Figuren beläuft sich auf 1495.

Icones Plantarum. Antwerp. 1581. Pars I et II. Quer 4to. Der Verleger des vorigen Werks, Christoph Plantin, hat die Ausgabe, ohne Lobels Namen auf den Titel zu setzen, besorgt. Es find 1096 Platten, auf welchen sich 2173 Figuren befinden, von denen die meisten aus Clusius und Dodonäus Werken genommen find.

Jahre brach er sich in Spanien, da er mit dem Pferde stürzte, den rechten Arm dicht über dem Ellenbogen; kurz darauf hatte er dasselbe Schicksal mit dem rechten Schenkel. Im 55sten Jahre verrenkte er sich in Wien den linken Fuss; acht Jahre nachher die rechte Hüfte. Diese letzte Verrenkung wurde von den Aerzten übersehn, und er hatte das Unglück, an Krücken gehn zu müssen. Die grossen Beschwerlichkeiten, welche er beym Gehn ausstehn musste, verhinderten ihn, sich die zur Gesundheit nöthigen Bewegungen zu machen, und er bekam einen Bruch, Verstopfungen im Unterleibe und Steinschmerzen. Bey seinen kränklichen Umständen ward ihm das Leben am kaiserlichen Hofe, wo er sich über 14 Jahre aufhalten musste, und die Aufsicht über den Garten hatte, sehr beschwerlich; er nahm deshalb 1593 den Ruf als Professor nach Leyden an, wo er auch 1609 den 6. April starb. Clusius war das grösste Genie seiner Zeit, und trieb, wie keiner seiner Vorgänger, mit einem Enthusiasmus und einer Beharrlichkeit das botanische Studium, die weder vor noch nach ihm ihres gleichen gehabt hat. Seine Schriften[*]) zeigen den grossen Botaniker;

---

[*]) Caroli Clusii rariorum plantarum historia. Tom. I et II. Antwerp. 1601. Fol. Er hat viele kleine Abhandlungen, als Plantae pannonicae, hispaniae, historia aromatum geschrieben, die alle in diesem grossen Werke enthalten sind.

und werden immer unentbehrlich bleiben. Die Holzschnitte sind sauber, die Figuren kenntlich, und die Beschreibungen meisterhaft. Schade, dafs ein Mann von so vielen Verdiensten gerade ein so trauriges Schicksal haben, und der erste Märtyrer der Botanik werden musste!

298.

DRITTE EPOCHE.

Von Cäsalpin bis auf Caspar Bauhin, vom Jahre 1583 bis 1593.

In dieser Epoche macht Cäsalpin den ersten Versuch, eine systematische Form in die Botanik zu bringen. Mehrere folgen seinem Beispiel. Die Wissenschaft breitet sich mehr aus. Es werden Reisen in fremde Welttheile gethan, und der grofse Caspar Bauhin sucht alles Entdeckte zu ordnen.

Andreas Cäsalpin war aus Arezzo im Florentinischen gebürtig. Er wurde nach Rom gerufen, wo er als Leibarzt Clemens des Achten den 25. Hornung 1603 starb. Vor ihm hatte man ohne alle Ordnung die Gewächse beschrieben; und war gar nicht darauf bedacht, durch Aehnlichkeiten, die man in gewissen Theilen aufsuchte, das Studium zu erleichtern. Sein System (§. 102.) macht ihn unvergefslich. Die Schriften dieses

Botanikers *) sind so selten, daſs man sie nur dem Titel nach noch kennt.

Jacob Delechamp ward in dem Städtchen Caen in der Normandie im Jahre 1513 geboren, hielt sich die gröſste Zeit seines Lebens in Lyon auf, und starb daselbst 1588, oder wie andere wollen, 1597. Er war der erste, der eine allgemeine Geschichte aller entdeckten Pflanzen schreiben wollte; durch viele Geschäfte wurde er aber an der Fortsetzung verhindert. Ein geschickter Arzt zu Lyon, Namens Johann Molinäus, setzte auf Zureden des Buchdrucker Rovilli das angefangene Werk fort **).

Joachim Camerarius ist zu Nürnberg den 6ten November 1534 geboren, und starb den 11 October 1598. Als Knabe hielt er sich in Wittenberg bey Melanchthon auf, und studirte nachher in Leipzig die Arzeneykunde. Er reisete darauf durch Italien, und wurde 1551 in Rom Doktor.

*) Andr. Caesalpini de plantis libri XVI. Florent. 1583. 4to. Ejusd. Appendix ad libros de plantis et quaestiones peripateticas. Romae 1603. 4to.

**) Jacob Dalechampii Historia generalis plantarum, opus posthumum. Leyd. 1587. Vol. I. II. Fol. 2686 Holzschnitte enthalten die meisten Abbildungen von Cordus, Fuchs, Clusius, Tragus, Matthiolus, Dodonäus und Lobel. Ueber 400 Figuren sind zwey- bis dreymal vorgestellt, und die wenigen eigenen sehr schlecht.

VII. Geschichte

Mit den größsten Kräuterkennern seiner Zeit stand er in der genauesten Verbindung. Durch den grossen Eifer für die Botanik zog er sich die Achtung des Prinzen Wilhelm Landgrafen zu Hessen zu, der ein grosser Gartenfreund war, und dessen Garten zu Cassel er in Ordnung bringen mußte. Seiner Schwester Sohn Joachim Jungermann, ein junger sehr geschickter Botaniker, reisete auf seinen Antrieb nach dem Orient, hatte aber das Unglück, auf der Reise durch eine ansteckende Krankheit das Leben zu verlieren. Camerarius hat viele kleine Schriften über botanisch-ökonomische Gegenstände, und auch über Gewächse der Alten geschrieben. Sein vorzüglichstes Werk*) enthält 47 Abbildungen, die aus der Gesnerschen Sammlung sind. Er kaufte nemlich die ganze Gesnersche Sammlung von Holzschnitten, die sich auf 2500 Stück beliefen. Diese hat er bey seiner Ausgabe des Matthiolus und in einem andern Werk, was noch geschätzt wird**), benutzt.

Jacob

---

*) Joach. Camerarii hortus medicus philosophicus. Franc. ad Moen. 1588. 4to. Eine kleine Schrift des Johann Thal, eines Arztes in Nordhausen, Sylva hercynia, ist angedruckt. Diese enthält ein genaues Verzeichniss aller Gewächse des Harzes. Thal starb 1583 zu Nordhausen, da er mit dem Pferde stürzte.

**) Joachim Camerarii de plantis epitome P. Andr. Matthioli. Francof. ad Moen. 1586. 4to, mit 1003 Figuren.

Jacob *Theodor Tabernamontanus*, ein Schüler des Tragus, hat sich seinen Namen vom Geburtsort Berg Zabern, ein Städtchen im Zweybrückschen, gegeben. Er war erst Apotheker in Kronweissenburg, reisete darauf nach Frankreich, kam als Doktor zurück, und starb zuletzt als churfürstlicher Leibmedicus zu Heidelberg 1590. Wegen seiner Geschicklichkeit wurde er allgemein geschätzt. Sein Werk*) hat er nicht ganz ausgearbeitet, der zweyte und dritte Theil

---

ten. Iter in montem Baldum Fr. Calceolarii ist noch mit angedruckt. Franciscus Calceolarius, oder wie er eigentlich hiess, Calzolaris, war Apotheker zu Verona, und hatte diese Beschreibung der Pflanzen, welche sich auf dem Berge Baldo finden, im Italienischen 1566, im Latein. 1571 schön vorher zu Venedig herausgegeben.

*) Jacob Theodor Tabernamontanus New vollkommen Kräuter-Buch, darinnen über 3000 Kräuter mit schönen künstlichen Figuren &c. &c. Francof. a. M. 1588. Tom. I. Fol. Den zweyten Theil hat der Doctor Nicolai Braun 1590 herausgegeben. Man hat noch mehrere Ausgaben, die Caspar Bauhin besorgt, zwey zu Frankf. a. M. von 1613 und 1625, und zwey zu Basel von 1664 und 1687. Die lateinische Ausgabe ist in Quer 4to unter dem Titel: Icones plantarum sive stirpium tam inquilinarum quam exoticarum, zweymal in Frankfurt am Mayn, nemlich 1588 und 1590 erschienen. Unter den Figuren sind viele von andern entliehen, sie sind alle sehr kenntlich. Die lateinischen Ausgaben finden sich selten.

Cc

desselben ist von einem andern, und nicht so gut wie der erste.

Seit die Portugiesen um Afrika den Weg nach Indien gefunden hatten, gingen des Handels wegen viele nach diesem Welttheile, so wie auch nach Columbus Entdeckung von Amerika, die Gewinnsucht einige dorthin zog. Unter diesen waren verschiedene, die aus Trieb zur Naturgeschichte jene Reise unternahmen. Die merkwürdigsten sind: Garzias ab Horto*), Christoph a Costa**), Joseph a Costa***), Nicolaus Monardis, Gonsalvus Ferdinand Oviedo, Franziscus Lopez de Gomara, Franziscus Hernandez †) u. m. a.

*) Leibarzt des Königs von Portugall, gab über die Gewürze etwas 1563 in 4to heraus, wovon in allen Sprachen Uebersetzungen find. Clusius hat sie bey seinem gröfsern Werk andrucken lassen.

**) Ein Chirurgus von Portugiesischen Eltern in Afrika geboren, schrieb Verschiedenes über die Gewürze, was auch im gröfsern Werk des Clusius mit abgedruckt ist.

***) Ein Jesuit schrieb über Thiere, Pflanzen und Steine zu Barzelona 1578 in 4to ein Werk.

†) Arzt des Königs Philipp des Zweyten von Spanien Nova plantarum, animalium et mineralium Mexicanorum historia. Romae 1651. Sehr selten aber ganz unbrauchbar.

Leonard Rauwolff, ein Deutscher, unternahm eine beschwerliche Reise nach dem ganzen Orient. Er durchreiste in den Jahren 1573-1575 Syrien, Judäa, Arabien, Mesopotamien, Babylon, Assirien und Armenien. Nach seiner Zurückkunft wurde er Arzt zu Augspurg. Der Religion wegen musste er aus seiner Vaterstadt flüchten, und starb 1596 als Arzt bey der österreichischen Armee. Er hat eine vollständige Beschreibung seiner Reise *) herausgegeben.

Prosper Alpin, aus der Stadt Marostica im Venetianischen gebürtig, ging aus Liebe zur Botanik nach Egypten. Nach seiner Zurückkunft übte er die Arzeneykunde in Venedig, darauf in Genua aus, und kam zuletzt als Lehrer nach Padua, wo er 1617 gestorben ist. Er hatte allgemein das Lob eines geschickten Mannes. Die Botanik verdankt ihm folgende Schriften **).

---

*) Leonardi Rauwolff, bestallten Medici zu Augspurg, aigentliche Beschreibung der Rais, so er in die Morgenländer vollbracht, in vier verschiedene Theile abgetheilt. Lauwingen 1583. 4to. mit 43 Figuren von orientalischen Pflanzen. Diese Ausgabe allein hat Holzschnitte und ist seltener als die ältere, die 1582 in Frankfurt herausgekommen ist. Man hat Uebersetzungen dieser Reise ins Franz. und Engl. In der Leydener Bibliothek wird das von ihm auf der Reise gesammelte Herbarium von 350 Pflanzen aufbewahrt.

**) *Prosperi Alpini de plantis Aegypti liber.* Venet.

VII. Geschichte

Johann Bauhin wurde 1541 zu Lyon geboren. Er war ein Schüler des Fuchs, verliefs sein Vaterland, hielt sich eine Zeit lang in Yverdon, eine Stadt im Berner Canton auf, und ging nach Mümpelgard, wo er als Leibarzt des Herzogs von Würtemberg 1613 starb. Den gröfsten Theil der Schweiz und Italien hat er durchreist. Schon als Jüngling arbeitete er an seinem grofsen Werke*), was er erst nach 52 Jahren zur Vollkommenheit brachte.

Fabius Columna oder *Colonna*, ein Italiener, wurde 1567 geboren, war Präsident der Akademie zu Neapel, und starb 1648. Das Studium der alten Kräuterkenner beschäftigte ihn sehr. In seinen Schriften**) ist er den Alten gefolgt, oh-

---

1591. 4to. Eine andere Ausgabe erschien ebendaselbst 1592. Man hat noch zwey Auflagen zu Padua von 1639 und 1640 endlich auch eine Leydner von 1735.

Ejusdem de plantis exoticis libri duo. Venet. 1656 4to. von seinem Sohne, Alpinus Alpini genannt, herausgegeben.

*) Johanni Bauhini Historia plantarum. Tom. I. II. III. Genevae 1661. Fol. mit 3600 Holzschnitten. Das Werk ist erst nach seinem Tode auf Kosten des Herrn von Grafried durch Domin Chabraeus herausgekommen.

**) Fabii Columnae φυτοβασανος, sive plantarum aliquot historia, in qua describuntur diversi generis plantae veriores, ac magis facie viribus respondentes antiquorum Theophrasti, Dioscoridis, Plinii aliorumque dene eine systematische Form anzunehmen. Unter allen botanischen Werken enthalten die seinigen die ersten Kupfer, bey denen nur zu tadeln ist, dass alle Pflanzen von gleicher Grösse, sie mögen gross seyn, oder nicht, vorgestellt sind. Die Zeichnungen zu den Kupfern hat er selbst verfertigt.

299.

VIERTE EPOCHE.

Von Caspar Bauhin bis auf Tournefort, vom Jahre 1593 bis 1694.

Durch Caspar Bauhins ausdaurenden Fleiss wird alles geordnet. Er dient jedem zur Richtschnur. Die Entdeckungen werden zwar fortgesetzt, aber noch sind sichere Gattungsnamen und

lineationibus ab aliis hucusque non animadversae. Neapel 1592, mit 36 Kupfern. Es giebt eine neuere Ausgabe zu Florenz 1744, mit 38 Kupfern, die ungleich häufiger ist.

Ejusdem minus cognitarum nostro coeruleo orientium stirpium εκφρασις Tom. I. II. Romae 1606, 4to. Eine neuere Ausgabe von 1616 mit 131 Kupfern, worauf 247 Pflanzen vorgestellt sind. Dies Buch ist äusserst selten; neu kostet es 2 Thaler 12 Groschen, ich weiss aber, dass man es schon mit 20 Thalern bezahlt hat. In der neuen Ausgabe sind die Kupfer schöner, und ist noch eine Abhandlung de Purpura angedruckt.

die Mittel, Gattungen zu bestimmen, unbekannt, bis der unsterbliche Tournefort ein neues System erfand, und bessere Gattungen einführte. Jahrtausende verflossen, ehe man ein System fand, und da dies eingeführt war, musste noch ein ganzes Jahrhundert verstreichen, ehe man auf sichere Gattungsnamen und Bestimmung derselben nach dem Bau der Blume dachte.

Casper Bauhin, ein Bruder des vorigen, wurde 1560 geboren. Nach dem Beyspiel seines Bruders reiste er durch Italien, wo er viele von jenem übersehene Pflanzen fand. Nachmals ward er Professor zu Basel, und starb 1624. Verschiedene Werke *), die wir von ihm haben, zeigen, dass er ein grosser Botaniker war. Er war glücklich in Bestimmung der Gewächse, seine Abbildungen sind sehr gut. In dem Werke, was alle entdeckte Pflanzen enthalten sollte, fehlen

---

*) C. Bauhini Φυτοπίναξ seu enumeratio plantarum ab herbariis descriptarum. Basil. 1598. 4to, mit 9 Abbildungen. Er hat auf die Ausarbeitung dieses Werks 40 Jahre zugebracht, alle Arten aufgestellt, aber viele Abarten als Arten bestimmt.

Ejusdem Προδρομος Theatri botanici. Basil. 1620. 4to. Eine ältere Ausgabe von 1671 mit 140 Holzschnitten, die ziemlich deutlich sind.

Ejusdem Theatri botanici liber I. Basil. 1658. Fol. mit 254 Figuren.

verschiedene. Seine Benennungen wurden vor Tournefort überall angenommen.

Basilius Besler, ein Apotheker in Nürnberg, der 1561 starb, schrieb auf Kosten des Bischofs von Aichstädt, Johann Conrad von Gemmingen, ein prächtiges Werk*). Wie aber einige behaupten, hatte Besler nur den Namen dazu gegeben, und der berühmte Ludwig Jungermann, Prof. zu Giessen, wäre der eigentliche Verfasser.

Ludwig Jungermann wurde den 28. Junius 1572 zu Leipzig geboren, und starb den 26. Junius 1653 als Professor der Arzeneygelahrtheit zu Giessen. Er war ein sehr geschickter Kräuterkenner**).

Jacob Cornutius, ein Arzt zu Paris, beschrieb in einem besondern Werke die von andern im nördlichen Amerika entdeckten Pflanzen mit einigen in diesem Welttheil wachsenden, die in des Robinus Garten gezogen wurden***).

---

*) Basil. Besleri Hortus Eystettensis. Norimb. 1613. Royal-Fol. mit 365 sehr saubern Kupfern, worauf 1080 Pflanzen vorgestellt sind.

**) Lud. Jungermann Catalogus plantarum quae circa Altorficum Noricum proveniunt, wurde von Maurit. Hoffmann herausgegeben 1615. 4to.

Ejusb. Catalogus plantarum horti et agri altorfiani. Altorf 1646. 12mo.

Ejusd. Cornucopiae florae giessensis. Giessae 1623. 4to.

***) Jacob Cornuti canadensium aliarumque historia. Parisiis 1635 4to. Selten, aber gar nicht mehr zu brauchen.

Johann Löfel, Profeſſor zu Königsberg in Preuſſen, wurde 1607 geboren, und ſtarb 1650. Die Flora*), oder das Verzeichniſs der in Preuſſen wildwachſenden Pflanzen, die er geſchrieben hat, iſt das einzige, was wir von ihm haben.

Joachim Jung wurde zu Lübeck den 22. October 1587 geboren. Eine Zeitlang war er Profeſſor in Helmſtädt, nachher kam er als Rektor nach Hamburg, und ſtarb den 22. September 1657. In ſeinen Schriften**) zeigte er viele und groſse Kenntniſs der Natur. Ueber das Gewächsreich hat er ſehr richtig geurtheilt; und das, was er über die Terminologie und von den Gattungen ſagt, iſt ganz nach Art des Linné geſchrieben. Wären Jungs Schriften mehr bekannt geworden, und hätte er einen gröſsern Würkungskreis ge-

---

*) Johann Loeſelii plantarum rariorum ſponte naſcentium in Boruſſia catalogus. Regiomonti 1654. 4to. Eine neuere Ausgabe in Frankfurt 1673. 4to.

Ejusd. Flora pruſſica edidit Joan Gottſched, Med. Prof. Regiomonti 1703. 4to. Mit ſehr ſchönen Kupf.

**) Joach. Jungii Doxoſcopiae phyſicae minores ſeu Iſagoge phyſica doxoſcopica. Hamburgi 1662. 4to. Im 2ten und 3ten Theile wird von Pflanzen gehandelt.

Ejusd. Iſagoge phytoſcopica. Hamburgi 1679. 4to. Eine neue Ausgabe erſchien in Coburg 1747 4to. Dies Werk iſt nach dem Tode des Verfaſſers von Johann Vagetius herausgegeben. Jungs Schriften ſind ſehr ſelten.

habt, so wäre schon damals die Botanik so weit gediehen, wie sie jetzt steht.

Johann Wray, oder wie er sich nachher nannte, *Ray* oder *Rajus*, wurde zu Blachnotley, einem Dorfe in der Provinz Essex, 1628 geboren. Durch Grofsbrittannien, Frankreich, Deutschland und die Schweiz ist er mit vieler Aufmerksamkeit auf alle Produkte der Natur gereist, und starb als Mitglied der Londner Societät 1705. Die gröfste Zeit seines Lebens brachte er auf dem Lande zu. Die Gestalt der Blume, auf die Tournefort sein System baute, wollte ihm nicht gefallen, und es entstand deshalb zwischen diesen Gelehrten ein Streit. Er hat sehr viel botanische Werke geschrieben, von denen wir nur einige anzeigen wollen*). In einigen Stücken ahmte er dem Jung nach, doch ganz ist er ihm nicht gefolgt. Unstreitig war er der fleifsigste Botaniker, der zugleich die gröfste Belesenheit hatte.

Johann Sigismund Elsholz wurde zu Berlin 1623 geboren, war Arzt des Churfürst Friedrich Wilhelm, und starb den 19. Hornung 1688. Er

---

*) Catalogus plantarum circa Cambrigam nascentium. Cambrigae 1660. 8vo. Dies war des Rajus erstes Werk, was anonymisch erschien.

Joh. Raji Historia plantarum generalis. Lond. Pars I. 1686. II. 1688. Tom. III. 1703. Fol. das wichtigste und letzte Werk, was er schrieb.

ist der erste welcher über die Pflanzen der Mark-
Brandenburg geschrieben hat*).

Paul Bocco, nachher *Sylvius* genannt, wurde
zu Palermo den 24. April 1633 geboren, und
starb den 22. December 1704. Er war ein Cister-
cienser Mönch, und machte viele Reisen durch
ganz Italien. In verschiedenen kleinen Abhandlungen hat er über einzelne Gewächse geschrieben, die merkwürdigsten und seltensten aber in
folgenden Werken**) bekannt gemacht.

Robert Morison, ein Engländer, wurde 1620
geboren, und starb 1683 als Professor der Botanik zu Oxfort durch den Stoss einer Wagen-
deichsel gegen die Brust. Da er die Aufsicht
über den botanischen Garten zu Oxfort hatte,
konnte er die Früchte der Pflanzen genauer, als
seine Vorgänger, beobachten. Am meisten hat

---

*) Ioanni Sigismundi Elsholtii Flora marchica. Berol.
1663. 8vo.

**) Pauli Bocco icones et descriptiones rariorum plan-
tarum Siciliae, Melitae, Galliae et Italiae edidit Morison. Oxoniae 1674. 4to. Mit 52 Kupfern, worauf
112 Pflanzen vorgestellt sind.

Ejusd. Museo di Fisica et d'Esperienze. Tom. I.
Venet. 1607, 4to.

Ejusd. Museo di piante rare della Sicilia, Maltha &c.
Tom. II. 1647. 4to. Diese beyden letzten machen ein
Werk aus, was sehr selten ist, aber zugleich schlech-
tere Abbildungen als das erstere enthält.

er sich durch die Eintheilung der Schirmpflanzen berühmt gemacht, die in seinem grossen Werke mit abgedruckt ist*).

Jacob Barrelier wurde 1634 zu Paris geboren, widmete sich der Arzeneykunde, und da er eben im Begriff war, den Doktorhut anzunehmen, ward er ein Dominicaner Mönch. Er machte viele und häufige Reisen durch Frankreich, Spanien, die Schweiz und Italien. Auf seinen Reisen war die Naturgeschichte der Hauptgegenstand. Von Pflanzen, Insekten und Conchylien verfertigte er Zeichnung, und wollte, nach Art des Columna, ein botanisches Werk, unter dem Titel, Hortus mundi oder Orbis botanicus herausgeben, worin alle Pflanzen sollten enthalten seyn. Auf einer Reise durch Italien zog er sich eine Engbrüstigkeit zu, woran er zu Paris den 17 September 1673 starb. Die Abbildungen sind nach seinem Tode erst herausgekommen**).

---

*) Roberti Morisonii Historia plantarum. Tom. I. II. III, Oxon. 1715. Fol. mit 292 Kupfern, worauf 3600 Pflanzen abgebildet sind.

**) Jacob Barrelieri Plantae per Galliam, Hispaniam et Italiam observatae; opus posthumum accurante Antonio de Jussieu. Parisiis 1714. Fol. mit 1327 Kupfern, worauf 1455 Pflanzen vorgestellt sind. Auf den letzten Tafeln find viel Thiergewächse und 40 Conchylien abgebildet. Verschiedene Abbildungen sind aus dem Clusius und andern genommen.

Franciscus von Sterrebeck war Prediger in Antwerpen, und starb 1684. Vor ihm hatte man sich wenig um die Pilze bekümmert. Er nahm viele von Clusius, fügte noch eine Menge dazu, und schrieb ein besonderes Werk darüber.*).
Die Abbildungen sind aber sehr schlecht, weil er auf die wahren Kennzeichen derselben gar nicht geachtet hat, und einige scheinen erdichtet zu seyn.

Jacob Breyn, Kaufmann und verschiedener Societäten Mitglied in Danzig, wurde 1637 geboren, und starb 1697 an einem Durchfall. Mit den größten Kräuterkennern seiner Zeit stand er in Briefwechsel, und erhielt durch sie sehr seltene Gewächse, die er in besondern Werken**) bekannt machte.

*) Francisci Sterrebeck Theatrum fungorum oft het Tooneel der Campernoellen &c. Antwerpiae 1654. 4to. Ebendaselbst sind noch drey Ausgaben von 1675, 1685 und 1712 erschienen.

**) Jacobi Breynii Exoticarum et minus cognitarum stirpium Centuria I. Gedani 1678. Fol. hat er auf seine eigene Kosten herausgegeben; die 109 Kupfer sind sauber, die Beschreibungen gut.

Ejusd. Prodromi rariorum plantarum fasciculus I. II. Gedani 1739. 4to. mit 32 Kupfern. Dies Werk ist von seinem Sohn Joh. Phil. Arzt zu Danzig herausgegeben, der auch einige kleine botanische Abhandlungen geschrieben hat.

Heinrich van Rheede tot Drakestein wurde 1635 geboren, und starb den 15. December 1691. Er war Gouverneur der holländischen Besitzungen in Ostindien, und hielt sich vorzüglich in Malabar auf. Durch geschickte Mahler liefs er die vornehmsten Pflanzen zeichnen, und beschrieb sie nebst ihrem Nutzen in folgendem Werke*).

Christian Menzel wurde in der Mark - Brandenburg zu Fürstenwalde den 15. Junius 1622 geboren. Viele nützliche Reisen zur Erforschung der Gewächse seines Vaterlandes soll er unternommen haben; auch hatte er in vielen Sprachen eine grofse Fertigkeit, dafs er sogar in der chinesischen bewandert gewesen seyn soll. Er war Leibmedicus in Berlin, und starb den 16. November 1701**).

Johann Commelin, ein Holländer und Professor der Botanik zu Amsterdam, hat vorzüglich über die im Amsterdamer Garten cultivirten sel-

---

*) Rheedi Hortus malabaricus indicus cum notis et comment. Joh. Commelini. Tom. I-XII. 1676-1693. Fol. mit 794 sehr saubern prächtigen Kupfern. Die Beschreibungen sind sehr genau und der Natur getreu. Das Werk ist sehr selten.

**) Christ. Menzelii Index plantarum multilinguis seu Pinax botanonimos polyglottos. Berol. 1682. Fol. mit 11 Kupfern, worauf 40 Pflanzen nicht gut abgebildet sind. Es ist selten.

tenen Pflanzen geschrieben. Sein schönstes Werk *) kam erst nach dessen Tode heraus. Viele wichtige Anmerkungen finden sich von ihm im Hortus malabaricus.

Casper Commelin, ein Bruders-Sohn des vorigen, Professor in Amsterdam, wurde 1667 geboren, und starb den 25. December 1731. Er trat ganz in die Fufsstapfen faines Onkels**).

Rudolph Jacob Camerarius, Professor zu Tübingen, wurde den 18. Februar 1665 geboren, und starb den 11. September 1721. Aufser einigen Differtationen und kleinen Abhandlungen welche in den Actis Acad. Nat. Curiof. ftehn, hat er kein grofses botanifches Werk gefchrieben. Seit Plinius Zeiten hatte man zwar vom Gefchlechte der Pflanzen gefprochen, aber noch nichts Beftimmtes darüber gewufst; durch ihn wurden die erften Verfuche gemacht.

---

*) Joan. Commelini Horti medici amftelodamenfis rariorum tam orientalis quam occidentalis Indiae plantarum defcriptio et icones. Opus pofthumum a Fried. Ruyfchio et Fried. Kiggelario. Amftelod. 1697. Fol. Die Kupfer find fchön und die Befchreibung genau.

**) Cafp. Commelini Flora malabarica. Leyd. 1696. in Fol. et 8vo.

Ejusd. Praeludia botanica. Amftelod. 1701 et 1702. 4to. Von feines Onkels grofsem Werke gab er den zweyten Theil 1701 in Fol. heraus.

Paul Hermann wurde zu Halle im Magdeburgischen den 30. Julius 1640 geboren, war lange Zeit Arzt auf der Insel Zeylon, begab sich darauf nach dem Vorgebürge der guten Hoffnung, und kam mit einer reichen Sammlung seltener Gewächse nach Holland, wo er Prof. zu Leyden ward, und den 25. Januar 1695 starb *).

Augustus Quirinus Rivin, Professor der Botanik zu Leipzig, wurde den 3. December 1652 geboren, und starb den 30. December 1722. Er war einer der ersten Kräuterkenner seines Jahrhunderts. Sein System zeigt, dafs er ein sehr guter und scharfer Beobachter der Natur war**).

Leonhard Pluknet, ein Londner Arzt, ward 1642 geboren, und starb 1706. Kein Kräuterkenner hat so viel Gewächse zusammengebracht und gekannt, als er zu seiner Zeit hatte. Seine Sammlung ist eine der zahlreichsten, und

---

*) Pauli Hermanni Horti academici Lugduno-Batavi catalogus. Leyd. 1687. 8vo.

Ejusd. Paradisus Batavus. Leyd. 1698. 4to. Nach seinem Tode von Sherard herausgegeben. Ein sehr brauchbares Werk.

Ejusd. Museum Zeilanicum. Leyd. 1717. 8vo. eine andere Ausgabe von 1726.

**) A. Q. Rivini introductio generalis in rem herbariam. Lips. 1690. Fol. Ein seltenes Werk mit schönen Kupfern.

416 VII. Geschichte

wird noch im brittischen Museo zu London aufgehoben. Ob er gleich eine grosse Menge von Gewächsen besass, so war er doch nicht Systematiker genug, wahre Verbesserungen zum Vortheil der Wissenschaft zu machen *).

Jacob Petiver, ein reicher Gewürzkrämer in London, der sich mit dem Studio der ganzen Naturgeschichte beschäftigte, und Mitglied der Londner Societät war, starb 1718. Eigene neue Entdeckungen hat er wenige gemacht. In seinem Werke**) sind die Abbildungen aus seinem Naturalienkabinette oder aus andern Schriftstellern genommen.

Carl

---

*) Leonhardi Pluknetii Phytographia. Lond. 1691 und 1692. 4to. mit 328 Kupfern.

Ejusd. Almagestum botanicum. Lond. 1696. 4to.

Ejusd. Almagesti botanici mantissa. Lond. 1700. 4to. mit 22 Kupfern.

Ejusd. Amaltheum botanicum. Lond. 1705. 4to. mit 104 Kupfern. Alle diese Werke sind unter dem allgemeinen Titel: Opera omnia, und machen ein Ganzes aus. Auf allen Kupfern sind zusammen 3000 Pflanzen abgebildet.

**) Jacobi Petiveri opera omnia ad historiam naturalem spectantia. Vol. I. et II. Fol. III. 8. Lond. 1764. Dieses Werk enthält alle seine Schriften zusammen. Auf den Kupfern sind Thiere, Versteinerungen und Pflanzen untermischt vorgestellt. Der dritte Theil enthält nur Text, und ist in 8vo gedruckt.

Carl Plumier, ein Franziscaner Mönch, wurde zu Marseille den 20. April 1646 geboren. Er machte dreymal eine Reise nach Westindien, um die Produkte des Thier- und Gewächsreichs zu bestimmen; endlich starb er auf der kleinen Insel Gadis am Seehafen von Cadix 1704. Auf seinen Reisen hat er die Gewächse sehr sauber abgebildet, und die genauesten Beschreibungen davon verfertiget. Von seiner zahlreichen Sammlung, hat er und nach seinem Tode einige Botaniker wenig nur bekannt gemacht [*]. Der größte Theil seiner Zeichnungen und Manuscripte wird auf der königlichen Bibliothek zu Paris bewahrt.

---

[*] Charles Plumier description des plantes de l'Amerique avec leurs figures. Paris 1693. Fol. mit 108 Kupfern. Ein sehr seltenes Buch.

Caroli Plumieri nova plantarum americanarum genera. Parisiis 1703. 4to.

Ejusd. Filices ou Traité des Fougères de l'Amerique en latin & en françois. Paris 1705. Fol. mit 172 Kupfern, worauf 242 Gewächse vorgestellt sind. Dies seltene Werk enthält die Abbildungen aller amerikanischen Farrenkräuter, und ist in dieser Art noch das vorzüglichste.

Ejusd. plantarum americanarum fasciculi X. curante J. Burmanno. Amst. et Lugdb. 1755. Fol. mit 262 Kupfern, worauf 418 Pflanzen vorgestellt sind.

VII. Geschichte

300.

FÜNFTE EPOCHE.

Von Tournefort bis Vaillant, vom Jahre 1694 bis 1717.

Tournefort fängt eine neue Reform mit der Botanik an. Er bestimmt die Gattungen genauer nach der Blume, und führt alle entdeckte Pflanzen auf. Man fährt nach Tourneforts Methode fort, die sich über ganz Europa ausbreitet, die Gräser und ausländischen Gewächse zu ordnen, bis Vaillant zeigt, dass noch nicht alle Gattungen richtig bestimmt sind, und der Wahrheit näher kommt, als alle seine Vorgänger.

Joseph Pitton, vom Geburtsorte *Tournefort* genannt, wurde zu Aix in der Provence den 5. Junius 1656 geboren, machte verschiedene Reisen durch Frankreich, die pyrenäischen Gebürge, England, Holland, Spanien und Portugall, und eine auf Kosten des Königs nach der Levante. Er wurde nachher Professor der Botanik zu Paris und Ritter. Durch einen unglücklichen Zufall quetschte er sich seine Brust an einem schnell vorbeyjagenden Wagen, und verlor den 28. November 1708 das Leben. Sein System und die bessere Bestimmung der Gattungen erwarben ihm einen grofsen Ruhm, der nur durch Linné's Verdienste verdrängt werden konnte. Auf der Reise im Orient hatte er einen gewissen Gundelsheimer zum Gesellschafter, der nachher in Berlin der Stifter des botanischen Gartens ward. Die Tournefortsche Kräutersammlung wird in der Pariser Bibliothek, und die des Gundelsheimer auf der Bibliothek der Akademie der Wissenschaften zu Berlin verwahrt*).

Ritter *Hans Sloan*, ein Irländer, wurde 1660 geboren, studirte in Frankreich die Arzeneykunde, ging darauf nach Jamaika, und ward zuletzt Arzt in London und Präsident der dortigen Societät. Er starb den 11. Januar 1753. Seine zahlreiche Sammlung von Naturprodukten wird im brittischen Museo aufbewahrt. Er war ein grosser Beförderer der Wissenschaften**).

*) J. Pitton Tournefort Relation d'un voyage de Levant. Paris 1717. in 4to. Vol. I. II. Davon hat man eine deutsche Uebersetzung, die in drey Octavbänden zu Nürnberg 1776 herausgekommen ist. Es sind viele Pflanzenabbildungen darin.

Ejusd. institutiones rei herbariae. Tom. I. II. III. Paris 1719. 4to. mit 489 Krpfern. Dies ist die dritte von Jussieu besorgte Ausgabe, die ältere habe ich nicht gesehn.

**) Hans Sloane Esq. a voyage tot Madera, Barbados, Nieves, St. Christophers, Jamaica, with the natural history. London 1707. Fol. Ein sehr seltenes Werk, was in London selbst, wegen seiner Seltenheit, mit 10 Pfund Sterling bezahlt wird.

Wilhelm Sherard, ein eifriger Liebhaber der Natur, der alles auf Erweiterung der Kräuterkunde wandte. Er war lange Zeit Consul in Smyrna, und legte nach der Rückkunft auf seinem Landgute zu Eltham bey Oxfort einen schönen Garten an. Botanisches hat er auſſer einer Abhandlung in den Philosophical Transactions nichts geschrieben. Den Pinax des C. Bauhin wollte er fortsetzen, starb aber darüber 1738. Er hat eine Summe ausgesetzt, wofür ein botanischer Professor in Oxfort besoldet wird, der die groſse Menge vorräthiger Zeichnungen herausgeben soll.

Olaus Rudbeck wurde den 15. März 1660 zu Upsal geboren, promovirte 1690 zu Utrecht, ward der Nachfolger seines Vaters, und starb den 33. März 1740. Sein Vater war der berühmte schwedische Polyhistor Olaus Rudbeck, Professor der Botanik zu Upsala. Er wollte in zwölf Bänden mit schönen Holzschnitten eine Menge seltener Gewächse beschreiben. Sein Werk führt den Titel: Campi Elysei. Durch den groſsen Brand, der 1702 beynahe ganz Upsal verheerte, ging seine Bibliothek, Kräutersammlung und auch dies Werk verloren. Zwey Exemplare vom ersten Theile und sechs vom zweyten existiren nur noch, und werden als groſse Seltenheiten aufbewahrt*). Der Vater überlebte den Verluft nicht, und ftarb den 12. December 1702. Der Sohn hat auffer einigen Differtationen nichts Botanifches gefchrieben.

Johann Jacob Scheuchzer, Profeffor der Mathematik zu Zürch, wurde den 2. Auguft 1672 geboren, und ftarb 1738. Er hat verfchiedene botanifche Reifen über die Alpen unternommen**), durch die er fich berühmt gemacht hat.

Johann Scheuchzer, ein Zürcher Arzt, hat fich ein unfterbliches Verdienft um die Kräuterkunde erworben, da er die Gräfer genauer zu beftimmen fucht. Sein Werk hat nur den einzigen Fehler, dafs die Befchreibungen zu weitläuftig find***).

---

*) Ich habe ein Exemplar diefes äufferft feltenen Werks in der Bibliothek des Herrn Kriegsrath von Leyffer in Halle gefehn. Der jetzige Befitzer des Linneifchen Herbariums hat eine neue Auflage davon unter folgendem Titel beforgt: Reliquiae Rudbeckianae, five camporum elyfeorum libri primi, quae fuperfunt, adjectis nominibus Linnaeanis. Lond. 1789. Fol.

**) J. Jacob Scheuchzeri novem itinera per alpinas regiones facta. Tom. I - IV. Leidae 1723. 4. Unter den vielen Kupfern find 38 Pflanzenabbildungen.

***) Joh. Scheuchzeri Agroftographiae prodromus. Tiguri 1708. Fol.

Ejusd. Agroftographia; feu graminum, juncorum, cyperorum, cyperoidum iisque adfinium hiftoria. Ti-

Maria Sybilla Merian, eine Tochter des berühmten holländischen Kupferstechers Matth. Merian; sie wurde 1647 geboren. Die grosse Liebe zur Insekteologie war Ursach, dass sie auf einige Zeit nach Surinam reiste, um die Verwandlungen der dortigen Insekten zu beobachten. Nach ihrer Zurückkunft gab sie ein prächtiges Werk*) über die Verwandlung der Insekten heraus, wobey verschiedene Pflanzen abgebildet waren, die Casper Commelin botanisch bestimmt hat. Einige Exemplare hat sie mit eigener Hand aufs prachtvollste illuminirt. Sie starb 1717.

Herrmann Boerhaave wurde bey Leyden in dem Dorfe Voorhout 1668 geboren. Sein Vater, ein Prediger, wünschte ihn auf der Kanzel zu sehn, und er musste also Theologie studiren. Da er einst eine kleine Reise machte, traf er mit einem Kaufmann zusammen, gegen den er Spinozas Sätze vertheidigte. Er wurde von diesem Mann als ein Ketzer und Anhänger des Spinoza angegeben, und verliess durch diesen Zufall seine theologische Laufbahn. Nachher ward er Professor der Medicin, Chemie und Bo-

---

guri 1719. 4to. Das erste Werkchen ist in diesem Buche mit abgedruckt.

*) Maria Sybilla Merian Metamorphosis insectorum Surinamensium. Amst. 1705. 1709. Fol. Mit 60 Kupfern, der Text ist holländisch und französisch.

tanik, und starb den 30. September 1738. Als
Arzt und Naturforscher ist er durch ganz Europa
berühmt*).

Engelbert Kämpfer wurde in der Grafschaft
Lippe 1631 geboren. Keiner der ältern Kräuterkenner hat so grosse und weitläuftige Reisen unternommen. Er reiste zehn Jahre; durch Russ-
land, die Gegend des kaspischen Meers, Persien,
Arabien, Indostan, Coromandel, an den Ufern
des Ganges, Java, Sumatra, Siam und Japan,
woselbst er zwey Jahre verweilte. In seiner Rei-
se**) hat er uns mit vielen Gewächsen, besonders japanischen, bekannt gemacht. Dies Werk
ist in fünf Hefte abgetheilt, von welchen der
letzte die Beschreibungen und Abbildungen der
japanischen Pflanzen enthält. Der sechste Heft,
worin über 500 Abbildungen seltener am Ganges
wachsenden Pflanzen gewesen sind, ist ganz verloren gegangen. Er starb den 12. Novemb. 1719.

Ludwig Feuillée, ein Franziscaner Mönch,
machte eine Reise nach Peru und Chili. Er hat

---

*) Herrm. Boerhaave Index alter plantarum horti academici Lugduno-Batavini. Pars I. II. Lugd. 1727. 4to.
mit 39 Kupfern, die gröstentheils capsche Pflanzen
vorstellen.

**) Engelb. Kaempferi fasciculi quinque amoenitatum
exoticarum. Lemgo 1712. 4to. mit vielen Kupfern, die
aber nicht sauber sind.

ein genaues Tagebuch über naturhistorische Beobachtungen herausgegeben, und vorzüglich auf die zur Arzeneykunde dienlichen Gewächse geachtet*).

301.

SECHSTE EPOCHE.
Von Vaillant bis auf Linné, vom Jahre 1717 bis 1735.

Vaillants forschender Geist sieht die Mängel des Tournefortschen Systems und seiner Gattungen ein; er bestimmt neue Gattungen, sucht die kleinsten Gewächse, als Moose und Pilze, zu ordnen, und zeigt deutlich das Geschlecht der Pflanzen. Was Vaillant nicht vermogte, die Moose ganz und richtig zu ordnen, dies thun Dillen und Micheli. Linné's grosser Geist giebt der ganzen Wissenschaft ein besseres Ansehn, und die Botanik wird das, was sie längst

---

*) Louis Feuillée Journal des observations physiques, mathematiques & botaniques, faites par l'ordre du Roi sur les côtes orientales de l'Amerique meridionale. Paris Tom. I. II. 1714 Tom. III. IV. 1725. 4. Man hat einen Auszug des botanischen Theils ins Deutsche übersetzt unter folgendem Titel: des Pater Ludwig Feuillée Beschreibung zur Arzeney dienlicher Pflanzen, übersetzt von D. Georg Leonhard Huth. Nürnberg 1756. 4to.

hätte seyn sollen, ein auf festen Gründen ruhendes Gebäude.

Sebastin Vaillant wurde den 26. May 1669 zu Vigny in Frankreich geboren. Er widmete sich der Chirurgie, aber die grosse Liebe zum Pflanzenreiche machte, dass er vorzüglich diese Wissenschaft studirte. Tournefort, dessen Unterricht er beywohnte, trug alles bey, seinen hoffnungsvollen Schüler zu bilden. Er wurde Demonstrator der Botanik zu Paris. Von zu grossem Eifer für die Kräuterkunde angetrieben, durchwanderte er die Gegenden um Paris, und zog sich dadurch die Schwindsucht zu, welche auch den 21. May 1722 seinem thätigen Leben ein Ende machte. Die kleinsten Gewächse waren der Hauptgegenstand seiner Untersuchungen. Er erkannte den Blumenstaub der Parietaria für männlichen Saamen, und nicht wie Tournefort für Excremente der Blume *).

Heinrich Bernhard Ruppius, ein Student aus Giessen gebürtig, war ganz zum Botaniker geboren. Er durchwanderte den grössten Theil

---

*) Sebastini Vaillant Botanicon Parisiense ou dénombrement par ordre alphabétique des plantes, qui se trouvent dans les environs de Paris. Leidae 1727. Fol. mit schönen saubern Kupfern von Boerhaave nach seinem Tode herausgegeben. Viele kleine Abhandlungen finden sich in den Schriften der Academie zu Paris.

von Deutschland, war mit kärglicher Kost zufrieden und schlief sehr oft unter freyem Himmel. Seine Kenntniss der Gewächse ging weit über das Oberflächliche. Sehr oft hat er nach den Staubfäden selbst Pflanzen unterschieden, und viele neue Gattungen aufgestellt*).

Johann Jacob Dillen, ein Hesse von Geburt, ward 1684 gehoren. Er wurde in seiner Vaterstadt Giessen Professor, bekam aber nachher einen Ruf als Professor nach Oxfort, und starb 1747. Die kleinsten Pflanzen wusste er gleich Vaillant genau zu untersuchen. Die Moose hat er aufs beste bestimmt, und seine Beschreibungen sind ein Muster von Deutlichkeit. Er konnte selbst zeichnen und in Kupfer stechen**).

---

*) Henrici Bernhardi Ruppii Flora Jenensis. Francof. et Lipsiae 1718. 8vo. Eine andere Ausgabe hat Haller in Jena 1745 besorgt.

**) Joh. Jacob Dillenii Catalogus plantarum sponte circa Gissam, nascentium. Giessae 1719. 8vo.

Ejusd. Hortus Elthamensis Londini 1732. Fol. mit 324 saubern Kupfern, worauf 417 Pflanzen vorgestellt sind. Dies Werk ist noch einmal ohne Text unter folgendem Titel herausgegeben: Horti Elthamensis icones et nomina. Lugd. 1774. Fol. mit Linneischen Benennungen.

Ejusd. Historia Muscorum Oxon. 1741. 4to. mit 85 Kupfern, auf denen fast 600 Moose abgebildet sind. Ein unvergleichliches Werk. In diesem Theile der

Johann Christian Buxbaum wurde zu Merseburg 1694 gehoren. Er studirte in Leipzig, Jena und Wittenberg. Der grosse Friedrich Hoffmann in Halle empfahl ihn dem Grafen Alexander Romänzof, der nach Constantinopel als Gesandter ging. Er durchreiste viele Provinzen Griechenlands, und kam nach Petersburg zurück. Er verliess diesen Ort krank von den Folgen einiger Ausschweifungen der Liebe, und starb in Wermsdorf bey Merseburg den 17. Julius 1730*).

Peter Anton Micheli, ein armer Gärtner, wurde 1679 geboren; er war zuletzt Aufseher des Florentiner Gartens, und starb den 1. Januar 1737. Keiner seiner Vorgänger hat mit so vielem Fleiss die Blumen zergliedert. Er sahe zuerst die wahren Blumen der Moose, ohne ihre Theile gehörig zu unterscheiden. Die Früchte

---

Botanik war fast nichts gethan, und durch dies Buch sind die Moose am vollkommensten bearbeitet. Es ist sehr selten, denn man hat nur 250 Exemplare. Ein besonderer Abdruck der Kupfer ist in London 1763 herausgekommen.

*) J. C. Buxbaumii Plantarum minus cognitarum Cent. V. Petropol. 1728. 4to. Die letzten Centurien hat Gmelin besorgt, die sechste ist nicht heraus gekommen. Er hat viele afrikanische Pflanzen abgebildet, die er im Orient bemerkt zu haben vorgiebt.

der Pilze und die Blüten der hökrigen Wafferlinfe hat er zuerft bemerkt *).

297.

SIEBENTE EPOCHE.

Von Linné bis Hedwig, vom Jahre 1735 bis 1782.

Linné bewies das Geschlecht der Pflanzen, zeigte den einzig wahren Weg, Gattungen zu beftimmen, erfand ein neues Syftem, erleichterte das Studium, und ordnete endlich alle entdeckten Gewächse. Seine Schüler gehn in alle Weltgegenden und entdecken neue Pflanzen. Sein Syftem verbreitet fich durch ganz Europa, und findet überall Anhänger. Die Blumen der Moofe werden endlich von Hedwig entdeckt.

Carl von Linné ward in Schweden in einem Dorfe, Namans Råshult, in der Provinz Smaland, den 23. May 1707 geboren. Sein Vater, ein Prediger, wollte, dafs er Theologie ftudiren follte, der muntere Knabe war aber lieber im Freyen, und fammelte Kräuter. Dies brachte ihn zu dem Entfchlufs, feinen Sohn Schufter wer-

*) P. A. Michelii nova plantarum genera. Florent, 1729. 4to mit 108 faubern Kupfern. Schade dafs der zweyte Theil diefes unvergleichlichen Werks verloren gegangen ist.

den zu laſſen. Hätte der Provinzialmedicus zu Wexioe Rothmann ſich nicht ſeiner angenommen, und den Vater dahin gebracht, daſs er ihn Medicin ſtudiren lieſs, ſo wäre Linné's groſses Genie unterdrückt worden. Unter vielen Mühseligkeiten und in groſser Dürftigkeit legte er die akademiſchen Jahre zurück. Celſus, Profeſſor der Theologie zu Upſal, und Rudbeck nahmen ſich ſeiner zuletzt an. Er durchreiſte auf Koſten der Akademie Lappland, machte nach ſeiner Zurückkunft mit der Tochter des Doktor Moräus, ſeiner nachmaligen Frau, Bekanntſchaft, die ihm Geld nach Holland zu reiſen und dort zu promoviren gab. Durch Boerhaave wurde er dem Doktor Cliffort empfohlen, der ihn auf kurze Zeit nach England ſchickte, und deſſen Garten und Herbarium er nutzte. Nach Rudbecks Tod ward er Profeſſor der Botanik zu Upſal. Der König hob ihn in den Adelſtand, machte ihn endlich zum Archiater und Ritter des Nordſtern-Ordens. Er ſtarb den 8. Januar 1778. Linné's Schriften ſind zu zahlreich, als daſs wir ſie alle hier anzeigen könnten. Wir wollen uns begnügen, nur die neueſten und brauchbarſten Ausgaben ſeiner Schriften hier anzuzeigen. Sein eigentliches Verdienſt um die Botanik beſteht in richtige Beſtimmung der Gattung, Feſtſetzung eines Gattungs- und Trivialnamen, Einführung einer bessern Terminologie, richtiger Beschreibung der Arten, und Erfindung eines leichten faßlichen Systems, was auf das Geschlecht der Pflanzen gegründet ist. Professor Siegesbeck in Petersburg leugnet das Geschlecht, und gerieth darüber mit Linné in Streit. Gleditsch bewies, daß Linné Recht hätte*).

Albrecht von Haller wurde 1708 geboren. Er studirte in Leyden unter der Anführung des grossen Boerhave, wurde Professor der Anatomie und Botanik in Göttingen, verließ diesen Musensitz und begab sich nach Bern, wo er Präsident des grossen Raths ward, und starb im December 1777. Er war eins der größten Genie's unsers Jahrhunderts, groß als Anatom, Physiolog, Botaniker, Arzt, Dichter, Politiker und Litterator**).

Johann Gottlieb Gleditsch wurde den 5. Hornung 1714 in Leipzig geboren. Er studirte in seiner Vaterstadt, und machte verschiedene Rei-

---

*) Carl a Linné Systema plantarum curante D. Joh. Jac. Reichard. Francof. a. M. Tom. I. II. III. IV. 1779. und 1780. 8vo.

Ejusd. Genera plantarum curante J. Christ. Dan. Schreber. Francof. a. M. Tom. I. 1789. II. 1790. 8vo.

**) Albrechti ab Haller historia stirpium indigenarum Helvetiae. Bernae 1768. Tom. I. II. III. Fol. mit 48 Kupfern.

sen durch Sachsen. Von Berlin, wo er sich nachher, um die anatomischen Vorlesungen zu besuchen, aufhielt, ging er nach den Gütern des Herrn von Ziethen in Trebnitz; woselbst er einen botanischen Garten anlegte. Da Friedrich der Einzige die Academie wieder in Aufnahme brachte, ward er nach Berlin gerufen. Er erhielt den Character als Hofrath, und endigte sein thatenvolles Leben den 5. October 1786. Ein rastloser Fleiſs, sanfter Character und immer heitere Gemüthsart machten ihn als Greis noch liebenswürdig. Von seinen Schriften will ich nur diejenigen, welche ihm den meisten Ruhm brachten, anführen*).

Johann Burmann, Professor der Botanik zu Amsterdam, der im Besitz der seltensten Kräutersammlungen aus Afrika und Asien war, machte viele dieser Schätze bekannt**). Er nahm aber niemals die Linnésche Methode an.

---

*) Joh. Gottl. Gleditschii Methodus fungorum. Berol. 1753. 8vo.

Ejusd. Systema plantarum a staminum situ. Berol. 1764. 8vo.

**) Joh. Burmanni Thesaurus Zeylanicus. Amst. 1737. 4to. mit 110 Kupfern, worauf 155 Pflanzen abgebildet sind.

Ejusd. rariorum africanarum plantarum Decas I-X. Amstelod. 1738. 1739. 4to. mit 100 Kupfern, worauf 215 der seltensten Gewächse vorgestellt sind.

VII. Geschichte

Johann Friedrich Gronov, Doktor und Burgemeister zu Leyden, ein grosser Freund des Linné, machte die gesammelten Pflanzen des Rauwolf und Clayton bekannt, und suchte sie genau nach dessen Methode zu bestimmen *). Er ist vor wenigen Jahren gestorben.

George Eberhard Rumph wurde in Hanau geboren. Er ging als Arzt nach Ostindien, wo er auf der Insel Amboina Bürgermeister und Oberkaufmann wurde. Mit grosem Fleisse sammelte er alle Produkte Indiens, besonders die Gewächse. In seinem Alter hatte er das Unglück, das Gesicht einzubüsen; so dass er alle Gegenstände durch Gefühl betrachten musste. Er starb 1706. Seine Zeichnungen und Manuscripte hat J. Burmann herausgegeben **).

Johann Gottlieb Gmelin wurde 1710 in Tübingen geboren, ging auf Anrathen einiger Freunde 1727 nach Petersburg, wo er von der Akademie nach einiger Zeit als Mitglied aufgenommen wurde. Er machte eine Reise durch Sibirien, und

---

*) Joh. Friedr. Gronovii flora virginica. Pars I. II. Lugd. 1743. 8vo.

    Ejusd. Flora orientalis. Lugd. 1755. 8vo.

**) Georgii Everhardi Rumphii Herbarium amboinense. T. I-VI. cum auctuario. Amst. 1750. 1755. Fol. mit 196 Kupfern.

und starb 1755. Aus den zurückgelassenen Handschriften des unglücklichen *Stellers* schrieb er ein Werk*), dessen beyde letzte Theile nach seinem Tode herauskamen.

Johan Hill, ein Engländer, hatte die Idee, alle vom Linné erwähnten Pflanzen in Kupfer stechen zu lassen. Dies grosse Werk**) ist aber fast für jedermann der schlechten Abbildungen und des ungeheuer hohen Preises wegen unbrauchbar. Die Pflanzen sind gröstentheils nicht nach der Natur, sondern nach Beschreibungen gemacht. Man kann sich leicht denken, dass sie auf diese Art den natürlichen nicht einmal ähnlich sind.

Carl Allione, Professor der Botanik zu Turin, Ein noch lebender schon bejahrter Kräuterkenner, der sich sehr um die Gewächse seines Vaterlandes verdient gemacht hat***).

---

*) Joh. Gottl. Gmelin Flora sibirica. Tom. I. IV. Petropol. 1748-1769. 4to. mit 299 Kupfern. Die beyden letzten Theile sind von seinem Brudersohn Sam. Gottl. Gmelin herausgegeben; der fünfte Theil aber, welcher von den Cryptogamisten handelt, ist nicht erschienen.

**) John Hill vegetable System. Vol. I-XXVI. London 1759-1775. Fol. mit 1521 Kupfern, worauf 5624 Pflanzen abgebildet sind, worunter sich aber kein Baum, Gras oder Cryptogamist befindet.

***) Caroli Allionii Flora pedemontana. Tom. I. II. III. August Taurin 1785. Fol. mit 92 Kupfern.

VII. Geschichte

Nicolaus Laurentius Burmann, noch lebender Professor zu Amsterdam, ein Sohn des Johann Burmann, hat die grofse Kräutersammlung, welche ihm sein Vater hinterliefs, zum Vortheil für die Wissenschaft benutzt, und nach Art seines Lehrers, des grofsen Linné, bekannt gemacht*).

Johann Anton Scopoli wurde zu Fleimsthal in Tyrol 1723 geboren. Gröfstentheils ohne Unterricht ward er durch sich selbst der grofse Mann, der scharfe Beobachter der Natur. Er war erstlich Arzt zu Idria, kam darauf nach Schemnitz in Ungarn als Professor, und zuletzt nach Pavia, wo er den 3. May 1788 starb. Durch viele microscopische Untersuchungen verlor er ein Jahr vor seinem Ende das Gesicht. Es ist zu verwundern, wie ein Mann, dessen ganzes Leben aus einer Kette von Unglücksfällen zu bestehen scheint, es so weit hat bringen können **).

Johann Christian Daniel Schreber wurde 1739 geboren. Er ist ein Schüler des Linné, war

---

*) N. L. Burmanni Flora indica. Lugd. 1768. 4to. mit 67 Kupfern, worauf 176 der seltensten Gewächse abgebildet sind.

**) Joh. Ant. Scopoli Flora carniolica. T. I. II. Vindb. 1772. 8vo mit 65 Kupfern.

Ejusd. Deliciae Florae et Faunae Insubricae. T. I. II. et III. Ticini 1786. Fol. mit 75 Kupfern. Ein sehr prachtiges Werk, von dem nur wenig Exemplare vorhanden sind.

erst Magister in Leipzig, und nun Professor und Hofrath in Erlangen. Einer unsrer grössten Botanisten, dessen grosse Verdienste allgemein anerkannt sind. Seine Werke haben das Gepräge des reifsten Nachdenkens und der richtigsten Beobachtungen*).

Nicolaus Joseph Edeln von Jacquin ward in den Niederlanden geboren, reiste auf Kosten des Kaiser Franz des Ersten nach Westindien, wurde darauf Professor in Schemnitz, von wo er als Professor nach Wien ging. Dieser noch lebende grosse Botaniker hat sich um die Erweiterung der Wissenschaft sehr verdient gemacht, so dass wir durch ihn die meisten neuen Entdeckungen im botanischen Fache erhalten haben. Nur Schade, dass seine Werke alle sehr kostbar sind**).

*) J. C. D. Schreberi Spicilegium Florae lipsiensis. Lips. 1771. 8vo.

Dessen Beschreibung der Gräser. 2 und 3ter Theil, 1 bis 3te Ausgabe. Leipzig 1769-90. Fol. mit 40 illuminirten Kupfern.

**) N. Jos. Jacquini Flora austriaca. Vol. I-V. Vindob. 1773-1778. Fol. mit 500 illuminirten Kupfern. Ein seltenes Werk.

Ejusd. Miscellanea austriaca. Vol. I. II. Vindob. 1778. 1781. 4to. mit vielen illuminirten Kupfern.

Ejusd. Collectanea ad Botanicam, Chimiam et Historiam naturalem. Vol. I-IV. Vindob. 1786-1791. 4to. mit sehr vielen illuminirten Kupfern.

VII. Geschichte

Carl von Linné der Sohn wurde zu Upsal den 20. Januar 1741 geboren. In seinem neunzehnten Jahre wurde er schon Demonstrator der Botanik, erhielt nach des Vaters Tode die botanische Professur, und starb den 1. November 1783. Er hatte grosse botanische Kenntnisse, aber den Vater übertraf er nicht*).

Peter Jonas Bergius, Professor der Naturgeschichte zu Stockholm, ist durch seine vortrefflichen Untersuchungen einiger capschen und surinamischen Gewächse berühmt geworden**).

Samuel Gottlieb Gmelin, Professor der Botanik in Petersburg, ein Brudersohn des vorigen, wurde 1753 geboren. Durch eine genaue Beschreibung der Seegewächse hat er sich sehr berühmt gemacht***).

Samuel George Gmelin hat durch verschiedene Gegenden von Rufsland naturhistorische Untersuchungen angestellt. Er starb beym Chan der Chaitakken im Gefängnisse 1774, kurz vor seiner Ranzion †).

*) Carl a Linné Supplementum plantarum. Brunsw. 1781. 8vo.

*) P. Jon. Bergii Plantae capenses. Holmiae 1767. 8vo. mit 5 Kupfern.

***) Sam. Gottl. Gmelini Historia Fucorum. Petrop. 1768. 4to mit 33 Kupfern.

†) Sam. Georg Gmelin Reisen durch Rufsland. 1 bis 3ter Theil. Petersb. 1770-1789. 4to mit 18 Kupfern.

Peter Simon Pallas wurde in Berlin geboren, ging nach Petersburg, wo er auf Kosten der Kaiserin Katharine der Zweyten durch die asiatischen unter Rufsland stehenden Länder Reisen machte. Mit den Früchten dieser Reise hat uns dieser grosse Naturforscher auf der Kaiserin Kosten kürzlich bekannt gemacht. Es wäre zu wünschen, dafs dies prächtige Werk bald von ihm fortgesetzt würde*).

Christian Friis Rottböll, noch lebender ziemlich bejahrter Professor der Botanik zu Kopenhagen, hat sich durch die Bekanntmachung vieler ausländischen Pflanzen sehr berühmt gemacht. Sein gröstes Verdienst besteht in der Bestimmung verschiedener exotischer Grasarten**).

Fusée Aublet, ein Franzose, widmete sich der Apothekerkunst, reiste mit guten botanischen Kenntnissen nach Gujane in Amerika. Nachdem er dort eine sehr grofse Menge Entdeckungen im Pflanzenreiche gemacht hatte, ging er nach der Insel Frankreich oder Mauritius, kehrte

---

*) P. S. Pallasii Flora Rossica, Tom. I. Pars I. II. Petropol. 1784. 1788. Fol. mit 100 illuminirten Kupfern. Man hat einen Abdruck des Textes in 8vo.

**) Christiani Friis Rottboell Descriptiones et Icones plantarum. Hafniae 1773. Fol. mit 21 Kupfern. Man hat vom Jahre 1786 eine unabgeänderte Auflage.

endlich nach Frankreich zurück, wo er vor wenig Jahren gestorben ist *)

Johann Reinhold Forster, jetzt Professor in Halle, und sein Sohn, *George Forster*, Geheimer Rath und Bibliothekar zu Maynz, machten mit Capitain Kook gemeinschaftlich eine Reise um die Welt. Mit denen bey dieser Gelegenheit entdeckten Gewächsen haben uns beyde grosse Naturforscher bekannt gemacht **).

Bulliard, Demonstrator der Botanik zu Paris, hat Verschiedenes über die um Paris wildwachsenden Pflanzen geschrieben, und in seinem grössern Werke, was noch fortgesetzt wird, die seltensten Pilze bestimmt ***).

Ritter Lamark, ehemals Officier, jetzt Mitglied der Akademie zu Paris, hat sich durch

---

*) Fusée Aublet Histoire des plantes de la Gujane Françoise. Tom. I - IV. Londres & Paris 1775. 4to, mit 392 Kupfern.

**) Joh. Reinh. Forsteri Characteres generum plantarum, quas in itinere ad insulas maris australis collegit. Lond. 1776. 4to. mit 75 Kupfern.

Georg Forsteri Plantae esculentae insularum oceani australis. Halae 1786. 8vo.

Ejusdem Florulae insularum australium prodromus. Goettingiae 1786. 8vo.

***) Bulliard Herbier de la France mit sehr vielen sauber illuminirten Kupfern.

ein grosses botanisches Werk*) als einer der geschicktesten Botanisten gezeigt.

Andreas Johann Retzius, noch lebender Professor der Botanik zu Lund in Schweden, wurde den 3. October 1742 geboren. Viele durch Reisende entdeckte neue Gewächse und einige sehr gute Beobachtungen verdanken wir diesem gründlichen Naturforscher**).

Carl Peter Thunberg, jetzt Ritter des Wasa-Ordens und Professor zu Upsal, ist eines Land-Predigers Sohn, der Holland und Frankreich besuchte, und, in Holland von Freunden unterstützt, Reisen nach dem Vorgebürge der guten Hoffnung, Zeylon, Java und Japan machte. Er hat sehr Vieles über einige Gegenstände des Pflanzenreichs geschrieben, und wir haben noch mehr von ihm zu erwarten. Seine japanische Flor***) ist ein Muster, was überall Nachahmung verdient.

Joseph Banks, Baronet und Präsident der Londner Societät, machte in Gesellschaft seines Freundes *Solander* die erste Reise des Capitain

---

*) Chevalier de Lamark Encyclopédie méthodique. Tom. I. II. III. Paris 1783. 1784. 4to mit vielen Kupfern.

**) And. Joh. Retzii observationes botanicae. Fasc. I-VI. Lipsiae 1779-1791. Fol. mit 19 Kupfern.

***) C. P. Thunbergii Flora Japonica. Lipsiae 1784. 8. mit 39 Kupfern.

Kook um die Welt. Er ist im Besitz der größsten Krautersammlung und überhaupt der seltensten Naturprodukte. Wir haben von ihm ein prachtiges Werk, über alle Gewächse von Süd-Indien, zu erwarten. Dieser grosse Naturforscher ist der Beförderer aller Kenntnisse der Natur*).

Wir begnügen uns, um nicht zu weitläuftig zu seyn, einige berühmte Kräuterkenner nur namentlich hier anzuführen, die eine genauere Anzeige verdient hätten, als: *Miller, Ludwig, Ammann, van Royen, Seguier, Sauvages, Gesner, Steller, Gerber, Georgi, Guettard, Messerschmidt, Kalm. Hasselquist, Osbeck, Löffling, Forsköl, Adanson, Schmiedel, Hudson, Lightfoot, Gouan, Necker, Weigel, Murray, König, Commerson, Sparrmann, Schäffer, Wulffen, Leers, Cranz, Medicus, Pollich, Weber, Asso,* u. m. a.

303.
ACHTE EPOCHE.

Von Hedwig bis jetzt, vom Jahre 1782 bis 1792.

Obgleich Linné die ganze Natur ordnete, und im Gewächsreiche das Geschlecht der Pflan-

---

*) Josephi Banks Reliquiae Houstonianae. Londini 1781, 4to mit 26 Kupfern.

zen beobachtete, so war er doch so glücklich nicht gewesen, bey den Cryptogamisten diese Theile zu finden. Nur allein Hedwig hatte das Glück, dies Geheimniss der Natur zu belauschen. Ihm verdanken wir eine bessere Kenntniss und völlige Reform der Cryptogamie. Viele verdienstvolle Männer haben die gefahrlichsten Reisen in alle Gegenden des Erdballs unternommen, von diesen haben wir noch die Bekanntmachung vieler seltenen Produkte zu erwarten. Dies ganze Jahrhundert kann in Rücksicht der Naturgeschichte, mit Recht das Jahrhundert der Entdeckungen genannt werden. Wenn aber den Naturforschern mehr der Nutzen ihrer Schriften am Herzen liege, so würden sie uns nicht mit so grossen theuren Werken, und oft wiederholten Abbildungen beschenken, welche dies Studium zum kostbarsten machen. Seit Linné's Tode haben wir das Unglück, eine Pflanze unter sechs verschiedenen Namen, und schon bekannte mit neuen Benennungen zu erhalten. Bleibt diese Anarchie in unserm Studio, so haben wir die alten Zeiten zu erwarten, wo jeder nach Willkühr die Pflanzen umtauft,

Johann Hedwig, jetzt Professor in Leipzig, fand unter starken Vergrösserungen bey den Moosen, dass die Körper, die Linné für weibliche Blumen hielt, männliche, und dass die für männliche gehaltenen Theile Saamenkapfeln wären, Seine Entdeckungen erstrecken sich auch auf die Farrenkräuter, Flechten und Pilze*).

Carl Ludwig l'Heritier de Brutelle, jetzt Mitglied der Nationalversammlung in Paris, hat sich durch Bekanntmachung verschiedener neuen Pflanzen berühmt gemacht. Besonders hat er viele peruvianische Gewächse, die *Dombey* auf seiner Reise entdeckte, beschrieben. Seine Werke haben nur den Fehler, dass sie alle in ungewöhnlich grosse Form und äusserst kostbar sind**).

George Franz Hoffmann, aus dem Bayerschen gebürtig, war Professor in Erlangen, und kam

---

*) Joannis Hedwigii Fundamentum Historiae naturalis muscorum frondosorum. Pars I, II, Lipsiae 1782. mit 20 Kupfern.

Ejusd. Theoria generationis et fructificationis plantarum cryptogamicarum, Petropol. 1784. 4to. mit 37 illuminirten Kupfern.

Ejusd. Descriptio et Adumbratio muscorum frondosorum. Tom. I. II. Lipsiae 1787. 1789. mit 80 sauber illuminirten Kupfern.

**) C. Ludw. l'Heritier Cornus. Parisiis 1788. Fol. mit 6 Kupfern.

Ejusd. Sertum Anglicum. Parisiis 1788. Fol. mit vielen Kupfern.

Ejusd. Stirpes novae. fasc. I. V. 1784-1789. Fol. mit vielen Kupfern.

im Anfange dieses Jahrs nach Göttingen als Professor der Botanik. Er hat einige noch nicht genug bestimmte weitläuftige Gattungen durch genaue Abbildungen und Beschreibungen sehr gut auseinandergesetzt *).

Anton Joseph Cavanilles, aus Valentia gebürtig; ein Abbee, der sich beym spanischen Gesandten in Paris aufhielt, jetzt aber wegen der Unruhen in Frankreich nach Madrid zurückgekehrt ist. Er hat sich um die Wissenschaft durch die Bekanntmachung und gründliche Auseinandersetzung der Monadelphie berühmt gemacht. Jetzt beschreibt er die seltenen Pflanzen aus dem Madriter Garten, und einige spanische neue in einem besondern Werke **).

*) Georgi Francisci Hoffmanni Enumeratio Lichenum. Fasc. I - IV. Erlangae 1784. 4to. mit vielen Kupfern. Schade, dass er dies Werk nicht fortsetzt.

Ejusd. Historia Salicum. Tom. I, Lipsiae 1785. Fol. mit 24 Kupfern.

Ejusd. Plantae Lichenosae. Tom. I. Lipsiae 1790, Fol. mit 24 prächtig illuminirten Kupfern. Dies Werk ist für den Botaniker sehr brauchbar, nur sind die Gattungen nicht zum glücklichsten benannt.

**) Ant. Jos. Cavanilles Monadelphiae Classis Dissertationes decem, Matriti 1790. 4to mit 296 schönen Kupf.

Ejusd. Icones plantarum. Vol. I, Matriti 1791. Fol. mit 40 Kupfern.

VII. Geschichte

Joseph Gärtner, Arzt zu Kalve bey Stuttgart, ist im vorigen Jahre verstorben. Er hat sich ein grosses Verdienst um die richtige Bestimmung der Saamen gemacht. Sein Werk ist eins der brauchbarsten, weil es eine grosse Lücke in der Kenntniss dieser Theile ausfüllt*).

Olof Swarz, ein Schwede, ging vor wenig Jahren nach Westindien, wo er, obgleich vor ihm Browne, Sloane, Plumier, Aublet, Jacquin und einige andere diese Länder bereist hatten, viele noch ganz unbekannte Gewächse entdeckte. Er hat uns erst vorläufig mit den neu entdeckten und mit einigen Beobachtungen bekannt gemacht. Ein grösseres Werk mit Abbildungen und Beschreibungen haben wir noch zu erwarten**).

Jacob Eduard Smith, ein englischer Arzt, hatte das Glück, die ganze Linnésche Kräutersammlung an sich zu kaufen, und macht uns

---

*) Josephi Gaertneri de fructibus et seminibus plantarum Vol. I. II. Stuttgart 1788 - 1791. 4to, mit 180 saubern Kupfern.

**) Olof Swartz nova genera et species plantarum seu Prodromus descriptionum vegetabilium maximam partem incognitorum, quae sub itinere in Indiam occidentalem digessit. Holmiae 1788. 8vo.

Ejusd. Observationes botanicae. Erlangae 1791. 8vo. mit 11 Kupfern.

mit den neuen und unbeſtimmten Gewächſen bekannt *).

Wilhelm Aiton, Auffeher der königlichen Gärten in Kew bey London, hat kürzlich ein ſchönes Werk über die Gewächſe des Kewſchen Gartens herausgegeben **).

Johann von Loureiro, ein Portugieſe, ging als Miſſionair nach Cochinchina; da er aber ohne Arzeneykunde ſich keinen Eingang verſchaffen konnte, ſtudirte er die Produkte des Gewächsreichs. Nach einem dreyſsigjährigen Aufenthalte ging er über Kanton mit portugieſiſchen Schiffen nach Mozambique, und zuletzt nach Portugall zurück. Wir haben von ihm ein ſehr ſchätzbares Werk über die auf ſeiner Reiſe bemerkten Pflanzen erhalten ***).

Martin Vahl, Profeſſor in Kopenhagen, hat durch den gröſsten Theil von Europa und im

---

*) Jacobi Eduard Smith Plantarum icones hactenus ineditae. Londini Faſc. I. II. III. 1789 - 1791. Fol. mit 75 ſaubern Kupfern.

**) Hortus Kewenſis or a catalogue of the plants cultivated in the Royal Botanik Garden at Kew by William Aiton. Vol. I. II. III. London 1789. 8vo mit wenigen ſaubern Kupfern.

***) Joannis de Loureiro Flora Cochinchinenſis. Tom. I. et II. Uliſſipone 1790. 4to. Eine Octav-Ausgabe mit Anmerk. habe ich im Spenerſchen Verlage beſorgt.

nördlichen Afrika Reifen unternommen. Er
hat uns mit der Beftimmung der Forskölfchen
Pflanzen bekannt gemacht, und ift einer der
gröfsten Botaniften unfers Jahrhunderts*).

Alle Schriften anzuzeigen, würde zu weitläuftig gewefen feyn, und wir begnügen uns,
einige verdienftvolle Botaniften, als: Villars,
Ehrhart, Geuns, Roth, Timm, Lumnitzer,
Schrank, Stephani, Walter u. v. a. namentlich
anzuzeigen.

*) Martini Vahl Symbolae plantarum. Pars I. II. Hafniae
1790. 1791. Fol. mit 50 Kupfern.

Erklärung der Kupfer.

ERSTES KUPFER.

1. Das Blatt von Geranium peltatum ist schildförmig (peltatum p. 44) und fünfeckig (quinquangulare p. 29).
2. Das Blatt von Citrus Aurantium. Es ist eyförmig (ovatum p. 27), ganz (integerrimum p. 31), ohrförmig (auriculatum p. 27).
3. Lichen stellaris ist eine Flechte (Alga p. 150) mit sternförmigem Laube (frons stellata p. 48) und Schüsselchen (scutellae p. 133) in der Mitte.
4. Agaricus conspurcatus, ein Pilz (Fungus p. 150). Der Strunk ist geringelt (stipes annulatus p. 23), der Ring sitzend (annulus sessilis p. 56), der Hut nablicht (pileus umbonatus p. 57) und sparrig (squarrosus p. 57).
5. Eine körnerige Wurzel (radix granulata p. 11) von der Saxifraga granulata.
6. Octospora, ein kleiner Pilz (fungus p. 150) mit naktem Strunk (stipes nudus p. 23), hohlem Hute (pileus concavus p. 57).
7. Lycoperdon stellatum, ein Pilz (fungus p. 150) mit sternförmiger Wulst (volva stellata p. 56), kugelförmigem Körper (corpus globosum p. 59) und haarigen Oefnung (oreficium ciliatum).

8. Das Blatt der Spiraea Filipendula ist ungleich gefiedert (interrupte-pinnatum p. 37), das Blättchen (pinnula p. 47) lanzettenförmig (lanceolatum) und ungleich gezähnt (inaequaliter dentatum).

9. Der Blumen-Schaft der Equiseti arvensis; er stellt ein ährentragendes Farrenkraut (filix spicifera p. 150) vor.

10. Die Blume des vorigen Gewächses stark vergrösert. Sie hat vier Staubgefasse und einen Stempel ohne Griffel.

11. Ein schildförmiger sechseckiger Fruchtboden (receptaculum peltatum sexangulare), woran sackförmige Decken (indusia corniculata p. 60) sitzen, die obige Blume enthalten.

12. Die Wurzel der Spiraea Filipendula ist knollig hängend (tuberosa pendula p. 11).

13. Die Wurzel der Ophrys corallorhiza ist gezähnt (dentata p. 12).

14. Celastrus buxifolius hat einen geknieten Stengel (caulis flexuosus p. 17), Dornen (spinae p. 65), umgekehrt eyförmige Blätter (folia obovata p. 46), die büschelweise stehn (fasciculata p. 43).

15. Polypodium vulgare, ein Farrenkraut, was auf der Ruckseite des Blatts Früchte trägt (filix epiphyllosperma p. 150); die Wurzel ist wagerecht (horizontalis p. 10), die Knospe ist schneckenförmig gedreht (frons circinata p. 63), das Laub ist halb gefiedert (frons pinnatifida).

16. Eine handförmige Wurzel (radix palmata p. 11) von Orchis latifolia.

17. Eine häutige Zwiebel (bulbus tunicatus p. 64) von Allium Cepa.

18. Eine hodenförmige Wurzel (radix testiculata p. 11) von Orchis mascula.

19. Eine

19. eine schuppige Zwiebel (bulbus squamosus p. 63) von Lilium bulbiferum.

20. Sida hederaefolia hat einen rankigen Stengel (caulis sarmentosus p. 17), herzförmige Blätter (folia cordata p. 26), die ausgeschweift (repanda p. 31), gestielt (petiolata p. 43), und zwar randstielig (palacea p. 44) sind. Der Blumenstiel ist schaftartig (pedunculus radicalis p. 22), die Blumendecke einfach (perianthium simplex p. 81) die Blumenkrone malvenartig (corolla malvacea p. 92), die Staubfäden verwachsen (filamenta connata p. 104).

21. Eine büschelartige Wurzel (radix fasciculata p. 12) von Ophrys nidus avis.

ZWEYTES KUPFER.

22. Ein rautenförmiges Blatt (folium rhombeum p. 28) von Hibiscus rhombifolius.

23. Malva tridactylides hat ein dreytheiliges Blatt (folium trifidum p. 30), einblumigen Blumenstiel (pedunculus uniflorus p. 22), dopplete Blumendecke (perianthium duplex p. 81), malvenartige Blumenkrone (corolla malvacea p. 92), und gehört zur sechzehnten Linnéschen Klasse (monadelphia p. 171).

24. Ein geigenförmiges Blatt (folium panduraeforme p. 28) von Euphorbia cyathophora.

25. Banisteria purpurea hat einen rechts gewundenen Stengel (caulis dextrorsum volubilis p. 17), gegenüberstehende Blätter (folia opposita p. 42), die elliptisch sind (elliptica p. 27), und trägt eine Doldentraube (corymbus p. 74).

26. Ein Theil eines Grashalms mit einem Blatte, woran das Blatthäutchen (Ligula p. 54) zu sehn ist.

27. Passiflora tiliaefolia mit einem runden Stengel (caulis teres p. 18), herzförmigem Blatte (folium cordatum p. 26), gepaarten Afterblättern (stipulae geminae p. 50), einer Achselranke (cirrhus axillaris p. 60); einblumigem Blumenstengel (pedunculus uniflorus p. 22), die Blumenkrone ist vielblättrig (corolla polypetala p. 92), die Honiggefäfse bestehen aus geraden Faden (fila recta p. 101), der Fruchtknoten ist gestielt (germen pedicellatum p. 109).

28. Ein lanzettenförmiges Blatt (folium lanceolatum p. 29) mit einem gestielten Schlauch (ascidium petiolatum p. 53) von Nepenthes destillatoria.

29. Ein vierseitiger Stengel (caulis tetragonus p. 19) mit sternförmigen Blättern (folia stellata p. 42), die zu sechsen beysammen stehn (sena p. 42) und linienförmig (linearia p. 29) sind.

30. Eine Vicia mit abwechselnd gefiederten Blättern (folia alternatim pinnata p. 37); die Blättchen (pinnulae p. 47) sind stechend (mucronatae p. 25), die Blumen in einer Traube (racemus p. 78), die Blumenkrone ist schmetterlingsartig (corolla papilionacea p. 92).

31. Ein eyförmiges Blatt (folium ovatum p. 27), was ausgerandet (emarginatum p. 26) ist.

32. Humulus Lupulus hat einen links gewundenen Stengel (caulis sinistrorsum volubilis p. 17), gegenüberstehende Blätter (folia opposita p. 42), die dreylappig (triloba p. 30) und gezähnt (dentata p. 32) sind.

DRITTES KUPFER.

33. Orchis latifolia blüht in einer Aehre (spica p. 71), die Nebenblätter (bracteae p. 51) hat. Der Fruchtknoten ist unten (germen inferum p. 114), die Blumenkrone orchisähnlich (corolla orichidea p. 93).

34. Poa trivialis hat eine Rispe (penicula p. 76).
35. Das Blatt von Lacis fluviatilis ist zerrissen (laciniatum p. 30) und kraus (crispum p. 33).
36. Eine zusammengesetzte Dolde (Umbella composita p. 75) hat eine allgemeine Hülle (involucrum universale p. 55) und besondere (partiale p. 55).
37. Das Kätzchen (amentum p. 77) von Corylus Avellana besteht aus Schuppen (squamae p. 87).
38. Bupleurum rotundifolium hat einen durchwachsenen Stengel (caulis perfoliatus p. 18 s. folium perfoliatum p. 44), eine einfache Dolde (umbella simplex p. 75) und fünfblättrige Hülle (involucrum pentaphyllum p. 55).
39. Asplenium Scolopendrium hat ein verworrenes Blatt folium daedaleum p. 26), und gehört zu den Farrenkräutern, die auf der Rückseite Früchte tragen (filices epiphyllospermae p. 150).
40. Der fadenförmige Fruchtboden (receptaculum filiforme p. 146), des Kätzchens vom Corylus Avellana.
41. Die Blume von Arum maculatum hat eine einklappige Scheide (spatha univalvis p. 52), in deren Mitte der Kolben (spadix p. 77) steht.
42. Der Kolben (spadix p. 77) der vorigen Blume hat unten weibliche oben männliche Blumen.
43. Die Afterdolde (Cyma p. 76) von Viburnum Opulus hat am Rande grosse unfruchtbare Blumen.
44. Sagittaria sagittifolia hat pfeilförmige Blätter (folia sagittata p. 27), einen rinnenförmigen Blattstiel (petiolus canaliculatus p. 23), einen Schaft (scapus p. 21), der dreyseitig (trigonus) ist. Die Blumen stehn im Quirl, (verticillus p. 68) und sind dreyblättrig (corolla tripetala p. 92).

Erklärung

VIERTES KUPFER.

45. Ein Staubgefäſs der Digitalis purpurea. Der Staubfaden (filamentum p. 103) ist zusammengedrückt, gekrümmt (incurvum p. 105), der Staubbeutel ist gedoppelt (anthera didyma p. 106).

46. Der Stempel von Turnera frutescens. Der Fruchtknoten ist länglich (germen oblongum), dreyfurchig (trisulcum), auf ihm sitzen drey Griffel (styli tres), die vieltheilig (multifidi p. 110) sind.

47. Ein Staubgefäſs, dessen Staubfaden ausgebreitet (filamentum dilatatum p. 104) und dessen Staubbeutel herzförmig (anthera cordata) ist.

48. Ein Staubgefäſs mit ausgebreitetem herzförmigen Staubfaden (filamentum cordatum p. 104) und aufrecht stehenden Staubbeutel (anthera erecta p. 107).

49. Die Blume von Antirrhinum Orontium hat eine verlarvte Blumenkrone (corolla personata p. 91), unten hat sie einen Sporn (calcar p. 100).

50. Die ganze Blume von Teucrium fruticans hat eine einlippige Blumenkrone (corolla unilabiata p. 91), die Staubfaden sind fadenförmig (filamenta filiformia p. 104), aufwertssteigend (ascendentia); der Griffel ist fadenförmig (filiformis p. 109), die Narbe zweytheilig (stigma bifidum p. 112). Die Blume gehört zur vierzehnten Klasse (Didynamia p. 171).

51. Die Blumenkrone der vorigen Blume besonders, woran man sieht, daſs sie einblättrig (monopetala p. 89) ist und die Einschnitte der Unterlippe (labium inferius p. 95) bemerken kann.

52. Die Blume des Philadelphus coronarius. Die Blumenkrone ist vierblättrig (corolla tetrapetala p. 92).

53. Die Blumendecke der vorigen ist einblättrig (mono-

phyllum p. 81), viertheilig (quadrifidum p. 82); weil die Staubgefäse auf der Blumendecke fitzen, gehört die Pflanze zur zwölften Klaffe (Icofandria p. 171).

54. Der Stempel der vorigen Pflanze.
55. Ein Staubgefäfs mit ausgebreiteten Staubfäden und aufliegendem Staubbeutel (anthera incumbens p. 107), der beweglich ift (verfatilis p. 107).
56. Eine malvenartige Blumenkrone (corolla malvacea p. 92) mit zufammengewachfenen Staubfäden (filamenta connata p. 104).
57. Die Blumendecke der vorigen Blume, die doppelt ift, und wo die zufammengewachfenen Staubfäden deutlicher zu fehn find.
58. Die Staubgefäfse der Carolinea princeps, deren Staubfäden unten zufammengewachfen, oben aber frey find, von denen die meiften abgefchnitten find, ein einziger äftiger Staubfaden (filamentum ramofum p. 104) ftehn geblieben ift; die Staubbeutel find aufrecht und rund.
59. Die Blume von Centaurea Cyanus ift zufammengefetzt (flos compofitus p. 96), und ift mit einer allgemeinen Blumendecke (anthodium p. 84) umgeben, die dachziegelförmig (imbricatum p. 85), kreifelförmig (turbinatum p. 86) ift.
60. Das kleine Blümchen aus der Mitte der vorigen Blume ift röhrig (corolla tubulofa p. 89), der Fruchtknoten ift unten mit dem Federchen (pappus p. 87) befetzt.
61. Das kleine Blümchen vom Rande der Centaurea Cyanus ift ungeftaltet (corolla difformis p. 90).
62. Die Blume der Campanula rotundifolia hat eine fünftheilige Blumendecke (perianthium quinquepartitum p. 82) und eine glockenförmige Blumenkrone (corolla campanulata p. 89).

454 Erklärung

63. Ein Staubgefäfs von Vaccinium hat einen fadenförmigen Staubfaden und einen geährten Staubbeutel (anthera aristata p. 106).

64. Das Staubgefäfs von Taxus baccata hat einen schildförmigen gezähnten Staubbeutel (anthera peltata-dentata p. 106).

65. Das Staubgefäfs von Lamium hat einen aufliegenden Staubbeutel (anthera incumbens p. 107), der haarig ist (pilosa p. 106).

66. Galanthus nivalis hat eine einblumigte Scheide (spatha uniflora p. 53), eine lilienartige dreyblättrige Blumenkrone (corolla liliacea tripetala p. 92), einen dreyblättrigen Kranz (corona triphylla p. 102), der Fruchtknoten ist unten (germen inferum p. 114).

67. Ein Staubgefäfs mit pfriemförmigem Staubfaden (filamentum subulatum p. 104) und aufrechten pfeilförmigen Staubbeutel (anthera erecta p. 107 sagittata p. 106).

68. Das Staubgefäfs von Glechoma hat einen nierenförmigen Staubbeutel (anthera reniformis p. 105), der seitwerts befestigt ist (lateralis p. 107).

69. Ein Staubgefäfs mit angewachsenem Staubbeutel (anthera adnata p. 107).

70. Der Stempel von Iris germanica hat einen gefurchten länglichten Fruchtknoten (germen oblongum sulcatum), der Griffel ist fadenförmig (stylus filiformis p. 109), der Narben sind drey (stigmata tria), die kronenartig sind (petaloidea p. 112).

71. Die Blume der Iris germanica hat den Fruchtknoten unten, eine einblättrige lilienartige Blumenkrone, die sechstheilig (sexpartita) ist, drey Einschnitte stehn aufwerts und drey sind abwerts gebogen, auf diesen befindet sich der Bart (barba p. 101).

72. Die Blume der Salvia officinalis hat eine rachenförmige Blumenkrone (corolla ringens p. 91).

73. Die Blumendecke derselben ist lippenförmig (bilabiatum p. 82).

74. Der Stempel dieser Blume hat vier Fruchtknoten, einen fadenförmigen Griffel und zweytheilige Narbe.

75. Die Blume von Bellis perennis ist zusammengesetzt (flos compositus p. 96), und zugleich eine Strahlenblume (flos radiatus p. 97), der mittlere Theil heifst die Scheibe (discus), den Rand nennt man Strahl (radius).

76. Dieselbe Blume auf der Hinterseite vorgestellt, woran die allgemeine halbkugelrunde Blumendecke (anthodium hemisphaericum p. 86) zu sehn ist.

77. Ein kegelförmiger allgemeiner Fruchtboden (receptaculum commune conicum p. 145).

78. Die Blume von Galium boreale seitwerts abgebildet.

79. Die Blumenkrone derselben, welche radförmig (rotata p. 90) ist, und zur vierten Klasse (Tetandria p. 170) gehört.

80. Das Staubgefäfs von Salvia officinalis hat einen zweyspaltigen gegliederten Staubfaden (filamentum bifidum articulatum p. 104).

81. Die aufgeschnittene Blume von Symphytum officinale zeigt fünf Klappen (fornices p. 101), worunter die Staubgefäfse befestigt sind, woraus man sieht, dafs die Pflanze zu fünften Klasse (Pentandria p. 170) gehört.

82. Dieselbe Blume in natürlicher Gestalt hat eine becherförmige Blumenkrone (corolla cyathiformis p. 89).

83. Die Blume der Periploca graeca hat eine fünfblättrige Blumenkrone (corolla pentapetala p. 92) mit hornförmigen Fäden (fila corniculata p. 101).

84. Eine zungenförmige Blumenkrone (corolla ligulata

p. 90) aus der folgenden Blume. Die Staubbeutel sind verwachsen (antherae connatae p. 107); dies macht den Charakter der neunzehnten Klasse (Syngenesia p. 171) aus.

85. Eine Blume von Hieracium sylvaticum; sie ist zusammengesetzt (flos compositus), besteht aus zungenförmigen Blumenkronen, man nennt solche: geschweifte Blumen (flos semiflosculosus p. 96), sie gehört zur ersten Ordnung der neunzehnten Klasse (Polygamia aequalis p. 174).

86. Eine einzelne Blume aus Carduus nutans; sie ist röhrig (tubulosa p. 89).

87. Dieselbe Blume aufgeschnitten zeigt den Charakter der neunzehnten Klasse.

88. Die Blume der Periploca graeca vergrösert ohne Blumenkrone und hornförmige Faden. Es ist bloss die Kappe (cucullus p. 99) mit den Staubgefässen zu sehn.

89. Der Stempel derselben Pflanze stark vergrösert, der Fruchtknoten ist doppelt, der Griffel einfach und die Narbe sehr gross.

90. Ein Staubgefäss der vorigen sehr stark vergrösert mit dem Bart (barba p. 101).

91. Das Blumenblatt der Periploca graeca aufwerts gebogen mit zwey hornförmigen Faden.

92. Ein Staubgefass derselben wie Fig. 90, deren Staubbeutel sich schon geöfnet haben.

93. Ein vielblumiges Grasährchen (spicula multiflora p. 70) von Festuca elatior.

94. Die drey Staubgefässe nebst Stempel und Honiggefäss desselben Grases. Das Honiggefäss (nectarium p. 102) umgiebt den Fruchtknoten; die beyden Narben sind federartig (stigmata plumosa p. 112), die Staubfäden sind haarförmig (filamenta capillaria p. 103), die Staubbeutel zweyspaltig (antherae bifidae p. 106).

95. Die Blumenkrone deffelben Grafes mit Stempel und Staubgefäfsen, die Blumenkrone ift zweyfpelzig (bivalvis p. 84.)

96. Der Balg mit dem gedreheten Fruchtboden, der Balg ift zweyfpelzig (gluma bivalvis p. 84);

97. Derfelbe einzeln, woraus man deutlich fieht, dafs die Spelzen (valvulae p. 83) von ungleicher Länge find.

98. Die Blume der Stapelia hirfuta um den fünften Theil verkleinert.

99. Die beyden Fruchtknoten (germina p. 109) derfelben Blume.

100. Der vielblättrige Kranz (corona polyphylla p. 102) derfelben.

101. Ein vielblümiges Grasährchen (fpicula multiflora) von Bromus fecalinus.

102. Der zweyfpelzige Balg deffelben.

103. Deffen zweyfpelzige Blumenkrone mit einer Granne (arifta p. 66).

104. Der zweyfpelzige Balg mit dem gedreheten Fruchtboden.

105. Eine Blume der Vicia mit fchmetterlingsartiger Blumenkrone (corolla papilionacea p. 92).

106. Die Fahne (Vexillum p. 93) derfelben Blume.

107. Ein Flügel (ala p. 93) derfelben.

108. Das Schiffchen (carina p. 93) derfelben.

109. Die Staubgefäfse diefer Blume zeigen, dafs die Pflanze zur fiebzehnten Klaffe (Diadelphia p. 171) gehört.

FÜNFTES KUPFER.

110. Die Blume der Lychnis vifcaria hat eine röhrenförmige Blumendecke (perianthium tubulofum p. 82), nelkenartige Blumenkrone (corolla coryophyllacea p. 92), und gehört zur zehnten Klaffe (Decandria p. 171).

Erklärung

111. Das Blumenblatt (petalum p. 89) dieser Pflanze hat einen langen Nagel (unguis p. 95) und einen zweyzähnigen Kranz (corona p. 102).

112. Die Blume der Cucullaria gujanensis stark vergrössert. Sie hat eine unregelmäfsige Blumenkrone (corolla irregularis p. 93), einen Sporn (calcar p. 100), die Staubbeutel (antherae p. 105) auf dem untern Blumenblatte befestigt und eine keulförmige Narbe (stigma clavatum p. 111).

113. Dieselbe Blume in natürlicher Gröfse.

114. Eine trichterförmige Blumenkrone (corolla infundibuliformis p. 90), die mit einem Bart (barba p. 101) verschlossen ist, von Lasiostoma.

115. Die Blume der Rhopala montana, deren Staubgefasse auf der Spitze der Blumenblätter sitzen.

116. Lacis fluviatilis hat die einfachste Blume, man nennt solche Blumen nackte (flores nudi p. 114).

117. Die Blume von Ascium coccineum zeichnet sich durch einen gestielten nackten Schlauch (ascidium petiolatum nudum p. 53) aus.

118. Die Blume der Matthiola scabra hat eine becherförmige Blumendecke (perianthium urceolatum p. 82) und becherförmige Blumenkrone (corolla cyathiformis p. 89) die gezähnelt (crenata) ist.

119. Die Blume der Ruyschia mit dem sitzenden nakten zweylappigen Schlauch (ascidium sessile bilobum nudum p. 53).

120. Die Blumenknospe ohne Schlauch.

121. Der Schlauch besonders vorgestellt.

122. Die Blume geöfnet.

123. Der kuchenförmige Fruchtboden (receptaculum placentiforme p. 146) mit Blumen besetzt, von der Dor-

stenia cordifolia. Die Pflanze gehört zur ein und zwanzigsten Klasse (Monoecia p. 171).

124. Eine einzelne männliche Blume (flos masculus p. 114) derselben.

125. Eine einzelne weibliche Blume (flos foemineus p. 114) derselben.

126. Die Blume der Dimorpha grandiflora, welche sich wegen der sonderbaren Blumenkrone auszeichnet.

127. Die männliche Blume eines Laubmooses mit dicken gegliederten Saftfaden (fila succulenta p. 103) und den Staubgefäfsen (p. 108), von denen einige stäuben, andere noch nicht gestäubt haben, und verschiedene ganz ausgestäubt sind.

128. Ein Staubgefäfs vom Torfmoose (Sphagnum palustre).

129. Dasselbe stäubend.

130. Ein Staubfaden und drey keulenförmige Saftfaden eines Laubmooses.

131. Die Zwitterblume eines Mooses mit Stempel und Staubgefäfse von einem Laubmoose.

132. Eine weibliche Blume eines Laubmooses ohne Saftfaden.

133. Eine andere mit Saftfaden.

134. Die Blume von Aconitum Napellus hat eine unregelmäfsige Blumenkrone (corolla irregularis p. 93).

135. Die gestielten Kappen (cuculli q. 99) derselben mit den Staubgefäfsen und Stempel.

136. Die haarige Mütze (calyptra villosa p. 129) von Polytrichum commune.

137. Der Deckel (operculum p. 130) von Polytrichum commune.

138. Bryum androgynum hat einen ästigen Stengel (surculus ramosus p. 24), die männlichen Blumen sitzen auf

Stielen und find kopfförmig (flores capituliformes p. 79). Die Buchsen (thecae p. 129) ftehn auf langen Borften, die an der Spitze ftehn (setae terminales p. 24); eine Büchfe hat ein halbes Mützchen (calyptra dimidiata p. 129), eine andere ift mit und noch eine ohne Deckel.

139. Polytrichum commune hat einen einfachen Stengel (surculus fimplex p. 24), die Büchfe ift mit einer haarigen Mütze bedeckt.

140. Die Borfte (seta p, 24) unten mit dem Mooskelche Perichaetium p. 87), die Kapfel ift ohne Deckel.

141. Die Büchfe diefes Moofes mit dem Deckel und dem Anfatz (apophyfis p, 132).

142. Daffelbe Moos mit männlicher fternformiger Blume (flos difciformis p, 79).

143. Die Blume von Senecio vulgaris hat eine gekelchte allgemeine Blumendecke (anthodium calyculatum p. 86).

144. Die Blume von Sterculia crinita hat einen geftielten Fruchtknoten (germen pedicellatum p, 109).

145. Die Blume von Cheiranthus annuus hat eine kreuzförmige Blumenkrone (corolla cruciata p, 92).

146. Die Blume eines Narciffus hat eine einblumige Scheide (spatha uniflora p. 53), eine lillenartige Blumenkrone (corolla liliacea p. 92) und einen einblättrigen Kranz (corona monophylla p, 102).

147. Das Blumenblatt des Cheiranthus annuus, woran die Platte und der Nagel zu fehn ift (lamina, unguis p. 95).

148. Die vierblättrige Blumendecke (perianthium tetraphyllum p. 81), diefer Pflanze mit dem Stempel und einer Drüfe (glandula p, 98) im Grunde der Blume.

149. Der Griffel und die Staubgefaffe, welche zeigen, dafs dies Gewächs zur funfzehnten Klaffe (Tetradynamia p. 171) gehört.

150. Die Blume des Hypericum hat eine rosenartige Blumenkrone (corolla rosacea p. 91), die Staubfäden sind in mehrere Bündel vereinigt, und zeigen, dass die Pflanze zur achtzehnten Klasse (Polyadelphia p. 171) gehört.

151. Der Stempel derselben hat drey Griffel (trigynia p. 173).

152. Die Blume von Centaurea verutum hat eine allgemeine dornige Blumendecke (anthodium spinosum p. 85). Die Dornen sind ästig (spinae ramosae p. 86).

153. Die Blume der Fuchsia excorticata hat eine trichterförmige Blumenkrone (corolla infundibuliformis p. 90), vierblättrigen Kranz (corona tetraphylla p. 102) und eine dreylappige Narbe (stigma trilobum p. 111).

154. Dieselbe Blume aufgeschnitten.

SECHSTES KUPFER.

155. Eine queerdurchschnittene Saamenkapsel (capsula p. 117) von Colchicum autumnale. Sie ist dreyfachrig (trilocularis p. 118).

156. Dieselbe Kapsel, wie sie an der Spitze aufspringt (apice dehiscens p. 119).

157. Zwey sich lösende Saamen von Caucalis daucoides, der stachlicht (aculeatus) ist.

158. Ein einzelner Saame derselben Art.

159. Die Frucht der Magnolia grandiflora ist ein falscher Zapfen (strobilus spurius), der aus einfächrigen zweyklappigen Kapseln (capsulae uniloculares bivalves p. 118) besteht. Die Saamen haben ein sehr langes Nabelschnur (funiculus umbilicalis p. 135), das weit herunterhängt, und sind mit einer fleischartigen Saamendecke (arillus succulentus 137) umgeben.

160. Zwey sich lösende Saamen von Tordylium syriacum, die einen gezähnelten Rand (margo crenulatus) haben.

161. Der Saamen von Thapsia villosa hat Flügel (alae p. 142) und Ribben (costae p. 143).
162. Eine Flügelfrucht (samara p. 116 von Ulmus americana.
163. Dieselbe aufgeschnitten damit man die Lage des Saamens sieht.
164. Der Saame von Clematis Vitalba hat einen Schwanz (cauda p. 141).
165. Die aufgeschnittene Frucht von Adonis vernalis.
166. Ein Büschel Früchte der Adonis vernalis. Es ist eine Hautfrucht (utriculus p. 116).
167. Die Frucht von Epilobium montanum ist eine linienförmige Kapsel (capsula linearis).
168. Ein Saamenkorn dieser Kapsel mit der Wolle (coma p. 141).
169. Dieselbe Kapsel aufgesprungen, wodurch das Säulchen (columella p. 118) zu sehn ist.
170. Die Balgkapsel (folliculus p. 117) von Periploca graeca.
171. Die Nuss aus der Steinfrucht der Peterocarya montana um den dritten Theil verkleinert.
172. Dieselbe Steinfrucht (Drupa p. 121) ganz, auch verkleinert.
173. Diese Steinfrucht quer durchgeschnitten, damit man die zweyfächrige Nuss (nux bilocularis p. 120) sieht.
174. Die Hülse (legumen p. 126) von Pisum sativum.
175. Dieselbe geöfnet, damit man die Kennzeichen sehen kann.
176. Die Büchse von Polytrichum commune stark vergrössert, hat unten einen Ansatz (apophysis p. 132), ist vierseitig (tetragona), hat ein 32mal gezähntes Maul (peristoma 32 dentatum p. 132), und ist mit einem Zwergfell (epiphragma p. 132) verschlossen.

177. Die Büchse der Tetraphis pellucida hat ein vierzähniges Maul (periſtoma quadridentatum p. 131).

177. Die Büchse von Gymnostomum hat ein nacktes Maul (periſtoma nudum p. 130).

179. Splachnum ampullaceum hat einen grofsen Anſatz und ein achtmal gezähntes Maul.

180. Grimmia hat ein sechzehnmal gezähntes Maul.

181. Neckera hat eine doppelte Reihe von Zähnen am Maul (periſtoma ordine duplici dentatum p. 131).

182. Dicranum hat ein sechzehnmal gezähntes Maul mit gespaltenen Zähnen (dentes bifidi p. 131).

183. Trichoſtomum hat eben solche Zähne, nur sind sie viel tiefer gespalten.

184. Barbula hat gedrehete Zähne am Maul (dentes contorti p. 131).

185. Ein Saamenkorn mit einem geſtielten Federchen (pappus stipitatus p. 139), was federig (plumosus p. 140) ist.

186. Ein Saamenkorn mit gestielten haarigen (capillaris p. 140) Federchen.

187. Ein Schötchen (silicula p. 125).

188. Die Scheidewand (diſſopimentum p. 117) desselben mit Saamen besetzt.

189. Ein Saamen mit sitzenden Federchen (pappus sessilis p. 139), was borstenartig (setaceus p. 140) iſt.

190. Eine aufgesprungene Schote (siliqua p. 125), wo die Scheidewand zu sehn iſt.

191. Dieselbe geschlossen.

192. Eine Gliedhülse (lomentum p. 128) von Cassia fistula.

193. Der Zapfen (strobilus p. 78) von Pinus picea sehr verkleinert.

194. Die Gliedhülse der Cassia fistula geöfnet, um das Kennzeichen derselben zu sehn.

SIEBENTES KUPFER.

195. Die Blume des Helloborus niger hat eine rosenartige Blumenkrone, gehört zu der dreyzehnten Klasse (Polyandria p. 171) und hat besondere Honiggefäfse.

196) Das Honiggefafs dieser Blume ist eine Kappe (cucullus p. 99).

197) Ein herzförmiges schiefes Blatt (folium subdimidiato-cordatum p. 28) von Begonia obliqua; der Rand ist wellenförmig (undulatum p. 31), die Adern sind so vertheilt, dafs es aderrippig (venoso-nervosum (p. 34) ist.

198. Ein Blatt, dessen Gefäfse stielrippig (nervatum p. 34) sind.

199. Ein blättriger Kopf (capitulum foliosum p. 70) von Gomphrena globosa.

200. Ein dreyrippiges Blatt (folium trinervium p. 33).

201. Ein dreyfach geripptes Blatt (folium triplinervium p. 33).

202. Ein fünffach geripptes Blatt (folium quinduplinervium p. 34).

203. Ein herzförmiges gekerbtes Blatt (crenatum p. 31), was siebenrippig (septemnervium p. 33) ist.

204. Die ganze Steinfrucht (drupa p. 121) von Myristica moschata.

205. Die gewöhnliche Eichel ist eine Nufs (nux 120).

206. Die Nufs aus der Myristica moschata mit der sogenannten Muscatenblume umgeben die eine zerschlitzte Saamendecke (arillus lacerus p. 138) ist.

207. Ein dreyfach dreyzähliges Blatt (folium triternatum p. 36).

208. Hovenia dulcis. Der Blumenstiel dieser Pflanze ist in einen fleischigen Fruchtboden verwandelt (p. 145).

209. Die Nufs der Myristica ohne Muscatenblumen.

210. Die

210. Die Frucht der Paffiflora foetida mit der bleibenden Blüthendecke (perianthium perfiftens p. 80).

211. Die Nufs der Myriftica aufgefchnitten, dafs der Kern (nucleus p. 120) zu fehn ift.

212. Die aufgefchnittene Frucht der Paffiflora foetida zeigt, dafs es eine Kurbisfrucht (pepo p. 124) ift.

213. Fragaria vefca hat einen fleifchigen Fruchtboden (receptaculum carnofum p. 144), und ift ein frey faamentragendes Gewächs (vegetabile gymnofpermum p. 115).

214. Die Frucht des Anacardium occidentale hat einen birnenförmigen fleifchigen Fruchtboden (p. 144) und eine Nufs (nux 120).

215. Ochna Japotapita hat einen fleifchigen Fruchtboden (receptaculum carnofum p. 144), auf welchem Beeren (Baccae p. 122) befeftigt find.

216. Semicarpus Anacardium hat einen fleifchigen Fruchtboden und eine Nufs.

217. Das Blatt von Mimofa unguis cati ift doppelt gezweyt (bigeminatum p. 36).

218. Ein flacher Fruchtboden (receptaculum planum p. 145) ift punktirt (punctatum p. 146).

219. Ficus Carica hat einen gefchloffenen Fruchtboden (receptaculum claufum p. 146).

220. Diefelbe Frucht aufgefchnitten, um die Blume innerhalb zu fehn.

221. Ein kegelförmiger Fruchtboden (receptaculum conicum p. 145).

222. Ein verbunden gefiedertes Blatt (conjugato-pinnatum p. 38).

ACHTES KUPFER.

223. Boletus bovinus ift ein Pilz (fungus p. 150). Der

Erklärung

Strunk ist nackt (stipes nudus p. 23), der Hut rund (pileus convexus p. 57) und hat Löcher (pori p. 58).

224. Hydnum imbricatum, ein Pilz, der Stacheln hat (aculei p. 59).

225. Agaricus integer, ein Pilz, der Blättchen hat (lamellae p. 58).

226. Lichen caninus, eine Flechte (alga p. 150), hat lederartiges Laub (frons coriacea p. 48) und Schilder (peltae p. 133).

227. Jungermannia resupinata gehört zu den Lebermoosen (musci hepatici p. 150) hat eine vierklappige Kapsel (capsula quadrivalvis p. 119).

228. Eine Euphorbia hat warzenförmige Blätter (folia verrucosa p. 41).

229. Gorteria ciliaris hat dachziegelförmige Blätter (folia imbricata p. 43), die wimpricht (ciliata p. 32) sind.

230. Mesembryanthemum uncinatum hat ein hakenförmiges Blatt (folium uncinatum p. 42).

231. Ein Zweig von Mesembryanthemum deltoideum hat deltaförmige Blätter (folium deltoides p. 41).

232. ein sabelförmiges Blatt (folium acinaciforme p. 41).

233. Ein gegliedertes Blatt (folium articulatum p. 35) von von Cactus Ficus indica.

234. Ein dreymal gezweytes Blatt (folium trigeminatum p. 36) von Mimosa tergemina.

235. Ein halbrunder Stengel (caulis semiteres p. 18).

236. Ein dreykantiger Stengel (caulis triquetrus p. 19).

237. Ein viereckiger Stengel (caulis quadrangularis p. 19).

238. Ein spatelförmiges Blatt (folium spathulatum p. 28).

239. Ein gliedweise gefiedertes Blatt (folium articulatepinnatum p. 37) von Fagara Ptaerota.

240. Ein herablaufend gefiedertes Blatt (folium decussivepinnatum p. 38) von Melianthus major.

241. Ein doppelt zusammengesetztes Blatt (folium decompositum p. 38) von Aegopodium Podagraria.

242. Ein schrotsägenförmiges Blatt (folium runcinatum p. 30).

243. Ein leyerförmiges Blatt (folium lyratum p. 30).

244. Ein hobelförmiges Blatt (folium dolabriforme p. 41).

245. Ein parabolisches Blatt (folium parabolicum p. 28).

246. Ein gefusstes Blatt (folium pedatum p. 37) von Helleborus niger.

247. Ein dreyfach gefiedertes Blatt (folium tripinnatum p. 38).

248. Das Blatt von Ulmus campestris ist ungleich (inaequale p. 27) und doppelt gezähnt (duplicato-dentatum p. 32).

249. Ein doppelt gefiedertes Blatt (folium bipinnatum p. 38).

250. Eine tutenförmige Knospe (gemma convoluta p. 62).

251. Eine eingerollte Knospe (gemma involuta p. 62).

252. Eine zurückgerollte Knospe (gemma revoluta p. 62).

253. Eine doppelt liegende Knospe (gemma conduplicata p. 63).

254.
255. } Eine reitende Knospe (gemma equitans p. 63).

256. Eine zwischengerollte Knospe (gemma obvoluta p. 62).

257. Eine gefaltene Knospe (gemma plicata p. 63).

258. Eine doppelt tutenförmige Knospe (p. 62).

259.
260. } Eine doppelte eingerollte Knospe (p. 62).

261. Ein Deckel (operculum p. 130) mit der Franze (fimbria p. 130).

262. Eine doppelt zurückgerollte Knospe (p. 62).

263.
264. } Eine reitende Knospe (p. 63).

265. Ein sparrig gerissenes Blatt (folium squarroso-laciniatum p. 31), was herablaufend (decurrens p. 44) ist, mit geflügeltem Stengel (caulis alatus p. 19).
266. Eine Doldentraube (corymbus p. 74).
267. Eine präsentirtellerförmige Blumenkrone (corolla hypocrateriformis p. 90).
268. Eine kugelrunde Blumenkrone (corolla globosa p. 89).
269. Eine trichterförmige Blumenkrone (corolla infundibuliformis p. 90).
270. Eine allgemeine gekelchte Blumendecke (anthodium calyculatum p. 86).
271. Eine zungenförmige Blumenkrone (corolla ligulata p. 90).
272. Eine zweylippige Blumenkrone (corolla bilabiata p. 91).
273. Eine becherförmige Blumenkrone (corolla cyathiformis p. 89).
274. Eine tellerförmige Blumenkrone (corolla urceolata p. 90).
275. Eine röhrige Blumenkrone (corolla tubulosa p. 89).
276. Eine keulenförmige Blumenkrone (corolla clavata p. 89).
277. Eine einfache Aehre (spica simplex p. 72).
278. Eine einfache Traube (racemus simplex p. 73).

NEUNTES KUPFER.

Enthält alle verschiedene Farbenmischungen, die p. 136 beschrieben sind, und das p. 7 bestimmte Maaſs.

Register

aller lateinischen Ausdrücke.

Abbreviatum perianthi-
um 83
abrupte pinnatum folium 37
acaulis planta 24
acerosum folium 29
acinaciforme folium 41
acinus 124
acotyledones 136
aculeatum folium 32
aculeus 59. 65
acuminata ligula 54
acuminatum folium 25
acuminatum operculum 130
acuta ligula 54
acute angulatus caulis 19
acutum folium 25
acutum operculum 130
acutum stigma 111
Adansonii systemata 167
adnata anthera 107
adpressum folium 44
adversum folium 45
aequale anthodium 85
aequales lamellae 58
aequalia filamenta 105
aequalis polygamia 174
aequivoca generatio 334
aeruginosus 237
afora pericarpia 163
aggregata seta 24

aggregatae 185
ala 93. 117. 142
alata drupa 121
alatus caulis 19
albidus 239
albo-marginatum folium 244
albo-variegatum folium 244
alburnum 295
albus 239
algae 150. 175. 186. 249
alterna folia 42
alternatim pinnatum fo-
lium 37
alterni rami 14
amentaceae 185. 249
amentum 77
amplexicaule folium 44
ampulla 54
anastomosis 301
anceps caulis 18
anceps folium 40
angiospermia 115. 173
angulata anthera 106
angulatus caulis 18
angulosum stigma 111
angulus 47
animalcula spermatica 334
annuae plantae 151
annulatus stipes 23
annulus 56. 130

anomalae 161
anthera 105
anthesis 80
anthodium 84
apetalae 159. 160 163. 169. 249
apetalus flos 114
aphyllus caulis 18
aphyllus flos 114
apice cohaerentes dentes 131
apice dehiscens anthera 107
apiculatum receptaculum 146
apophysis 133
approximata folia 42
arachnoideus annulus 57
arbores 152. 156
arboreus truncus 21
argenteo-marginatum folium 244
argenteo-variegatum folium 244
arillus 137
arista 66
aristata anthera 106
aristata valvula 84
aristatus pappus 139
arteficiale systema 149
articulata radix 12
articulate pinnatum folium 37
articulatum filamentum 104
articulatum folium 35
articulatum lomentum 128
articulatus caulis 19
arundinaceae 161
ascendens caulis 16
ascidium 53
asper 4
asperifoliae 158. 161. 184. 249
ater 239
atropurpureus 238
a‑virens 237
attenuatum amentum 78
auctum anthodium 86
aurantiacus 238
auratum folium 244
aureo-variegatum folium 244
aureus 237

auriculatum folium 27
avenium folium 34
axillare capitulum 70
axillare folium 39
axillaris cirrhus 60
axillaris pedunculus 22
axillaris seta 24
axillaris spica 72
axillaris spina 65
azureus 237

Bacca 122
baccata capsula 119
baccata drupa 121
baccata pepo 125
baccata silicula 126
baccatus arillus 137
bacciferae 156. 159. 161
badius 238
barba 94. 101
barbatus 5
basis 143
bedeguar 262
bialata ala 142
bicornes 181
bidentatum perianthium 81
biennes plantae 152
bifariam imbricata folia 43
bifida anthera 106
bifida ligula 54
bifidi dentes 131
bifidum filamentum 104
bifidum folium 26
bifidum perianthium 82
bifidum stigma 112
bifidus cirrhus 60
bifidus stylus 110
biflora spatha 53
biflora spicula 70
biflorus pedunculus 22
bifora pericarpia 163
bigeminatum folium 36
bigeminum folium 36
bijugum pinnatum folium 47
bilabiata corolla 91
bilabiatum perianthium 82
bilobum folium 90

aller lateinischen Ausdrücke. 471

biloculare semen	137	capillare filamentum	103
bilocularis anthera	107	capillare folium	29
bilocularis bacca	123	capillares	156. 160
bilocularis capsula	118	capillaris pappus	140
bilocularis nux	120	capillaris stylus	109
bilocularis pepo	124	capillus	6
binatum folium	35	capitatae	161
bipartitum perianthium	82	capitatum stigma	111
bipinnatum folium	38	capituliformis flos	79
biternatum folium	36	capitulum	69
bivalvis capsula	118	capsula	117
bivalvis gluma	84	carina	93
bivalvis spatha	52	carinatum folium	41
bivasculares	158	carneus	238
Boerhaavii systema	160	carnosa pepo	125
brachiatus caulis	14	carnosum folium	40
brachium	7	carnosum legumen	127
bractea	51	carnosum receptaculum	144
bracteatus verticillus	69	carnosus caulis	20
brunneus	238	carnosus arillus	137
bulbifer caulis	18	cartilagineum folium	31
bulbus	63	cartilagineus arillus	137
bullatum folium	33	caryophyllacea corolla	92
		caryophyllaceae	181
Caducae stipulae	50	catenula	120
caducum perianthium	81	cauda	141
caducus pappus	139	caulinum folium	39
Caesalpini systema	154	caulis	13
caesius	237	cernuus racemus	74
calcar	100	character	191
calmariae	156. 179	ciliata spica	72
calycanthemae	181	ciliata ligula	54
calyciflorae	180	ciliato-dentatum peristo-	
calycostemonis	168	ma	131
calyculatum anthodium	86	ciliatum anthodium	85
calyculatus pappus	139	ciliatum folium	32
calyptra	96 - 119. 129	ciliatus	6
calyptratus arillus	138	ciliatus pappus	140
calyx	80	cinereus	239
Camelli systema	162	cinnabarinus	238
campanaceae	182	circinata gemma	63
campanulata corolla	89	circumscissus utriculus	116
campanulatus pileus	57	cirrhosum folium	61
canaliculatum folium	32	cirrhosum pinnatum foli-	
canaliculatum legumen	127	um	61
canaliculatus petiolus	23	cirrhus	60. 228
canus	239	classis	153

clausum perianthium 82
clausum receptaculum 146
clavata corolla 89
clavatum stigma 111
clavatus stylus 110
clavus 259
coadunatae 185
coarctatus caulis 15
coarctata paicula 77
coccineus 258
cochleatum legumen 128
coeruleus 237
color 236, 241
colorata gluma 84
coloratae bracteae 51
coloratum folium 34
coloratum perianthium 83
columella 118
columniferae 183
columnula 120, 132
coma 51, 141,
comosa spica 72
commune receptaculum 145
communis calyx 86
communis corolla 96
communis flos 96
communis pedunculus 22
composita bacca 124
composita spica 72
composita umbella 75
compositae 158, 185, 220
compositi irregulares flores 163
compositi regulares flores 163
compositi regulares et irregulares flores 163
compositum folium 35
compositus racemus 73
compressa glandula 98
compressum folium 40
compressum legumen 127
compressus caulis 18
compressus petiolus 23
concavum folium 32
concavum stigma 112
concavus pileus 57

conduplicata gemma 63
conferta folia 42
conferta umbella 75
confertus caulis 14
confertus verticillus 68
congregatae 169
conicum capitulum 69
conicum operculum 130
conicum receptaculum 145
conicus strobilus 78
coniferae 185, 249
conjugata spica 72
conjugato-pinnatum folium 38
conjugatum folium 36
conjugatus racemus 73
connata filamenta 104
connatae antherae 107
connatae stipulae 51
connatum folium 44
conniventia filamenta 104
contextus cellulosus 295, 296, 300
contorsiones 262
contortae 182
contorti dentes 131
contractilitas 283
convexa umbella 76
convexum folium 35
convexum operculum 130
convexum receptaculum 145
convexus pileus 57
convoluta gemma 62
convolutum stigma 112
convolutus cirrhus 61
cordatum filamentum 104
cordatum folium 26
coriacea frons 48
coriaceum legumen 127
corniculatum filum 101
corniculatum indusium 60
corolla 88
corollaceus flos 114
corona 103
coronariae 180
corpus 59
cortex 295

corticata capsula	119	declinata filamenta	105
corticosa bacca	122	declinatus caulis	16
corticosa pepo	125	declinatus stylus	110
corticosum lomentum	128	decompositum folium	38
cory*lales*	182	decumbens caulis	16
corymbiferae	156. 161	decumbens surculus	24
corymbus	74	decurrens folium	44
cossa	143	decurrens ligula	54
cotyledon	135	decurrentes lamellæ	58
crassus stylus	110	decussata folia	43
crenatum folium	31	decussive pinnatum folium	38
crispum folium	33		
crista	143	deflexis ramis surculus	24
cristata anthera	106	deflexus caulis	15
croceus	238	dehiscens drupa	121
cruciata corolla	92	deltoides folium	41
cruciforme stigma	112	demersum folium	46
crustacea frons	48	dentata anthera	106
cryptogamia	171. 221	dentata calyptra	129
cryptostemonis	168	dentata radix	12
cubitus	7	dentato-crenatum folium	32
cucullata corona	102	dentatum folium	32
cucullatum folium	35	dentatum perianthium	81
cucullus	99	dentatum stigma	112
cucurbitaceae	183	dentes bifidi	131
culmiferae	156	dentes contorti	131
culmus	21	depauperata umbella	76
cuneiforme filamentum	104	dependens folium	45
cuneiforme folium	35	dependens involucrum	55
cuspidatum folium	25	depressum folium	40
cutis	295	descriptio	232
cyaneus	236	dextrorsum volubilis caulis	17
cyathiformis corolla	89		
cyathiformis glandula	98	diadelphia	171
cylindrica spica	71	diagnosis	233
cylindricum amentum	78	diandria	170
cylindricum anthodium	86	diantheræ	168
cylindricus strobilus	78	dichotomus caulis	14
cylindrus	100	dichotomus stylus	110
cyma	76	dicotyledones	136
		didyma anthera	106
Daedalium folium	26	didynamia	171
decandria	171	difformis corolla	90
decemflorus verticillus	69	difformis flos	252
deciduae stipulae	50	difformis pappus	140
deciduum perianthium	80	differens structura	194, 197
deciduus stylus	110	digitatum folium	35

digynia	173	duplex corolla	246
dilatatum filamentum	104	duplex perianthium	81
dimidiata calyptra	129	duplex volva	56
dimidiata spatha	53	duplicato - dentatum folium	32
dimidiatum capitulum	69		
dimidiatum involucrum	55	duplicato - pinnatum folium	38
dimidiatus arillus	138		
dimidiatus pappus	139	duplicato - ternatum folium	36
dimidiatus verticillus	68		
dioecia	171	durum putamen	120
dipetala corolla	92		
dipetalae	161	Echini	59
dipetali irregulares flores	163	elasticitas	283
dipetali regulares flores	163	ellipticum folium	27
diphylla corona	102	emarginatum folium	26
diphyllum involucrum	55	emarginatum stigma	111
diphyllum perianthium	81	enervium folium	34
diphyllus pappus	139	enneandria	171
dipterigia ala	142	enodis caulis	19
diplostemones	169	ensatae	179
dipyrena bacca	123	ensiforme folium	40
dipyrena drupa	122	epicarpius flos	114
disciformis flos	79	epidermis	294. 295
discoideae	190	epigenesis	335
discoideus flos	96	epiphragma	132
discus	97	epiphyllospermae	150. 169
disperma bacca	123	equitans gemma	63
disperma capsula	118	erecta anthera	107
disperma nux	120	erectum folium	44
dispermum legumen	128	erectus annulus	56
dissepimentum	117. 126	erectus caulis	16
dissimilis pappus	140	erectus racemus	74
distans verticillus	69	erectus surculus	24
disticha folia	43	erosum folium	32
disticha spica	71	essentialis character	191
distichus caulis	14	exsucca bacca	123
divaricatus caulis	15	exsucca drupa	121
divergens caulis	15	exsucca pepo	125
divisa spina	65	extrafoliaceae stipulae	50
dodecandria	171	extrafoliaceus pedunculus	22
dodrans	7		
dolabriforme folium	41	Factitius character	191
dorsalis arista	66	farinosum legumen	127
dorsiflorae filices	157	fasciculata folia	43
drupa	111	fasciculata radix	12
drupacea filicula	126	fasciculata spica	72
dumosae	184	fasciculus	74

aller lateinischen Ausdrücke. 475

fastigiatus caulis	15
faux	94
favosum receptaculum	146
ferrugineus	238
fibrosa drupa	121
fibrosa radix	11
fibrosa vasa	296
fibrosus caulis	20
figura	194
figuratum peristoma	131
fila succulenta	103
filamentosa frons	48
filamentum	103
filices	150. 175. 186. 249
filiforme filamentum	104
filiforme receptaculum	146
filiformis stylus	109
filum	101. 119
fimbria	120. 130
fissum folium	26
fissum perianthium	81
fistulosus caulis	20
flabelliforme folium	26
flavo-virens	237
flexuosus caulis	17
florale folium	40
floriferae	161
floriferae gemmae	61
flos	79
flosculosus flos	96
foemineus flos	114
foliaris cirrhus	60
foliatio	62
foliatus racemus	73
foliiferae gemmae	62
foliolis decrescentibus pinnatum folium	38
foliolum	46. 86
foliosa spica	72
foliosum capitulum	70
foliosus caulis	18
folium	24
folliculus	117. 262
fornix	101
fovea	100
fragile putamen	100
frondosi musci	150
frons	47. 49
fructus	115
frustranea polygamia	174
frutices	152. 156
fruticosus truncus	21
fugax annulus	56
fugax pappus	139
fulcra	49
fulcratus caulis	16
fungi	55. 150. 160. 169. 175. 186. 249
funiculus umbilicalis	135
furcati pili	67
fuscus	238
fusiformis radix	10
Galea	94
galeatae	156
galla	261
geminae stipulae	50
geminati aculei	66
geminatus pappus	141
gemma	61
gemmiformis flos	79
genericum nomen	268
geniculata arista	66
geniculatus caulis	20
genus	153. 190
germen	109
gibbosum folium	40
gibbum folium	40
glaber	4
glabrum folium	43
glabrum receptaculum	145
glandula	64. 98
glaucus	237
Gleditschii systema	168
globosa anthera	105
globosa corolla	89
globosa glandula	98
globosum anthodium	86
globosum capitulum	69
globosum receptaculum	144
globosum stigma	111
globosus strobilus	78
glochis	67
glomerata spica	71

glomerulus	71
gluma	83
glumosus	6
gongylus	64
gracile amentum	78
gramina	151. 169. 179. 215
graminibus affine	169
granulata radix	11
griseus	239
gruinales	180
gymnospermae	158
gymnospermia	115. 173
gynandria	171
Habitus	188. 207
Halleri systema	168
hamus	67
hamatum folium	27
hederaceae	185
hemisphaericum anthodium	86
hemisphaericum capitulum	69
hepatici musci	150
hepaticus	238
heptandria	171
herbaceus caulis	20
herbae	151
herbarium	268
Hermanni systema	158
hermaphroditus flos	114
hesperides	181
heteroclitae	156
hexafora pericarpia	163
hexagonus caulis	19
hexandria	170
hexapetali irregulares flores	164
hexapetali regulares flores	168
hilum	135
hirtus	4
hispidus	4
holoraceae	180
horizontale folium	45
horizontalis radix	10
humifusus caulis	16
hyalinus	239
hypocarpius flos	114
hypocrateriformis corolla	90
Icosandria	171
imbricata folia	43
imbricata spica	71
imbricatum anthodium	85
impari pinnatum folium	37
inaequale folium	27
inaequales lamellae	58
inaequalia filamenta	105
inanis caulis	20
incompleti flores	164
incumbens anthera	107
incurvum filamentum	105
incurvum folium	45
incurvus aculeus	65
incurvus caulis	16
individum folium	24
indusium	59
inferius labium	95
inferum germen	114
inferus flos	114
inflatum perianthium	83
inflexum folium	45
inflorescentia	68
infundibuliformis corolla	90
integer caulis	13
integer pappus	139
integerrimum folium	31
integra calyptra	129
integra ligula	54
integrum folium	29
integrum perianthium	83
interfoliaceus pedunculus	22
interrupta spica	71
interruptae lamellae	58
interrupte pinnatum folium	37
intrafoliaceae stipulae	50
inundatae	180
inversus annulus	56
involucrum	54
involuta gemma	62

aller lateinischen Ausdrücke 477

irregularis corolla	93	ligulata corolla	90
irritabilitas	283	lilacinus	234
isostemones	169	lilia	151. 216
isthmis interceptum lomentum	129	liliacea corolla	93
		limbus	94
jugum	145	linea	7
juliferae	159	lineare folium	29
julus	77	linearis anthera	105
		linearis spica	71
Knautii systema	160. 164	lineatum folium	34
		linguiforme folium	41
Labellum	94	Linnaei systema	170
labiatum perianthium	82	lividus	239
labium	95	lobatum folium	29
lacera ligula	54	lobus	46 94
lacerus arillus	138	loculamenta	118
lacinia	46 94	locusta	70
laciniatum folium	30	lomentacea	183
lactescentes	156	lomentum	128
lacteus	239	lunatum folium	26
lacunosum folium	33	luridae	182
laevis	4	lyratum folium	30
lamella	58		
lamina	95	Magnolii systema	167
lana	67	malvacea corolla	92
lanatus	5	marcescens perianthium	81
lanceolatum folium	29	marcescens spatha	53
laterale stigma	113	marcescens stylus	110
laterales stipulae	50	marginatus pappus	139
lateralis anthera	107	margo membranaceus	143
lateralis seta	24	masculus flos	114
lateralis spica	72	medulla	295
lateralis stylus	110	medullaria vasa	299
lateri dehiscens anthera	107	mejostemones	169
laterifolius pedunculus	22	membrana interna	135
lateritius	238	membranacea valvula	84
laxus caulis	16	membranaceo-dentatum peristoma	131
laxus racemus	73		
laxus utriculus	116	membranaceum folium	40
legumen	126	membranaceum legumen	127
leguminosae	156. 159. 161		
lvera anthera	107	membranaceus arillus	138
liber	295	membranaceus caulis	19
liberum filamentum	104	membranaceus margo	143
lignosa capsula	119	methodus	183
lignosum legumen	127	miniatus	238
lignosus caulis	20	miscellaneae	186
lignum	295	mobilis annulus	56
ligula	54		

molendinacea semina 142
monadelphia 171
monandria 170
monantherae 168
monocotyledones 136. 169
monoecia 171
monogamia 175
monogynia 173
monopetala corolla 89
monopetalae 161
monopetali irregulares flores 163
monopetali regulares flores 163
monophylla corona 102
monophyllum anthodium 85
monophyllum perianthium 81
monopterigia ala 142
monopyrena drupa 122
monosperma bacca 123
monospermum legumen 128
monstra 223. 245
morbi plantarum 256
Morisoni systema 156
mucronatum folium 25
mucronatum operculum 130
multangularis caulis 19
multialata ala 142
multicapsulares 156. 159
multidentatum perianthium 81
multifidum filamentum 104
multifidum perianthium 82
multifidum stigma 112
multifidus cirrhus 60
multifidus stylus 110
multiflora spatha 53
multiflora spicula 70
multiflorus verticillus 69
multilocularis bacca 123
multilocularis capsula 118
multilocularis nux 120
multilocularis pepo 125
multipartitum perianthium 82
multiplicatus flos 246

multisiliquae 161. 188
multivaluis capsula 118
multivaluis gluma 84
muricatum anthodium 85
muricatus 6
musci 150. 160. 169. 175. 186. 249
mutica valvula 84
mutilatus flos 254

Natans folium 45
naturale systema 149
naturalis character 191
naturalissima structura 194
necessaria polygamia 175
nectariferae squamae 99
nectariferi pori 99
nectarium 97
nervatum folium 34
nervosum folium 33
nidulantia semina 137
niger 239
nisus formativus 286
nitidus 4
nodosus caulis 19
non cohaerentes dentes 131
non umbilicatae arbores 159. 161
nucleus 120
nuda arista 66
nudum ascidium 53
nudum capitulum 70
nudum peristoma 130
nudus caulis 18
nudus flos 114
nudus racemus 73
nudus stipes 23
nudus verticillus 69
nullum peristoma 132
numerus 174
nutans caulis 18
nutans racemus 74
nux 120

Obcordatum folium 46
obliqua radix 10
obliquum folium 45

oblonga anthera	105	papilionacea corolla	92
oblonga glandula	98	papilionaceae	183. 219
oblongum folium	28	papillae	59
oblongum stigma	111	papillosus	6
obtuse angulatus caulis	19	papposae	156
obtusum folium	25	pappus	87. 138
obtusum stigma	115	papulosus	6
obovatum folium	46	parabolicum folium	28
obvoluta gemma	62	parasitica planta	259
ochraceus	237	parenchyma	295. 296. 300
octandria	171	paripinnatum folium	37
octoflorus verticillus	69	partiale involucrum	55
octona folia	42	partialis umbella	75
oleraceae	180	partitum folium	30
operculum	130	partitum perianthium	82
opposita folia	42	patens caulis	15
opposite pinnatum folium	37	patens folium	45
oppositi rami	14	patens perianthium	82
oppositifoliae stipulae	50	patentissima panicula	77
oppositifolius pedunculus	22	pedatum folium	37
orbiculatum folium	27	pedicellatae stipulae	51
orchidea corolla	93	pedicellatum germen	109
orchideae	179	pedicellus	22
ordine duplici dentatum peristoma	131	pediculus	22
		peduncularis cirrhus	60
ordine simplici dentatum peristoma	131	pedunculata umbella	75
		pedunculatus verticillus	68
ordo	153	pedunculus	21
orgya	8	pelta	133
ovale folium	27	peltata anthera	106
ovata spica	72	peltatum folium	44
ovatum amentum	78	peltatum indusium	59
ovatum folium	27	peltatum stigma	111
ovatus strobilus	78	pendula radix	11
Palaceum folium	44	pendulus racemus	74
palatum	94	penicilliforme stigma	112
palea	146	pentafora pericarpia	163
palaceum receptaculum	146	pentagonus caulis	19
palaceus pappus	139	pentandria	170
pallide flavens	237	pentapetalae	16
palmae	151. 179. 249	pentapetala corolla	92
palmata radix	11	pentapetali irregulares flores	164
palmatum folium	30		
palmatus aculeus	66	pentapetali regulares flores	163
palmus	7		
panduraeforme folium	28	pentaphyllum perianthium	81
panicula	76		

pentaphyllus pappus	139	placentiforme receptaculum	146
pentaptera ala	142	plana glandula	98
pepo	124	plana umbella	76
perfoliatum folium	44	planipetalae	160
perfoliatus caulis	18	plantae	151
perianthium	80	planum anthodium	86
pericarpium	115	planum folium	40
perichaetium	87. 96	planum indusium	59
peristoma	130	planum operculum	130
perpendicularis radix	10	planum receptaculum	145
persistens annulus	56	planus pileus	57
persistens pappus	139	planus flos	247
persistens perianthium	80	plica	100
persistens spatha	53	plicata gemma	63
persistens stipula	50	plicatum folium	33
persistens stylus	110	plumosa arista	66
personata corolla	91	plumosum stigma	112
personatae	184	plumosus pappus	140
pes	7	plumula	135
petaloideum stigma	112	pollen	108
petalostemonis	168	pollex	7
petalum	95	polyadelphia	171
petiolaris cirrhus	60	polyandria	171
petiolaris pedunculus	22	polycotyledones	136
petiolata glandula	64. 98	polygamia	171
petiolatae stipulae	51	polygonus caulis	19
petiolatum ascidium	53	polygynia	173
petiolatum folium	43	polypetala corolla	91. 92
petiolus	23	polypetali irregulares flores	164
phoeniceus	238		
pileus	57	polypetali regulares flores	163
pilosa anthera	106		
pilosum filamentum	105	polyphylla corona	102
pilosum folium	48	polyphyllum anthodium	85
pilosum receptaculum	145	polyphyllum involucrum	55
pilosus	5	polyphyllum perianthium	81
pilosus pappus	140		
pilus	67	polyphyllus pappus	139
pinna	47	polypteria ala	142
pinnatifidum folium	30	polysperma	123
pinnatum cum impari folium	37	polysperma capsula	118
		polyspermae	161
pinnatum folium	37	polyspermum legumen	128
pinnula	47	polystemones	169
piperitae	179	pomaceae	183
pistillum	108		

aller lateinischen Ausdrücke. 481

pomiferae	159. 161
pomum	124
Pontederae systema	167
pori	58
praedelineatio	334
praeformatio	334
praemorsa radix	11
praemorsum folium	25
prasinus	237
preciae	181
procumbens caulis	16
prolifer caulis	14
prolifer flos	254
propago	64
proportio	194
proprium receptaculum	144
prostratus caulis	16
pruina	143
pubescens	5
pubescens stigma	113
pulverulenta frons	48
punctatum folium	34
punctatum receptaculum	146
punctatus	4
puniceus	238
purpureus	238
putamen	120
putamineae	182
Quadrangulare folium	29
quadrangularis caulis	19
quadrialata ala	142
quadridentatum perianthium	81
quadridentatum peristoma	13
quadrifariam imbricata folia	93
quadrifidum folium	30
quadrifidum perianthium	82
quadrifidus stylus	110
quadrijugum pinnatum folium	47
quadrilocularis capsula	118
quadripartitum perianthium	82
quadrivasculares	159
quaterna folia	42
quina folia	42
quinatum folium	36
quinduplinervium folium	34
quinquangulare folium	29
quinquealata ala	142
quinquedentatum perianthium	81
quinquefidum folium	30
quinquejugum pinnatum folium	47
quinquelobum folium	30
quinquevasculares	159
Racemus	73
radiatus flos	97
radicale folium	39
radicalis pedunculus	22
radicans caulis	17
radicans folium	45
radicula	10
radius	97
radix	9
Raji systema	160
rameum folium	39
rami	13
ramosa panicula	76
ramosa radix	11
ramosa spica	72
ramosa spina	65. 86
ramosae lamellae	58
ramosum filamentum	104
ramosum folium	37
ramosus caulis	13
ramosus surculus	24
ramosissima panicula	77
ramosissimus caulis	13
rara umbella	75
receptaculum	143
reclinata gemma	63
reclinatum folium	45
recta arista	66
rectum folium	101
rectus aculeus	65
rectus racemus	74
rectus stylus	110
recurvata arista	66

recurvus aculeus	65	scandentes	156
reflexum folium	45	scapus	21
reflexum perianthium	83	scariosum anthodium	85
reflexus caulis	15	scitamineae	179
remota folia	42	scrobiculatum receptaculum	146
reniforme folium	26		
reniformis anthera	115	scutella	133
repandum folium	31	scyphus	64
repens caulis	17	secunda panicula	77
repens radix	10	secunda spica	71
repens surculus	24	secundus racemus	73
reticulatus arillus	138	sedecimdentatum peristoma	131
retroflexus caulis	15		
retusum folium	26	segregata polygamia	175
revoluta gemma	62	semen	134
revolutum folium	45	semiflosculosus flos	96
revolutum stigma	112	semilocularis pepo	125
revolutus cirrhus	61	seminale folium	39
rhizospermae filices	151	semine solitario herbae	161
rhoeadeae	182	semiradiatus flos	97
rhombeum folium	28	semiteres caulis	18
rictus	94	semiverticale folium	44
rigidus caulis	16	sena folia	42
rimosus	20	sensilitas	284
ringens corolla	91	senticosae	183
Rivini systema	163	sepiariae	184
rosacea corolla	91	septis transversis interstinctus caulis	20
roseus	238		
rostellum	135	sericeus	5
rostrum	142	serratum folium	32
rotaceae	181	sesquialteris staminibus	169
rotata corolla	90	sesquitertiis staminibus	169
Royenii systema	170	sessile ascidium	53
rubigo	261	sessile folium	44
rugosum folium	23	sessile germen	109
runcinatum folium	30	sessile stigma	113
		sessiles stipulae	51
Sagittata anthera	106	sessilis annulus	56
sagittatum folium	27	sessilis anthera	108
samara	116	sessilis glandula	64. 98
sanguineus	238	sessilis pappus	139
sarmentaceae	238	sessilis umbella	75
sarmentosus caulis	17	sessilis verticillus	68
saturate virens	237	seta	24
scaber	4	setaceum receptaculum	146
scabridae	186	setaceus pappus	140
scandens caulis	17	setaceus stylus	109

aller lateinischen Ausdrücke. 483

sexflorus verticillus	69
sexuale systema	144
sexus	214
sicco fructu arbores	159. 161
siccum receptaculum	144
silicula	125
siliculosa	173
siliqua	125
siliquosae	156. 159, 161. 172. 184. 218
simplex anthodium	85
simplex caulis	13
simplex cirrhus	60
simplex panicula	75
simplex perianthium	81
simplex racemus	73
simplex spica	72
simplex spina	65. 86
simplex surculus	24
simplex umbella	75
simplices herbae	158
simplices pili	67
simplicissimus caulis	13
singularis structura	194. 197
sinistrorsum volubilis caulis	17
sinuatum folium	30
sinus	47
situs	194
smaragdinus	237
solidus bulbus	64
solidus caulis	20
solitaria seta	24
solitariae stipulae	50
solitarius aculeus	66
spadix	77
sparsa folia	42
sparsus caulis	14
spatha	52
spathaceae	180
spathulatum folium	28
species	153. 222
sphacilatae stipulae	51
sphaericum capitulum	69
spica	71
spiciferae filices	150
spicula	70
spina	65. 228
spinosum anthodium	85
spinosum folium	32
spirale stigma	112
spiralia vasa	298
spithama	7
spongiosum receptaculum	145
sporangidium	120. 132
spuria bacca	123
spuria capsula	119
spuria nux	121
squama	86. 87
squamationes	262
squamosa radix	12
squamoso-laciniatum folium	31
squamosum anthodium	85
squamosus bulbus	63
squamosus caulis	18
squamosus pileus	57
squamosus stipes	23
squarrosum anthodium	85
squarrosus pileus	57
stamina	103
stamineae	159. 161
staminiformis corona	103
stellata folia	42
stellata frons	48
stellata volva	56
stellatae	158. 161. 185. 249
stellatus pappus	140
stigma	111
stipes	23
stipitatus pappus	139
stipulae	49
stolo	10
striatus	6
strictus caulis	16
strictus racemus	73
strictus utriculus	116
striga	67
strigosus	5
strobilus	78
structura	194
stylostemonis	168
stylus	109

subalare folium	39	ternatum folium	26
subcordatum folium	46	testiculata radix	11
subdimidiato-cordatum folium	28	tetradynamia	171
		tetrafora pericarpia	163
subdimidiatum folium	28	tetragonum folium	41
suberosus	20	tetragonus caulis	19
submarinae herbae	160	tetragynia	173
subovatum folium	46	tetrandria	170
subramosus caulis	13	tetrapetala corolla	92
subrotundum capitulum	69	tetrapetali irregulares flores	164
subrotundum folium	27		
subserratum folium	46	tetrapetali regulares flores	163
subspecies	223		
subulatum filamentum	104	tetraphylla corona	102
subulatum folium	29	tetraphyllum involucrum	55
subulatus stylus	110	tetraphyllum perianthium	81
succosa bacca	122		
succulenta fila	103	tetraptera ala	142
succulentae	180	tetrapyrena drupa	122
succulentus arillus	137	thalamostemonis	168
suffrutices	152. 156	thalamus	43
sulcatus	6	theca	129
sulphureus	237	thyrsus	77
superflua polygamia	174	tomentosus	5
superius labium	95	tortilis arista	66
superum germen	114	torulosum legumen	127
superus flos	114	Tournefortii systema	165
supradecompositum folium	39	trapeziforme folium	28
		trialata ala	142
surculus	23	triandria	170
sutura	118	triangulare folium	29
syngenesia	171	triangularis caulis	19
synonyma	266	triantherae	168
systema	147	tricapsulares	156. 158
		tricocca capsula	118
Tabes	261	tricoccae	156. 184
tela cellulosa	295. 296. 300	tridentatum folium	26
teres caulis	18	tridentatum perianthium	81
teres folium	40	trifariam imbricata folia	43
teres petiolus	23	trifidum folium	39
terminale capitulum	70	trifidum perianthium	82
terminalis arista	66	trifidum stigma	112
terminalis seta	24	trifidus cirrhus	60
terminalis spica	72	trifidus stylus	110
terminalis spina	65	trifora pericarpia	153
terminalis stylus	110	triflora spicula	70
terna folia	42	triflorus pedunculus	28

aller lateinischen Ausdrücke. 485

trigeminatum folium	36
trigeminum folium	36
trigonus caulis	19
trigynia	173
trihilatae	181
trijugum pinnatum folium	
trilobum folium	47
trilobum stigma	30
trilocularis bacca	111
trilocularis capsula	123
trilocularis nux	118
trilocularis pepo	120
trinervium folium	125
tripartitum perianthium	33
tripetala corolla	82
tripetalae	92
tripetali irregulares flores	161
tripetali regulares flores	164
tripetaloidae	163
triphylla corona	179
triphyllum involucrum	102
triphyllum perianthium	55
triphyllus pappus	81
tripinnatum folium	139
triplex corolla	38
triplicato-pinnatum folium	246
triplicato-ternatum folium	38
triplinervium folium	36
tripterigia ala	33
tripyrena bacca	142
tripyrena drupa	123
triquetrum folium	122
triquetrus caulis	41
trisperma bacca	19
trisperma capsula	123
trisperma nux	118
triternatum folium	120
trivalvis capsula	36
trivalvis gluma	118
trivasculares	84
triviale nomen	158
truncata ligula	268
truncatum folium	54

truncus	21
tuberculum	133
tuberosa radix	11
tubulosa corolla	89
tubulosum folium	40
tubulosum perianthium	82
tubus	94
tunica externa	135
tunicatus bulbus	61
turbinatum anthodium	86
Ulna	7
umbella	75
umbellatae 158. 185. 216. 249	
umbelliferae 156. 161	
umbellula	75
umbilicatae arbores 159. 161	
umbo	58
umbonatus pileus	57
uncia	7
uncinatum folium	42
uncinatum stigma	111
undulatum folium	31
unguis	7, 95
uniflora spatha	53
uniflora spicula	70
uniflorus pedunculus	22
unifora pericarpia	163
uniformis pappus	140
unilabiata corolla	91
unilateralis recemus	73
unilocularis anthera	107
unilocularis bacca	123
unilocularis capsula	118
unilocularis pepo	124
univalvis gluma	83
univalvis spatha	52
univasculares	158
universale involucrum	55
universalis umbella	75
urceolata corolla	90
urceolatum perianthium	82
urens	5
ustilago	258
utriculus	116

486 Register aller latein. Ausdrücke.

Vaga spatha	52	verticillatae	158. 161. 184. 217. 249
vagina	52	verticillatus caulis	14
vaginula	96	verticillus	68
valvula	83. 84. 118	vexillum	93
valvulis dissepimento contrariis	126	villosa calyptra	129
valvulis dissepimento parallellis	126	villosum receptaculum	145
		villosus	5
varietas	153. 223. 236	villus	67
varium receptaculum	146	violaceus	239
venosae lamellae	58	virgatus caulis	15
venoso-nervosum folium	34	vis mortua	283
venosum folium	33	vis vitalis	285
ventricosa spica	72	viscidus	6
ventricosum legumen	127	viscidus pileus	57
vepreculae	183	vita propria	285
verruca	143	vitellinus	237
verrucosum folium	41	vivipara gramina	258
versatilis anthera	107	volubilis caulis	17
verticale folium	44	volva	55
verticillata spica	71	Wachendorfii systema	179

Druckfehler.

Seite 6 letzte Zeile, lies zwölfte, statt zweyte.
— 29 Z. 22, l. quinquangulare, st. quinquengulare.
— 31 Z. 1, l. squarroso-laciniatum, st. squamoso-laciniatum.
— 57 Z. 24, l. squarrosus, st. sparrosus.
— 70 Z. 7, l. terminale, statt terminalis.
— 86 Z. 7, l. hemisphaericum, st. hemispaericum.
— 128 Z. 2, l. polyspermum, st. polysperma.
— — Z. 3, l. cochleatum, st. cochleata.
— — Z. 21, l. corticosum st. corticosa.
— 139 Z. 11, l. marginatus, st. manginatus.
— 141 Z. 26, l. Pulsatilla, st. Pusatilla.
— 321 Z. 26, l. Berthollet, st. Bartholet.

Tab. I.

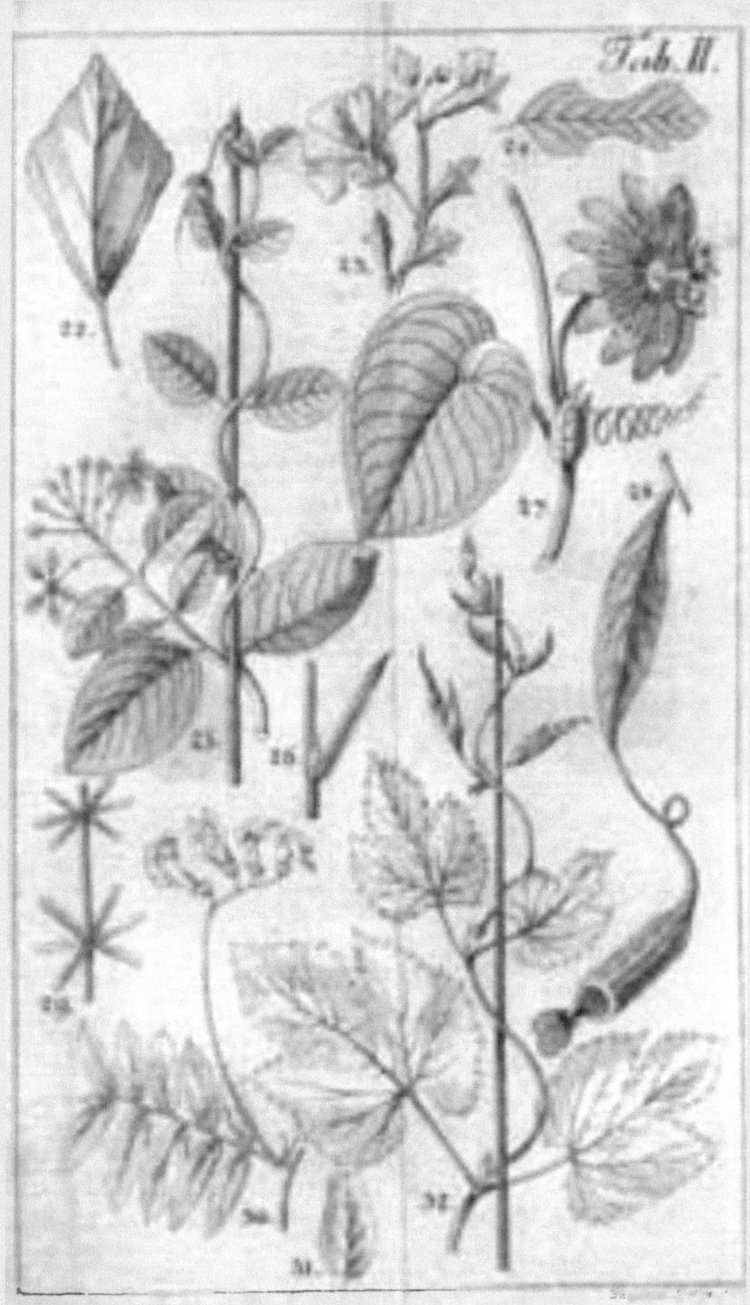

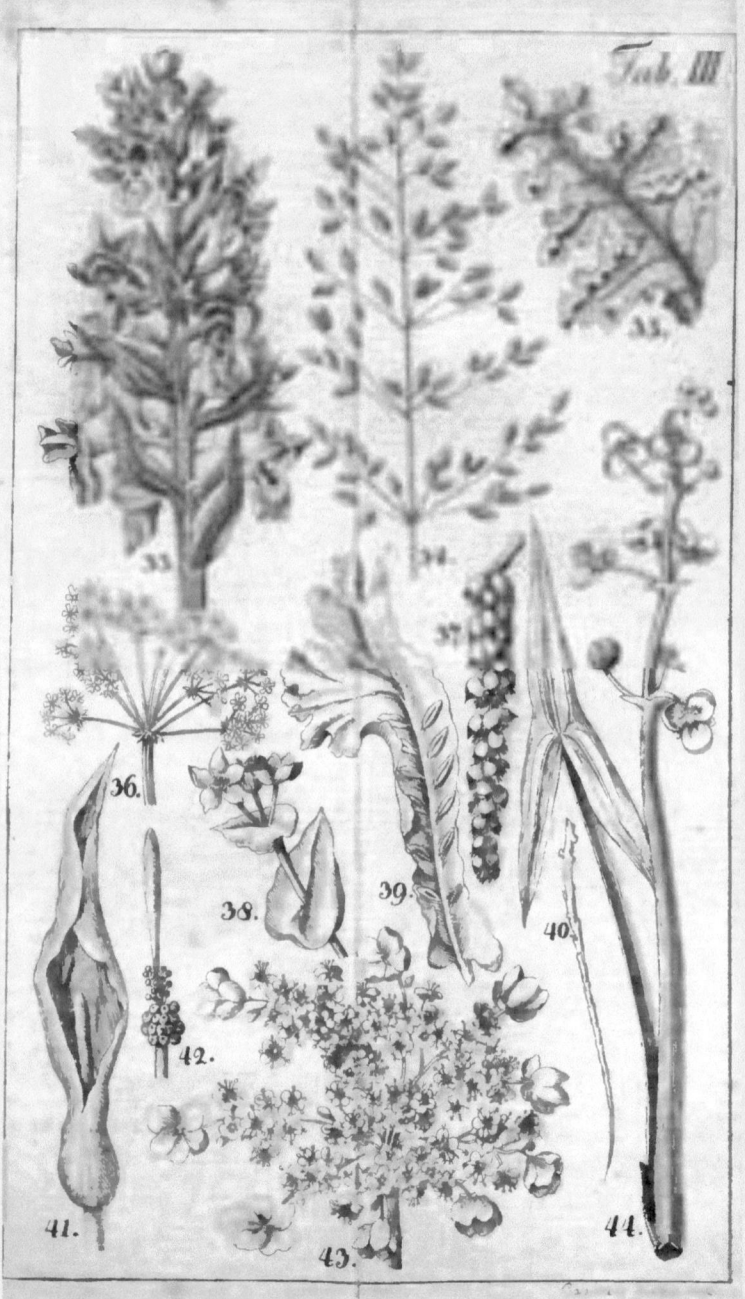

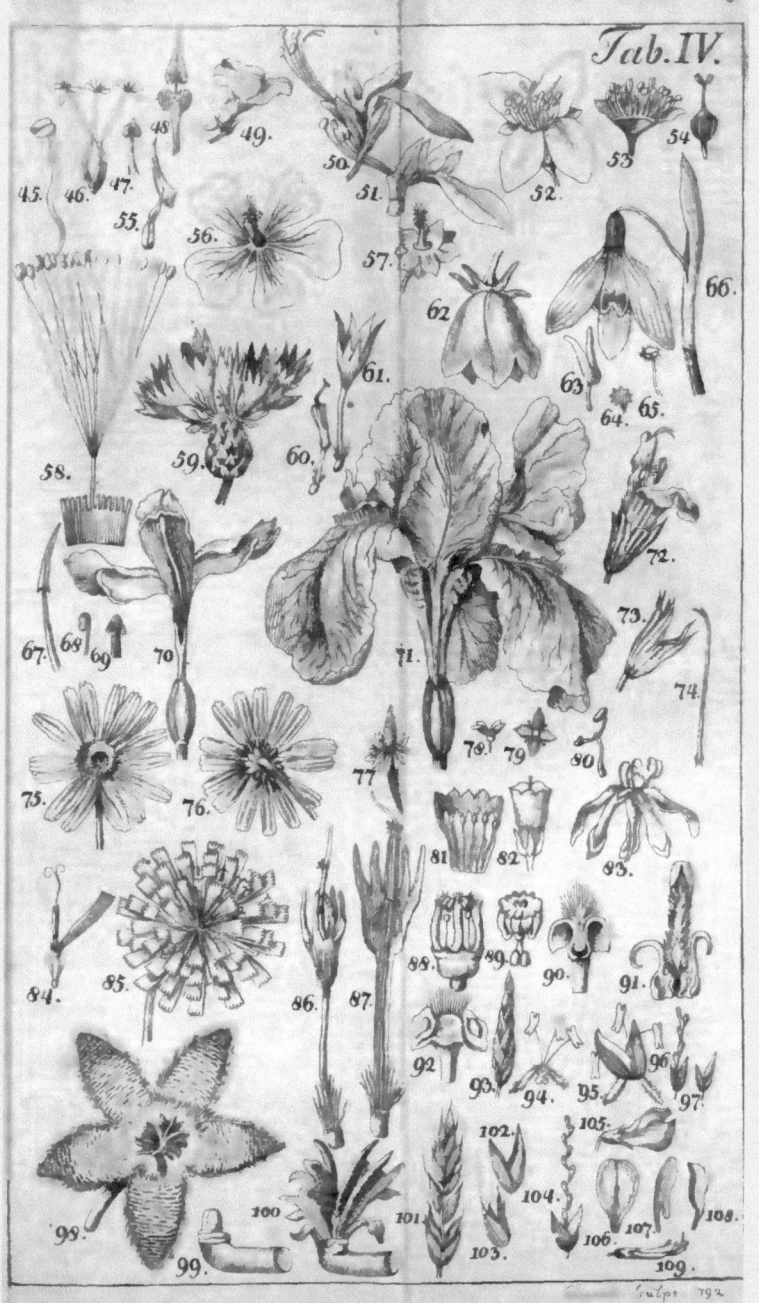

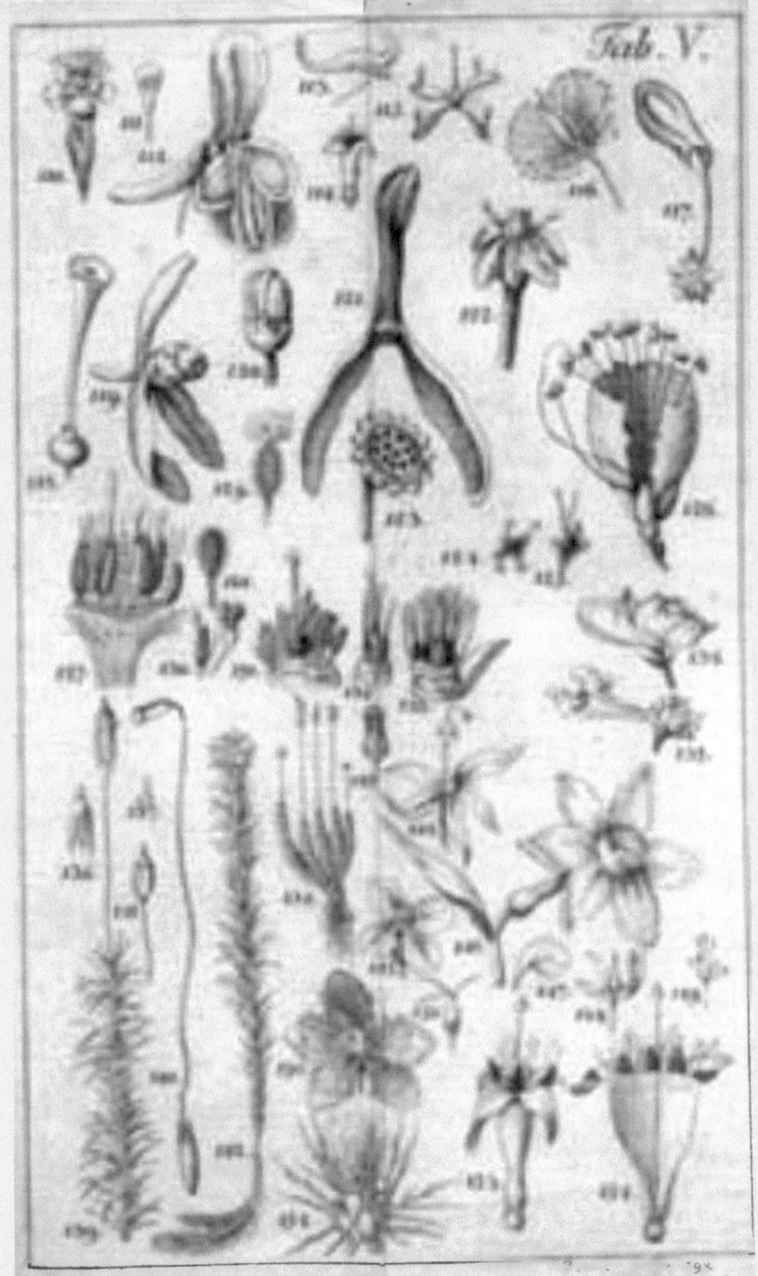

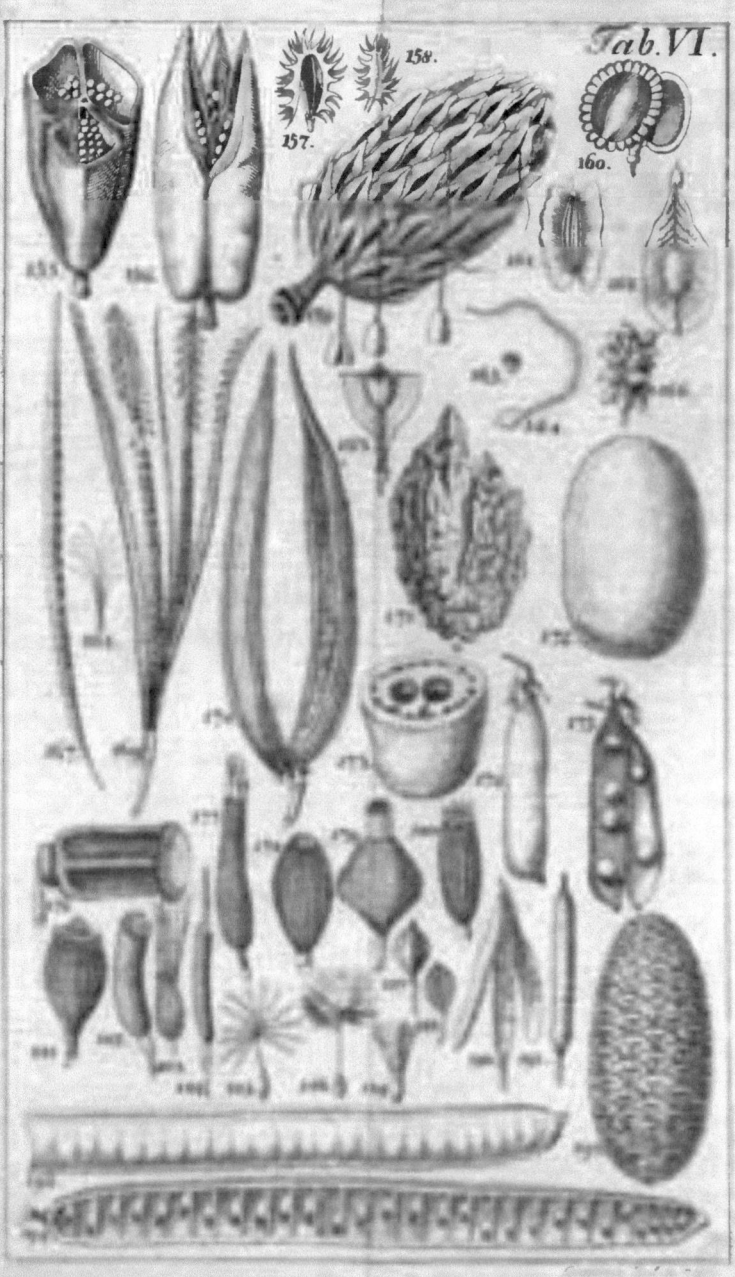

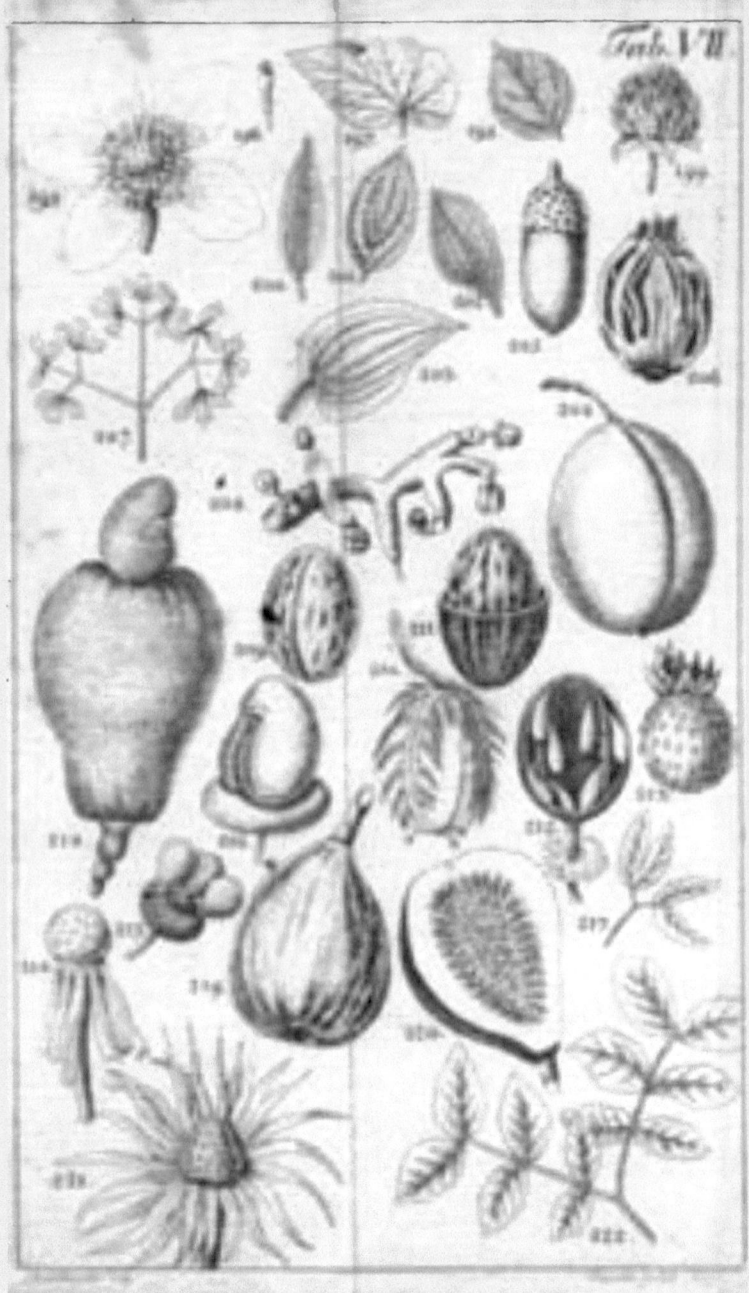

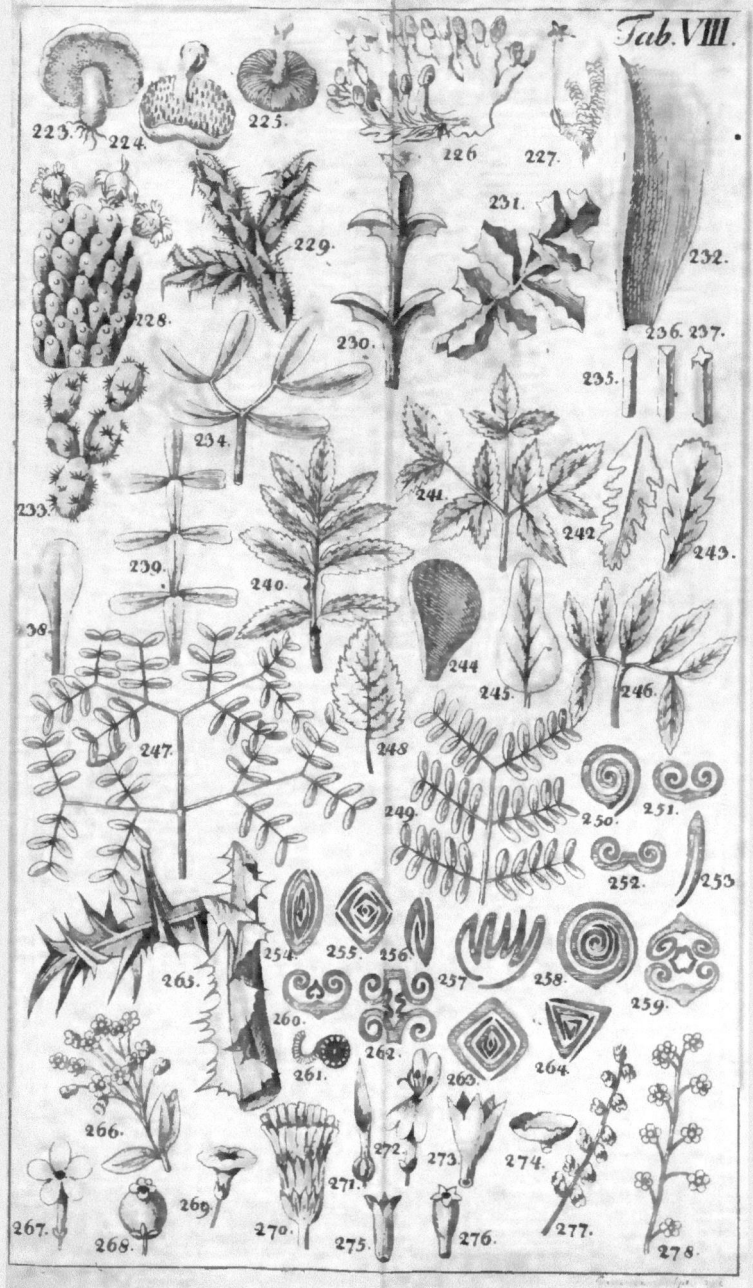

Tab. VIII.

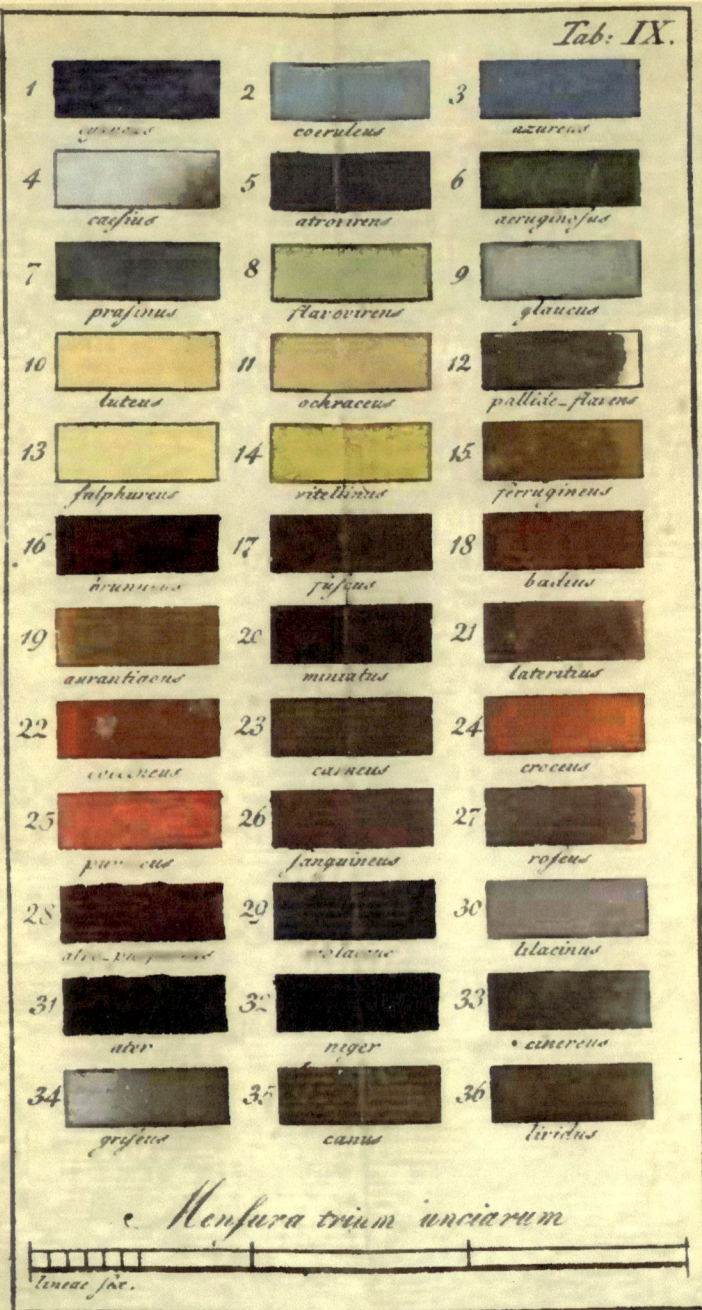